FUTURE SHOCK

未来的冲击

Alvin Toffler

[美] 阿尔文·托夫勒 著

黄明坚 译

中信出版集团 · 北京

图书在版编目（CIP）数据

未来的冲击 /（美）阿尔文·托夫勒著；黄明坚译
. -- 北京：中信出版社，2018.6（2024.1重印）
（未来三部曲）
书名原文：Future Shock
ISBN 978-7-5086-8156-6

I. ①未… II. ①阿… ②黄… III. ①未来学 IV.
① G303

中国版本图书馆 CIP 数据核字（2017）第 228023 号

Future Shock by Alvin Toffler

未来的冲击

著　　者：［美］阿尔文·托夫勒
译　　者：黄明坚
出版发行：中信出版集团股份有限公司
（北京市朝阳区东三环北路27号嘉铭中心　邮编　100020）
承 印 者：北京通州皇家印刷厂

开　　本：880mm×1230mm　1/32　　印　　张：14　　字　　数：320 千字
版　　次：2018 年 6 月第 1 版　　印　　次：2024 年 1 月第 8 次印刷
京权图字：01–2002–6093
书　　号：ISBN 978-7-5086-8156-6
定　　价：79.00 元

服务热线：400–600–8099
投稿邮箱：author@citicpub.com

第十章　制造体验的人

第十一章　破裂的家庭

第四部分　多样性

第十二章　选择余地过大的由来

第十三章　小团体组织的兴盛

第七章　组织：即将来临的“特组织”

第八章　信息：运动的形象

第三部分　新奇性

第九章　科学的轨迹

第二部分　短暂性

第四章　物品：用完即弃的社会

第五章　地域：新的游牧民族

第六章　人类：模式化的人

目录

谨以此书献给萨姆、罗丝、海迪和卡伦，
你们是我与时间最亲密的连接……

序言

当我们受到变革冲击时，究竟会出现什么情况？面对种种变革，我们如何适应？我们会不会无法适应未来的种种状况？这就是本书想要阐述的内容。

谈论未来的书籍为数不少，但大部分都是危言耸听之语。与之相比，本书侧重“轻松层面”，探讨与未来人类有关的种种问题。本书讲述了我们迈向未来可能经历的种种过程，并探讨了日常生活的种种事务，如我们购买及丢弃的产品、进出的场所、任职的企业以及生活中永不停歇的人潮等。同时，本书旨在探索人际关系、家庭生活等方面的相关问题。新奇的亚文化、生活方式，政治、娱乐场所，甚至跳伞及两性关系等，都是本书所要探讨和研究的题材。

本书讨论的实际生活中的这些问题，最主要诱因是汹涌万丈的变革浪潮。今天，这种变革浪潮正以排山倒海之势颠覆我们的组织，转变我们的价值观念，动摇我们的根基。变革，是未来扰乱人们生活的一个过程，因此我们必须集中精力来研究它——不仅要从历史的宏观视角对它加以分析，更要从个人实际的生活经验中进行探索。

支配这个时代最主要的动力，是变革的速度。这种速度的推动力对人身、心理乃至社会的方方面面都有巨大的影响力。在本书里，我将发扬拓荒者的精神，系统地探索变革速度的影响力。在此，我要郑重呼吁，除非人类能尽快学习如何应对个人生活及整个社会的变革，否则注定要面临崩溃的危机。

1965 年，我在《地平线》（*Horizon*）杂志发表的一篇论文中，首次使用了“未来的冲击”（future shock），以表示我们在短期内遭受的重大变革及所承受的震撼性压力和困惑。在这个概念驱使之下，在之后的 5 年时间里，我访问几十所大学、研究中心、实验室及政府机构，阅读无数篇论文及学术报道，并拜访数百位研究变革及应变能力的专家。诺贝尔奖得主、嬉皮士、精神病理学家、医生、企业家、未来学专家、哲学家和教育学家无不深表他们对变革的关切、对人类适应问题的顾虑及对未来的恐惧。通过这段时间的研究，我得出了两种不乐观的结论。

第一，显而易见，未来的冲击已不是一种长期的潜伏性危机，而是越来越多的人深受其苦的一种病症。此种心理上及生理上的病症可以用医学及精神病学的术语命名为“变革症”。

第二，令我吃惊不已的是，一般人对变革应对问题居然知之甚少，不管是那些拥护社会变革的人，还是处心积虑应对变革的人都是如此。慷慨激昂的知识分子高谈所谓“为应对变革而教育”或“为应对未来而准备”，却并未提出具体的应对方法。虽然身处空前巨大的变革环境里，我们却仍然没有任何应对之道。

对于个人和集团对变革表现出的非理性抗拒，心理学家及政治家同样感到困惑不已。决心整顿公司的企业家，立意革新教学的教育专家，倡议和平解决种族纠纷的市长……几乎都遭遇了这种盲目的抗拒。对于这些问题的根本原因，我们了解甚少。此外，为什么一些人渴求甚至着魔般地呼吁变革，忙不迭地促进变革，而另一些人却唯恐避之不及呢？这不是三言两语就可以解释清楚的。事实上，我们对于应对问题根本没有一套像样的理论，所以根本无从解答这个问题。

因此，我撰写本书的目的就是帮助人们应对未来。在书中，我特别指出应对未来的种种方法，以帮助人们更有效地应对个人及社会的变革。另外，我要特别提醒一个极为重要却常被忽视的问题。过去有关变革的影响的研究，只重视变革方向，而忽略变革速度。在本书里，我将不遗余力地阐述变革速度的意义完全不同于变革方向；而就重要性而言，变革速度有时甚至超过变革方向。除非我们看清这个事实，否则将无法了解适应性的真正含义。要界定变革的“内涵”，绝不可忽略变革速度的影响力。

美国社会学家威廉·奥格本（William Ogburn）在其广受赞誉的文化堕距理论中指出，社会不同阶层由于面对不平衡的变革速度，会产生种种社会难题。未来的冲击以及由此产生的应对理论则强调，不仅社会不同阶层的变革速度必须取得平衡，环境变革的步调与人类应对的步调之间，也必须取得平衡。事实上，未来的冲击就是源于二者间日益扩大的差距。

本书不仅要提供一种理论，更要提出一种可行的方法。一般人往往研究过去以阐明现在，而我则倒转过来，我深信对未来的合理探索也可为现在提供许多有价值的借鉴。倘若不把未来当作一种习惯性工具而善加运用，我们将更难把握个人及社会的问题。在本书里，我将谨慎地运用这种工具，以证明其可行性。

最后，必须一提的是，本书自开篇就有意以一种微妙却意味深长的方式来改变读者的看法。由于种种原因，要成功应对急速的变革就必须对未来采取一种新观点，必须敏锐地认清它现在所扮演的角色。针对这一点，本书会有意增强读者的未来意识。在读完本书后，读者若能在现实中思考、探索及推测未来的种种问题，我的苦心便没有白费。

除此之外，还有一些局限性的问题有必要谈一下。其一是，事实的时效问题。每一名资深的新闻记者都会有这种经验——自己分秒必争地报道更新速度极快的新闻，却在来不及落笔成文时，新闻本身已发生变化。而今天，整个世界便是一则更新速度极快的新闻。一本历经多年所著的书，在其研究、撰写与出版之间的一段时间内，将不可避免地发生许多变化。在这段时间，一所大学的教授可能转到另一所大学任教，身居某职位的政治家可能转到其他职位。

我虽然尽量谨慎地根据最新资料来撰写《未来的冲击》，但不可避免，书中某些事实也已过时了。（其他许多书籍当然也有类似的情形，只是作者一般不愿去谈论而已。）而这种资料的过时足以证明本书所强调的变革的急速性。我想要紧跟现实的步伐，已经越来越困难了。我们目前无法在“真正的时间”内思考、研究、撰写及出版。因此，读者应该多关注主题，而不必计较细节。

另外，我要交代的一点，是有关“将要”（will）这个词的问题。一个严肃的未来学者是不会随口“预言”的。只有电视里的预言家及报纸上的占星师才会如此神通广大。一个对预测的复杂性一知半解的人，是不可能绝对地认识未来的。因此，有关未来的每一个陈述，都必须伴随一连串的限定语，如“倘若”“而”“但是”“在另一方面”等。如果把每一个适当的限定语统统塞进本书的话，那么读者的脑海里可能要堆满“或许……或许……”之类的字眼。为了避免这种情形，我才毫不犹豫地采用肯定语气的字眼，深信聪明的读者一定可以了解这种写作风格上的问题。当读到“将要”的时候，读者请默诵一个“大概”或“依我看”之类的限定语。同样，说到未来会发生的事件，作者姑妄言之，读者姑妄听之。

但是，我们不能因为无法准确无误地预测未来就绝口不谈。当有“确定无疑的资料”时，我们固然不应错失良机。即使缺乏这些资料，一个负责的作家或是科学家，也有权利与责任根据其他证据，包括印象、传闻得来的数据或有识之士的看法进行判断。我便是本着这个原则撰写本书，并愿为此负责。

在探讨未来的问题时，运用适当的想象力及洞察力远比预测百分之百“确定”的事更为重要，至少眼前所要解决的问题就是如此。具有各种用途的理论并不一定是“确定”的。有时，即使是“错误”的也有其用处。中世纪地图绘制者所描绘出来的世界地图错误百出，在地球全部地表皆已被绘制成图的今天，那些错误百出的地图几乎变成了笑柄。但是，如果少了这些笑柄，过去伟大的探险家就不可能发现新大陆。倘若没有古人以极其有限的证据在纸上绘出他们从未见过的世界，我们今天也不会有这种更完美、更准确的地图。

探测未来的人正像古代的地图绘制者一样，我便是本着这种精神提出“未来的冲击”这个概念及其适应范围的。这不是最后的定论，而是一幅描绘新的现实世界的示意图，其中充满高速变革诱发出来的种种险境和假想。

第一部分

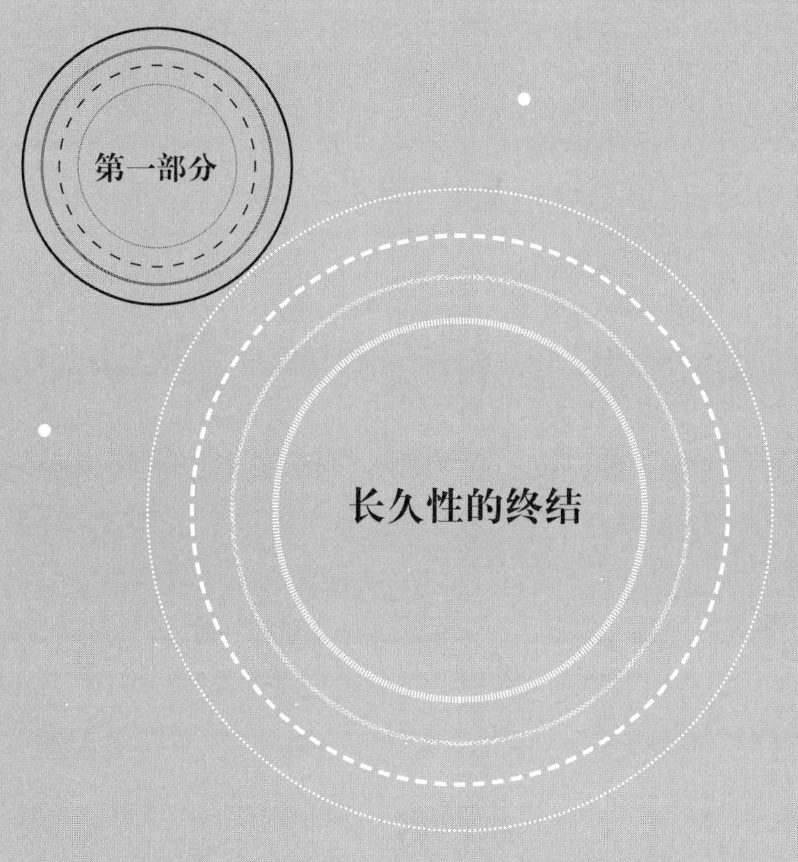

长久性的终结

第一章　第 800 个世代

从 20 世纪 70 年代到敲开 21 世纪大门的这 30 年间，千百万个心理正常的普通人面临着一种急剧的变革。在这期间，来自全世界最富裕、技术最先进的国家的人们都发现越来越难以适应变革时代的要求。对他们而言，“未来”似乎来得太快、太猛烈了。

本书要谈论的就是这样的变革以及我们如何应对这样的变革。在未来即将到来之际，有些人满心欢喜地迎接变革，有些人则拼命抗拒，唯恐避之不及。我撰写本书旨在阐述我们应对变革的能力，探索未来及其带来的冲击。

过去的 300 多年，西方社会经历了一场变革的大风暴。这场大风暴到目前为止不仅未见缓和，甚至有日渐加剧的趋势。这场大风暴以排山倒海之势和前所未有的冲击力，横扫所有高度工业化的国家。风暴所经之处，留下的是一片光怪陆离的社会景观，包括迷幻教堂、自由大学、北极圈科学考察站，无奇不有。

这样的变革也造就了一些怪异的人群：12 岁的小孩俨然一副大人模样，50 岁的成人却似返老还童；有钱人故意装穷；有的计算机程序员靠兴奋剂提神；穿着脏衣服的无政府主义者变成愤怒的妥协主义者，身着白衬衣的妥协主义者却变成愤怒的无政府主义者；结婚的僧侣、无神论的传教士、犹太裔的佛教徒……我们有波普艺术，也有欧普艺术；有视觉艺术，也有超视觉艺术……此外，浪子俱乐部、同性恋电影院、麻醉剂、镇静剂、愤怒、富裕、健忘等统统出现。

除了援用心理分析的陈词滥调以及存在主义的晦涩用语之外，我们是否还有其他方法可以解释这种令人费解的怪现象？不可否认，一个奇怪的新社会已摆在我们面前。我们是否能了解、控制这个新社会的发展呢？我们到底如何应对呢？

乍一看，这些变革令人眼花缭乱，但如果我们冷静地注视和思考一下，那么这些令人惊诧不解的怪现象就显得容易理解了。事实上，这种加速的变革不仅仅冲击了某些工业国家。这是一种强劲的力量，深深穿透每个人的生活，强迫我们去扮演一种新的角色，使我们的心理蒙受病态的不安。我们可以称这种新的病症为“未来的冲击”。我想，有关“未来的冲击”的根源及症状，将有助于理解这些单凭理性分析无法解释的怪现象。

手足无措的访客

“文化的冲击”是“未来的冲击”的平行词，它的使用已日益普遍。所谓文化的冲击，是指一个缺乏准备的人，在陌生的异域文化中的反应。一位和平组织的志愿者在巴西或婆罗洲可能会有这种体验，马可·波罗在中国元朝可能也有过这种体验。有些地方说

“是”，实际含义可能是“非”；有些地方宣称不议价，实际上可能可以还价；在办公室外苦等个把钟头也许是理所当然之事，而伴随笑声的更可能是一种震怒的表情。一言以蔽之，这种我们熟悉的、足以帮助个人在社会上发挥表现功能的心理暗示动作突然失效，而被一种新奇的或令我们无从理解的方式所取代的现象，就是文化的冲击。

人们在异乡遭受的困惑、挫折以及不知所措等现象，皆可称为文化的冲击。这种冲击常使双方无法沟通，使人对现实产生误解，无力应对。但比起一种更严重的病症——未来的冲击，文化的冲击则显得温和多了。未来的冲击乃是未来过早出现所导致的一种令人茫然无措的现象，也很可能是将来人类最大的致命伤。

我们在任何医学索引或病态心理学的词汇中，都找不到“未来的冲击”这个字眼。除非我们能及时采取明智的方法应对它，否则成千上万的人将越来越感到迷茫，越来越无法理智地应对环境。抑郁症、集体性神经衰弱症、非理性症以及种种暴力现象目前已层出不穷，而这种种现象也只不过是未来病症的前兆。除非我们能了解这种病症并善加控制，否则人类的前途将不堪设想。

未来的冲击，是一种时间现象，是社会加速变革的结果，是新文化对旧文化的压迫。这是同一个社会里的一种文化冲击，而其影响力往往比一般的文化冲击更深刻、更巨大。大部分和平组织的志愿者或初到他国的游客在经历文化的冲击之后，皆可回到他们原有的文化世界。但是，未来的冲击的牺牲者没有这种福气。

倘若我们将一个人从其所属的文化世界中赶出去，突然将他置于一个行为准则、时间、空间、工作、爱情、宗教以及两性观念完全不同的环境里，切断一切回到他熟悉的社会环境的希望，那么他必然遭受更多的痛苦。更严重的是，倘若新文化本身不断变化，抑或价值观不断变化，那么这个人茫然无措的感觉将更为强烈。在完全陌生的环境里，受到文化冲击的人不知道怎样做才是正确的，所以他对别人乃至自身会感到茫然无措。

试想，如果进入新世界的不是一个人，而是整个社会、整整一代人，包括最微不足道、最笨、最缺乏理性的成员在内，突然被抛入这种新世界，结果将会如何呢？不难想象，那将是一场集体性的大混乱，是一场特大规模的未来的冲击。这就是人类面临的未来。变革伴着雪崩之势而来，而绝大部分的人仍未准备就绪。

与过去决裂

难道这一切都是夸大其词吗？我想并不是。变革的深度及速度绝非以往任何时期所能比拟的。尽管这句话已成为众人的口头禅，但他们的观点不见得正确。因为现在所发生的变革远比工业革命更加深刻、更加巨大且更加重要。事实上，这些极受关注的论调一致认为，现在的大变革，其重要性绝不亚于人类从野蛮时期转化为文明时期的重要性。

现在，越来越多的科学家及专业技术人才也不约而同地同意这种观点。乔治·汤姆逊（George Thomson），这位曾获诺贝尔奖的英国物理学家曾在《可预见的未来》（*The Foreseeable Future*）一书里严肃地指出，今天人类所面临的不是工业革命，而是犹如“在新石器时代发现农业技术”般的大变革。美国自动化专家约翰·迪博尔德（John Diebold）也提出警告：“我们现在所面临的技术革命的影响，将远比我们经历过的社会变革更为深刻。”英国计算机制造商利昂·巴格里特（Leon Bagrit）坚持认为，自动化本身就是“人类历史中最伟大的变革”。

而事实上，持此种观点的人并不仅限于科学家及技术人员。著名的艺术哲学家赫伯特·里德（Herbert Read）曾指出：“我们正经历一个前所未有的基础性革命，历史上唯一能与此相提并论的变革，也许只有新旧石器时代的大转变……”而库尔特·W. 马雷克（Kurt W. Marek）以 C. M. 策拉姆（C. W. Ceram）为名撰写了《神祇·陵墓·学者：欧洲考古人的故事》（*Gods, Graves and Scholars: The Story of Archaeology*）一书。他在书中写道：“生存在 20 世纪的我们，几乎已将人类过去 5 000 年的历史断绝掉……我们并不像施本格勒所说的那样，处于罗马帝国没落之时，而是身处于公元前 3000 年。我们正像史前人类一样，一睁眼便看见一个全新的世界。”

关于这个主题，最精辟的论述应是肯尼思·博尔丁（Kenneth Boulding），他是一位杰出的经济学家。他认为，现在是人类历史的根本转折点，“根据人类活动的统计数据显示，将人类历史一分为二的时期，正是目前我们所处的时代”，而我们这个时代正代表着人类历史的中间地带。因此，他断言：“今天的世界不同于我出生的世界，正如我出生的世界不同于恺撒时代的世界一样。我们正降生于人类的中间地带。我们出生前所发生的，与我们出生后所发生的一样多。”

这个惊人的事实可以从很多方面加以阐述。倘若我们将人类过去5万年的存在以62年为一世代来划分的话，那么人类至少已经度过800个世代了。而在这800个世代里，人类有650个世代是栖息在洞穴中。

只有在过去的70个世代内，一个世代与另一个世代之间才能彼此沟通，而这主要归功于文字的出现。只有在过去的6个世代内，大多数人类才能看到印刷文字。只有在过去的4个世代内，人类才能准确地测定时间。只有在过去的两个世代内，人类才能使用电力。而在今天日常使用的绝大部分物资，都是人类第800个世代的成果。

然而，第800个世代使人类与其过去的经验完全断裂。因为在这个世代，人类与资源的关系完全改头换面。这种现象在经济发展领域表现得最为明显。仅在这一个世代之内，作为文明原始基础的农业在世界各国纷纷失去其重要性。在今天十几个主要大国中，农业生产者占经济人口总数的比例皆不超过15%。美国的农产品除了供应三亿美国人外，还供应其他国家约1.6亿人；而美国从事农业生产的人口比例还不到4%，而且这个百分比还在急速下降中。

倘若把农业当作经济发展的第一阶段的话，那么工业便是经济发展的第二阶段了。由此，我们现在可以看到另一个阶段——第三阶段。事实上，它已经到来了。1956年左右，美国约有50%以上的非农业劳动力换下劳动工作服，被分派到各种贸易、行政、交通、研究机构、教育及其他服务部门。白领阶层的人数已超过蓝领阶层。在同一世代之内的同一社会中，人类不但摆脱了农业的枷锁，甚至摆脱了工业的羁绊，这在历史上不可不被视为空前的创举。世界上首次出现了服务经济。

从那时起，所有技术先进的国家都在朝这个方向发展。瑞典、英国、比利时、加拿大以及荷兰等国，农业生产者所占比例皆已低于 15%，而白领阶层的人数早已远远超过蓝领阶层。人类经历了 10 000 年的农业社会，100~200 年的工业社会，到了今天，已开始进入超工业社会。

法国计划学家兼社会哲学家让·富拉斯蒂埃（Jean Fourastié）宣称："事实上，工业革命所产生的文明反而最不具有工业性。"为了解释这种令人震惊的事实，我们有必要引用联合国第三任秘书长吴丹（U Thant）的话作为参考。他曾说："今日经济发展的最伟大成就，乃是我们想要有多少，便会有多少……现在已不是资源限制决策的时代，而是决策决定资源的时代了。这就是最基础的革命性转变，或许也是人类有史以来最为重大的革命。"而这种划时代的逆转就发生在人类的第 800 个世代。

由于这种变革的范围及扩张性都极为巨大，因此这个世代的变革性质也与过去不同。在以往的世代里，虽有震撼性的剧变发生，如战乱、瘟疫、地震及洪水等，但这些冲击与剧变都在同一地域或邻近的几个地域内发生，想要影响到其他地域，往往要经过几十年甚至几百年的时间。

在我们这个世代中，地域间的限制已经消失，社会间的界线也不复存在。今天，连接社会的传播网已紧紧交织在一起，因此发生在任何一个地方的事件将同时传播到全世界各个角落。越南战争很可能改变北京、莫斯科及华盛顿之间的关系，激发斯德哥尔摩的抗议活动，影响苏黎世的金融市场，引发阿尔及利亚的秘密外交活动。

事实上，不仅是现在的事件会同时传播开来，对于过去发生的事件我们也能以一种全新的方式感受其影响。过去已经以一种双重姿态朝我们倒转过来，我们貌似陷入了一种“时间差”的困境之中。

同一件事，在过去发生可能只会影响少数人，但现在发生其影响范围会很广。例如，以现代的标准来看伯罗奔尼撒战争可以说是微不足道。过去雅典、斯巴达以及邻近小城邦的战争，在他们自身看来，也许已是极一时之盛了。然而，当时地球上其他地区的居民，对这场战事闻所未闻。当时居住在墨西哥的印第安人完全不知道有这回事，当时的日本人也根本不受其影响。

但是，伯罗奔尼撒战争改变了希腊的历史。由于它导致当地居民的迁移，间接地促进古希腊人的价值观、思想以及遗传基因等分散到其他地区，因此影响了罗马，甚至影响了整个欧洲的发展。当今的欧洲人不同于其他地区的人，主要原因就是，欧洲人曾或多或少地受到这场战争的影响。

而在当今这个牵一发而动全身的时代里，欧洲人同样会影响到墨西哥人及日本人。不管伯罗奔尼撒战争给后世留下什么痕迹，现在的欧洲人终归是把这些遗传基因、思想及价值观传播到世界各个角落去了。因此，今天的墨西哥人及日本人也能感受到这场战争的“二手”影响，虽然他们的祖先并没有这样的经历。就这样，过去的事件很可能经过几十年或几百年后突然神不知鬼不觉地出现，并开始在今天改变我们。

不仅是伯罗奔尼撒战争，其他的如万里长城、黑死病、班图人与闪米特人之间的战争等，几乎过去的所有事件都是通过“时间差”原则不断潜移默化地发挥作用，对现在的我们产生或多或少的影响。过去影响少数人的事件，到了今天很可能影响所有人。这是人类前所未有的怪现象。简言之，过去的历史已经追上我们了，但令人大惑不解的是，这种现象反而导致我们与过去的断绝。因此，变革的范围基本已经完全改变了，而且它本身具有一种力量，可以穿透空间与时间，直入人类的第 800 个世代。

我们现在这个世代与过去的世代还有一种性质上的差异，还很容易被忽视掉。事实上，变革不仅在涉及范围及扩张程度上有所改变，其速度也有极大的提升。新的社会动力已经开始在我们这个世代里加速作用——变革潮流的加速，深深影响我们对时间的感受，使日常生活节奏产生了革命性的转变，甚至影响人们对周遭世界的感觉。我们不再像前人那样感悟生活，而这正是最根本的区别所在。在加速变革之后隐藏着一种短暂性、非永恒性的意识，可以穿透并感染我们的一切意识，影响着现代人与事，与人，与整个思想、艺术及价值观的关系。

要想了解步入超工业化时代所面临的问题，我们必须进一步分析变革加速的过程，并冷静地面对短暂性这个概念。倘若我们承认加速是一种新的社会动力的话，那么短暂性就是加速影响人类心理的副产品。倘若我们不了解它对现代人类行为所产生的影响，那么我们对人格及心理学的研究都将与时代脱节。若不能与短暂性的概念结合起来，心理学将无法准确阐明那些具有现代特点的现象。

由于我们与周围事物的关系被彻底改变，而且随着变革的范围不断扩大，速度不断加快，最终会使人与过去的关系无法挽回地被切断。我们已与古老的思想方式、情感、生活方式分道扬镳。我们已经踏入一个崭新的社会并急速前进，而这正是第 800 个世代最关键的问题。在此，我们最应该注意人类适应能力的问题：我们能在这个新社会里生存吗？我们能适应新时代的要求吗？倘若不能，我们是否能改变这些要求？

在没有解答这些问题之前，我们必须集中精力思考加速力与短暂性这两股力量。我们必须探讨它们究竟是如何改变人类的生存状态、生活方式及心理状态的。我们必须探讨未来的冲击的潜在爆发力，以及它为何会对我们造成威胁。

第二章　加速的推动力

1967 年 3 月初，加拿大东部，一个 11 岁的儿童因“衰老”而去世。

从年龄上看来，这个孩子名叫里基·加伦特（Ricky Gallant），仅仅 11 岁而已，但他得了一种奇怪的病——“儿童早衰症”，一种使人急速衰老的病。他的身体出现了很多高龄老人特有的症状：动脉硬化、脱发、行动迟缓、皮肤松弛。实际上，当这个孩子去世时，他看上去已经是一个老人了，漫长人生的生理变化在他身上居然压缩到短短 11 年。

儿童早衰症在医学上是一种极为罕见的病症。从某种意义上来看，技术高度发达社会的人都患有这种奇怪的疾病。他们虽不是真正的衰老，却经历了一种非常规速度的变化。

我们中的很多人也隐约“感到”事情变化得比以前快多了。专家、学者都开始抱怨他们已经赶不上自己研究领域的最新发展了。每场会议或研讨会少不了会提到“变革的挑战”之类的话。在这些老生常谈的会议中隐含着一种危机：我们已经无法控制变革了。

不过，并非每个人都会感受到这种危机，仍有千千万万的人如梦游般地在街角游荡。在他们看来，从 20 世纪 30 年代到现在似乎没有什么变化，今后也不会有什么变化。虽然这些人生活在人类史上最令人紧张的时代，他们却想尽办法将这种紧张气息堵住，使自身摆脱出来。他们似乎觉得，只要对此不予理睬，便可安逸自如。他们努力寻求“与世隔绝的安宁”，好像要寻求一种“外交豁免权”般不受变革的干扰。

这种现象几乎随处可见：老年人对于新的潮流唯恐避之不及；35~45 岁的中年人把学生闹事、性泛滥、迷幻药、迷你裙等视如毒蛇、猛兽。他们永远把年青一代看成“叛逆的一代”，以为今天的一切与以往并无不同。即使在年轻人中，我们也极少发现那些对变革有所觉悟的人。他们对过去懵懂无知，因此也看不出现在的时代有何异样之处。

更令人无法理解的是，大多数人，包括教育阶层及贤明之士在内，虽然已经意识到变革的威胁，却极力否认它的存在。即使有些人明白变革已在加速推进中，但他们并没有客观地去研究变革的内在本质。他们没有真正地把变革当回事，也没有在心理上有所准备。

时间与变革

我们如何知道变革是在加速进行的？事实上，世界上没有一种绝对的方法可以衡量变革。在瞬息万变的宇宙中，每个社会都同时有无数的变革之流在躁动着。从最细微的病原体到最巨大的银河系，一切“事物”都不是其本身，而是种种变革过程而已。世界上没有静止点，没有不变物，更没有所谓的“以静制动”的准则。因此，变革必然是相对的。

同时，变革是不平衡的。倘若一切过程都以相同的速度发生，或以相同的加速度或减速度发生的话，那么我们将无法观察。实际上，未来是以不同的速度向我们袭来的。因此在发生时，我们才能比较出不同变革的速度。例如，当比较社会进化与生物进化的速度时，我们便可看出社会进化比生物进化快了许多。此外，我们可以看到，经济和技术在某些社会的进步要比其他社会更快。同理，我们可以看出，同一个社会里的不同系统，其变革的速度也有不同。这就是威廉·奥格本所说的文化堕距。正因为变革是不均匀的，所以我们才能衡量它。

在完全不同的变革过程，我们需要一个统一的标准对变革过程进行衡量，而这个标准就是时间。倘若没有时间，变革将毫无意义；倘若没有变革，时间也将会停止下来。

时间可被视为事件发生的“间隔”。正如金钱能使我们赋予苹果或橘子价值一样，时间能使我们比较各种不同的变革过程。当我们说，建造一座水坝需要三年时间，意思就是，这个时间是地球公转一周所需时间的三倍，或是削一支铅笔所需时间的 3 100 万倍。时间是一种通货，可以让我们比较各种不同变革的速度。

即使以上的条件都已具备，我们在衡量变革时仍会遭遇一些难题。当谈到变革的速度时，我们指的是各个不同事件在一个固定的“时间范围”里所发生的变化。因此，我们必须仔细界定这些“事件”，必须适当选择“时间范围”，小心验证和衡量变革所得的结论。我们会发现，衡量具体事物的工作比衡量社会进程的工作要先进、准确多了。例如，大家都知道，衡量血液在身体内的流动速度比衡量谣言在社会上的传播速度要准确多了。

虽然有以上的种种限制，但现在一般历史学家、考古学家、科学家、经济学家、心理学家都认为，我们的社会进程已在急速的变革之中。

地下城市

生物学家朱利安·赫胥黎（Julian Huxley）用艺术家的夸张笔调写道：“根据考证，人类在有文字记载以后的进化速度要比史前时代的进化速度高 10 万倍以上。”他认为，旧石器时代初期，人类花费 50 000 年时间所完成的改革与进步，“在旧石器时代结束以前的 1 000 年内皆已完成；而在现代人类文明产生之后，这种成就仅需 100 年即可完成”。而人类 5 000 年的成就，“只需用刚刚过去 300 年的成绩即可囊括”。

小说家兼科学家 C. P. 斯诺（C. P. Snow）也曾就变革的新态势发表评论。“20 世纪以前……”他写道，“社会变革是如此之慢，以致一个人在一生之中都没有感受到任何改变。但是，目前情形已经不同，变革速度的加快，已使我们的想象力望尘莫及。”此外，社会心理学家沃伦·本尼斯（Warren Bennis）也说过，最近几年潮流变动得如此之快，“几乎没有任何修饰手法、任何形容词可以准确描述这种变革的程度与速度……事实上，夸大其词反而更接近事实”。

到底是怎样的变革需要如此“夸大其词”？首先，让我们先举例看看城市的变革过程。

现在，我们正经历着前所未有的、最深刻且最快速的都市化进程。1850 年，世界上人口超过 100 万的城市仅有 4 个；1900 年，这个数字增加到 19 个；到 1960 年，已有 141 个人口超过 100 万的城市。根据海牙社会科学研究院的统计，当今世界的都市人口每年将以 6.5% 的幅度增长，而这意味着，地球上的城市人口每 11 年将增长一倍。

为了了解变革的意义，我们可以设想，倘若城市维持现有规模而不扩张，将会有什么结果。如果城市面积不增加，为了容纳激增的人口，我们必须建造新的城市——新的东京市、新的汉堡市、新的罗马市，而且每 11 年就要建造一个。（法国早已按照城市计划开始建设地下都市，商店、博物院、仓库、工厂皆建于地下；日本也早已开始填海造城市……这些都是人口激增的后果。）

此外，人类消耗的能源也在激增之中。印度原子科学家霍米·巴巴博士（Dr. Homi Bhabha）曾分析这种趋势，他说：“如果以 Q 为单位代表燃烧 330 亿吨煤炭所产生的能量，那么在 1850 年以前，每个世纪人类平均消耗能源所产生的能量不到半个 Q；到 1850 年，消耗已增加到每个世纪一个 Q 的水平。然而，到了今天，这个数值已经高达每个世纪 10 个 Q。”这意味着，人类在过去 2 000 年所消耗的能源的一半，已在过去的 100 年里被消耗掉了。

另一方面，在迈向超工业化的国家中，经济增长非常显著。虽然这些国家的发展基础相当雄厚，但其经济的年增长率仍然十分惊人，而且这个增长率还在不断增长。

以法国为例，从 1910 年至“二战”开始的 29 年间，工业增长率仅为 5% 而已，而 1948—1965 年的短短 17 年间，工业增长率却达到 220%。现在的工业发达国，每年的工业增长率提高 5%~10% 是司空见惯的事。当然，偶尔有降低的情况，但变革的事实是毋庸置疑的。

1960—1968 年，经济合作与发展组织（OECD）所属的 20 个国家和地区里，每个国家或地区的国民生产总值（GNP）平均增长率都在 4.5%~5%。美国的国民生产总值年均增长率是 4.5%，而居首位的日本则高达 9.8%。

以上数据足以表明，发达国家的国民生产总值差不多每 15 年增长一倍，而且这个数据仍在不断增长中。这意味着，在这些国家，十来岁的孩子所使用的人造产品的数量将是他们父母在年幼时所使用的两倍。也就是说，今天十来岁小孩长到而立之年时，这些国家的生产总量还会再翻一番。若在一个人 70 年的人生里，此种情形会出现 5 次。不但如此，由于这种增长是多方面的，那么一个人到了老年以后，国民生产总值将比他出生时提高 31 倍。

新旧两代之间以这样的速度发生变化，对千百万人的习俗、信仰及自我形象的设定来说，都有冲击性影响。这种情形是以往任何时代都没有的。

以技术为动力

在这些惊人的经济现象之后，隐藏着一种巨大的变革动力：技术，但这并不表示技术是推动社会变革的唯一动力。事实上，大气中化学成分的改变、气候的变化、土壤肥力的改变及其他种种因素都会导致社会动荡，但不可否认，技术仍是加速冲击的主要力量。人们往往将技术与浓烟密布的钢铁厂和叮当作响的机器混为一谈。这种典型的技术象征或许是亨利 · 福特所创造的，或者是卓别林在《摩登时代》（*Modern Times*）里塑造的一种潜在的社会印象。但事实上，这种印象并不正确，甚至是错误的，因为技术并不只是工厂与机器。中世纪马轭的发明曾促进农业的重大改革；几个世纪后，贝塞麦法[①]的出现也促进了技术革新。技术除了技艺之外，还包括有用的或无用的机械、促进化学反应的方法、养鱼、植树造林、剧场照明、计算选票或教授历史等方面的方法。

今天，最先进的技术程序是在远离传统的装配线或敞炉等设备的地方进行的，因此旧的技术观念更不能应用于今天。在电子科技、太空技术和大部分的新兴产业都有工作环境安静、整洁的特点，这往往也是不可或缺的工作条件。现在，我们应该改变人们心目中固有的、旧的技术形象，赶上技术本身日新月异的变化。常常有人引用交通的进步阐释加速的变革。约公元前 6000 年，人类最快的长途交通工具是骆驼，每小时约行 8 英里[②]；约公元前 1600 年，双轮马车问世，最高速度也不过每小时 20 英里。

然而，这个发明可谓空前的创举，后来的人类几乎无法超越这个极限。直到 3 000 多年以后，当第一辆邮政马车于 1784 年在英国

① 贝塞麦法，即酸性底吹转炉炼钢法。——编者注

② 1 英里 ≈1.6 千米（公里）。——编者注

问世之后，它的速度也不过每小时 10 英里而已；1825 年，首辆蒸汽火车投入使用，其最高速度不过每小时 13 英里，而当时帆船的速度还不及其一半。直到 19 世纪 80 年代，更先进的蒸汽火车发明问世，时速才增加到 100 英里。然而，人类花费近万年的时间，才达到了这个纪录。

后来，人类仅仅用了 58 年便超越这个新纪录 4 倍。1938 年，人类飞行的时速达 400 英里；又过了仅仅 21 年，这个时速又翻了一番。1960 年，火箭的时速已高达 4 000 英里，而宇航员在太空舱里，甚至每小时可飞行 18 000 英里。如果以坐标来形容这种进步的话，那么过去人类的发展就是横坐标，现在的发展却是纵坐标。

我们考察人类的行程距离、飞行高度、矿产开采或动力控制等，都可同样看出这种加速趋势。无论是哪种统计，情形都是如此。几百年或几千年以前，人类一直呈平行式发展，而如今却突然一飞冲天。

其中的原因就是，技术在今天开始反作用于技术本身了。技术不断使自身更加“技术化”，只要看看技术改革的过程即可一目了然。技术改革包括三个阶段，而这三个阶段汇成一种循环性的“自我强化”结构。第一个阶段是产生具有实际用途的、创造性想法的阶段；第二个阶段是创造性想法得到实际应用、产生技术的阶段；而第三个阶段是技术在社会上普及的阶段。

当这个过程大功告成之后，三个阶段便会倒转过来：由技术的普及来刺激新的创造性想法。而在当今社会，每个阶段之间的过渡时间正在缩短。

人们常说，过去 90% 以上的科学家至今仍孜孜不倦地从事研究工作，因此每天都会有新的科学发现问世。在今天，科学家的想法往往比以前更易于实际应用。从概念提出到实际应用的时间间隔越来越短，这就是今天我们与过去祖先截然不同之处。从古希腊数学家阿波罗尼（Appollonius）发现圆锥曲线原理到真正应用于工程学，用了 2 000 年；从帕拉塞尔萨斯（Paracelsus）发现了乙醚具有麻醉作用到实际应用，也隔了好几百年。

即使到了近代，类似的理论难于应用于实际的情形也时有发生。1836 年左右，人类发明了一种可以用来割草、打谷、捆绑麦草的联合收割机，制造这种机器所应用的原理在当时被人知晓至少 20 年了，但直到 20 世纪 30 年代，这种机器才被推广到市场上。1714 年，第一台英文打字机获得专利，但过了整整 150 年才开始在市面上流通。糖果商人尼古拉斯 · 阿珀特（Nicholas Appert）发明了食物罐装保存法，但真正将这项发明应用于食品工业则过了整整一个世纪。

今天，这种从发现原理到实际应用所需的时间已经缩短到令人难以想象的地步，但这并不意味着我们比过去的人更勤勉或更热衷于此，而是说明，随着时代的改变，我们实施了种种社会措施来加速这个过程。因此，我们可以看出，在改革循环的第一个至第二个阶段，即原理与应用之间的时间间隔已大为缩短。在研究食物冷冻、抗生素、合成皮革等 20 种重要发明之后，弗兰克 · 林恩（Frank Lynn）发现进入 20 世纪以来，至少 60% 的新发明从科学原理的发现到技术的实际推广所需的时间比过去缩短了许多。今天，由于不断对工业进行研究、改进，这种迟缓应用和推广的现象更在不断减少之中。

由于新原理的发现与实际应用的时间间隔缩短，因此商品或服务在社会上得到普遍流行所需要的时间也大为减少。因此，第二个阶段至第三个阶段的间隔——实际应用到普遍流行之间的时间间隔也随之缩短了许多时间，传播速度更是不断提高。

罗伯特 · B. 扬（Robert B. Young）在斯坦福国际咨询研究所任职期间，曾研究家用电器从发明至大量推广应用所需的时间。他发现，1920 年以前美国销售的日用品，包括吸尘器、电热炉、电冰箱等，自最初上市至普遍流行所需的时间约为 34 年。但 1939—1959 年，类似的日用品包括电炒锅、电视机及洗衣机等，从上市到普遍流行所需的时间仅仅 8 年而已，比过去缩短了超过 76% 的时间。他同时指出："战后的新产品足以表明，现代循环速度激增的特点。"因此，发明、应用及传播速度的加快带动了整个循环的速度。新机器或技术已不只是一种产品而已，其本身已成为一种资源、一种新的创造理念。

从某方面而言，每种新机器或新技术都因要与旧机器或旧技术相互结合，而产生新的联合体，从而改变了一切现存的机器及技术。因此，当新机器与新技术成等差级数增加时，新的联合体便成等比级数增多，事实上，每种新的联合体本身也是一种新的机器。

例如，计算机与其他机器匹配的结果能在太空科学领域发挥神奇的功能。当计算机与测向装置、通信工具、动力源等组合使用后，其本身便成为另一种超级机器的一部分，可进入并探测外太空。但是，为了以新方法配置新机器、运用新技术，原本的机器便需要经过种种改造、重组、升级或重装。因此，在将旧机器改造为新机器而进行种种调整时，无形中便刺激了技术的进一步改革。

尤其不可忽视的是，这种技术改革并不只意味着组合及再组合种种机器和技术，更意味着对社会、哲学甚至个人问题有了新的解决方法。它们改变了人类的整个知识环境，改变了人类对世界的想法和看法。

我们每时每刻都受周遭环境的影响，从中得到启发并将其作为我们模仿的标准，而这些标准并不只是我们周围的人，还有越来越多的机器。事实上，机器已经越来越有喧宾夺主之势，人类的思想与行为已经逐渐被机器控制。在牛顿将宇宙视为一个大时钟般的机器之前，人类已经有了计时的仪器，这种计时观念对人类的知识发展产生了深刻影响。在计时观念的影响之下，产生了因果观念和外部刺激重于内部刺激的观念，而这两种观念至今仍在左右我们的日常行为。此外，计时器影响了我们对时间的概念。一天有 24 小时，每小时有 60 分钟的观念已彻底成为我们生活的一部分了。

近几十年来，电脑的普及又开始触发人们许多新观念，人们开始感到自己是一个大系统的互动部分，因此人们的学习方式、记忆方法、决策方式等都无形中受了影响。随着电脑的发明及在社会上的普及，每一个知识领域，从政治学到家庭心理学，都或多或少地受到计算机的影响，而这还只是部分冲击，其影响力迄今尚未达到顶峰。如此，发明过程的循环便靠着自身的动力加快了速度。

因此，如果技术本身被视为一种巨大的动力、一个强大的加速器的话，那么知识本身便可被视为燃料。今天的我们已经被推入社会的加速过程中，因为知识作为社会变革的燃料在日益增加。

作为燃料的知识

一万年来，人类一直在积累有关自身及宇宙的有关知识。文字出现以后，知识的积累曾出现第一次飞跃，但之后又慢慢爬行了很长一段时间。直到15世纪，约翰内斯·谷登堡成为西方活字印刷术的发明人，人类在知识的追求上才有了第二次飞跃。在1500年以前，据最乐观的估计，欧洲每年出版新书约1 000种。这就是说，按照粗略估计，要出版10万种图书，需要整整一个世纪。4个半世纪后的1950年，出版速度急剧上升，欧洲每年约出版新书12万种。过去需要一个世纪才能出版的图书数量，到1950年，只需要10个月左右的时间即可完成。到20世纪60年代中期，全世界每天的出版图书已达1 000种（包括欧洲在内）。

我们很难说，每出版一本图书就增加了一本图书的知识，但我们可以断言，图书出版量的增长曲线与人类挖掘新知识的速度是平行的。例如，在谷登堡发明西方活字印刷术之前，已发现的化学元素仅有11种，而第12种化学元素——锑，是谷登堡在研究活字印刷术时发现的。锑的发现距离第11种化学元素砷的发现，足足有200年之久。如果按照这个速度来算，我们到今天只不过多发现了两种或三种化学元素而已。但事实上，在西方活字印刷术发明之后的450年，人类共发现了约70种化学元素。而在1900年以后，人类所发现的新的化学元素不是以每200年发现一种的速度，而是以每三年发现一种的速度在增加。

我们有理由相信，这个速度还在不断提升。例如，科学杂志及论文的数量在今天正如发达国家的工业生产量一样，几乎每 15 年增加一倍，生物化学家菲利普·西克维茨（Philip Siekevitz）曾说："在最近 30 年中，我们对生物属性的了解，就知识广度而言，足以使人类历史上任何可与之相比的科学发现时期都相形见绌。美国有关机构每年出版约 10 万份报告、45 万篇论文以及数以万计的书籍。从世界范围来说，有关科学及技术的文献，每年平均约增加 6 000 万页以上。"

20 世纪 50 年代电脑问世后，整个社会又有了新的改变。电脑能在不同的资料中以惊人的速度从事分析及整理工作，因此成为推进知识追求的一股巨大的力量。电脑与其他分析性工具配合使用，帮助我们观察周围不可见的宇宙的同时，又大大拓展了我们的知识面。

弗朗西斯·培根曾说："知识就是力量。"这句话如果用现代说法来解释就是，在我们现代的社会结构里，"知识就是变革"。对知识的追求促进了技术动力，也意味着加速的变革。

情境的流通

发明到应用、普及，再到发明，这是一连串变革反应，是人类社会发展急剧升高的加速曲线。到现在为止，这种加速的推动力已不能再被视为"常态"了，不再是一个工业社会的正常组织应有的现象，它在逐渐动摇我们的社会组织。加速的推动力已经成为社会中最重要却最不被了解的动力，我们可称之为“加速力”。

情况远不止这些，因为变革的加速也是一股心理力量。尽管心理学几乎完全忽视这股力量，但不可否认的是，引发世界变革的加速度已经开始破坏我们精神上的安宁，改变我们感受生活的方式。因此，外部的加速常转变成内部的加速了。

这种事实可用一种简单的方式来说明：如果将个人生活假设为一条流通经验的渠道，那么这种经验流通将包括无数个“情境”。因此，周围社会变革的加速将剧烈地改变渠道中的情境流通。

对于情境，虽无简洁的定义，但倘若我们无法运用知识和智慧去控制的话，我们将无法应对。更令人头痛的是，每个情境自身虽具有某种一体性、完整性，但情境之间的分界线并不明显。

每个情境都有某些可供辨认的组成部分，包括“物品”，即由自然或人造物体构成的物质背景；每个情境都发生在一定的“场所”里，也就是行动发生的位置或地点。（由此看来，拉丁语词根 situ 用来表示“场所”实非偶然。）此外，每个情境还有许多角色——人，人在社会关系网中所处的地位以及种种观念或知识。任何情境皆可以用上述 5 个成分来分析。

情境还包含另一种范围，由于这种范围独立于其他范围，因此常被忽略。这就是“时限”，也就是情境发生的那段时间。各方面皆相似的两种情境倘若发生的时限不同，那么它们的性质便不相同，因为时限的不同往往会改变情境的内容与意义。正如丧礼进行曲如果演奏得太快会变成欢快的音乐一样，如果太缓慢的话便会像断音一样地忽起忽落，而使其味道与意义全然走样。

当今社会变革的加速力之所以能粉碎现代的生活经验，其原因便是如此。众所周知，这种变革的加速力可以缩短许多情境的时限，不仅能大幅度地改变“时代特点”，而且可以提高经验渠道的流通速度。如果将这种快速变革的社会生活与另一种缓慢变革的社会生活进行比较，在同样一段时间之内，前者比后者通过经验渠道的情境更多，这对人类心理的影响是难以估计的。

通常，我们的注意力往往只能集中在一个情境上面。当各种情境在我们身边不断增加将使整个生活结构复杂化，我们所扮演的角色及非做不可的抉择数量便会增加，结果导致了现代生活令人窒息的复杂感。

由于各种情境的加速流动，我们势必要用许多复杂的机器从事更多的工作，我们的注意力便必须时时由一个情境转向另一个情境。由于转变的速度越来越快，我们越来越无法平心静气地注意一个情境到另一个情境之间的转变。过去，大家模模糊糊地感到“一切改变得越来越快”便是这个意思。它们围绕着我们，川流不息地流过去。

另外，社会变革的加速力也给我们应付生活问题增加新的困难，因为它常常以种种新奇的姿态出现。虽然每个情境都是独立的，但彼此间依然有相似之处。正因如此，我们才能从经验中获得学习的机会。倘若每一个情境都是完全新奇、与先前经验毫无相似的话，那么我们的应对能力将完全瓦解。

因此，变革的加速很快会打破陌生情境与熟悉情境之间的平衡。变革的不断推进使我们不仅需要应对急速的变革本身，而且要迫使我们应对许多与先前不同的情境。

人文科学研究所的克里斯托弗·赖特（Christopher Wright）曾说：“当外部事物开始变化时，你的内在亦随之变化。”这些内在的自我变化的影响，足以测出我们应对生活变革的能力。精神分析学家爱利克·埃里克森（Erik Erikson）也说过：“在我们现在的社会里，‘事物的自然过程’意味着变革速度可持续增大到人类及其组织所无法适应的程度。”

为了生存，为了避免未来的巨大冲击，人类必须加强应对能力和适应能力，必须谋求一种全新的方法使自己安身自处。因为过去的社会基石——宗教、国家、团体、家庭或职业目前都已在加速力的猛烈冲击下摇摇欲坠。为了未雨绸缪，防患于未然，我们必须事先了解加速力是如何穿透生活、左右行为及如何改变生活品质的。一言以蔽之，我们必须了解变革的短暂性。

第三章　生活的节奏

在电视、机场及火车站的广告栏、各种宣传单及杂志上，几乎每一个角落都可看到一种照片。照片里的人物是麦迪逊大道[①]的得意之作，也是无数人梦想的未来的造型：年轻、英俊、挺拔，提着“007”式的皮箱，看来像一个商人要赴约的样子。但是，他肩膀的两侧露着一个蝴蝶状的、用来给玩具上发条的大钥匙。照片旁的文字部分写着：请“神经紧张”的人来喜来登酒店放松一下。这位行走的被上了发条的人，正是未来许多人的潜在形象。未来，人们将终日匆匆忙忙，一直背着一把大钥匙，被人上足发条，匆匆赶路。

一般人很少关心技术改革的循环周期，或对知识的获得与变革速度之间的关系知之甚少。另一方面，他们对自身的生活节奏却了解得一清二楚，不管节奏的快慢如何。

生活的节奏常受到普通人的关注，奇怪的是，心理学家或社

---

① 麦迪逊大道，是纽约曼哈顿区的一条著名大街，美国许多广告公司的总部都集中在这条街上，因此这条街逐渐成为美国广告业的代名词。——编者注

会学家却很少重视。行为科学最大的漏洞就是忽视了生活的节奏，而生活的节奏本身也影响着个人行为，引起人们许多不同的反应。

如果我们说，生活节奏给人类划了一道分界线，使人们分属不同阵营，使父母与子女之间、麦迪逊大道与缅因街之间、男人与女人之间、美国人与欧洲人之间、东方与西方之间可以产生误解的话，也并不是言过其实。

未来的人

地球上的居民不仅可以按种族、国家、宗教或意识形态来区分，也可以按他们所处的时代来区分。当我们考察目前地球上的居民时，可发现有一小部分人仍以狩猎或觅食为生，就像几千年前的人类一样，还有一部分人以农耕为生，就像几百年前的祖先一样。他们是属于过去的人。

和他们相比，还有很多居民生活在工业化社会。他们过着现代的生活，是 20 世纪上半叶的产物。他们在机械化和群众化教育的环境下长大，却依稀记得过去的农耕生活。他们是属于现代的人。

还有少数人既不属于过去，也不属于现在。他们身处技术变革与文化变革的风暴中心，集中在圣莫尼卡、加利福尼亚、剑桥、马萨诸塞、纽约、伦敦及东京等地，过着未来式的生活。这些未来生活的先驱者选择的生活方式，正是其他人未来生活的写照。他们现在的人数虽然仅占全世界总人口的百分之几，但已形成了一个国际性的未来社会。他们是人类的先进分子。这些超工业社会的最早期居民，目前正处于“临盆之痛”中。

这些人与其他人有何不同呢？自然，他们比较富有，受教育程度较高，流动性较大，也比较长寿。然而，这些生活在未来的人的主要特点是，他们已开始步入一种新的、加速的生活节奏中。他们的生活比其他人过得更快。

有些人被这种快速的生活节奏深深吸引，千方百计地追寻，而一旦生活节奏缓慢下来，他们便感到紧张、焦虑、不适。他们拼命想要跟上“行动的前锋”。（事实上，有些人几乎不管它是什么行动，只要这种行动是快速的就可以。）例如，詹姆斯 · A. 威尔逊（James A. Wilson）发现，快速的生活节奏是“人才外流”的潜在原因之一，无数名欧洲科学家移居到美国或加拿大便是力证。在研究过 517 名移居英国的科学家及工程师后，威尔逊得出结论，高薪及优良的研究设备还是其次，对这些移居的人才而言，最主要的吸引力是更快的生活节奏。威尔逊写道：“这些移民并不因为到达了节奏较快的北美洲就肯歇脚，倘若还有其他地方可去的话，他们还是会迁移。”此外，参加过密西西比民权运动的一个退伍军人也曾指出：“过惯了快速都市生活的人……无法在南部的乡村久居。”这正是有些人喜欢漫游的原因，看来像是无所事事，其实可以起到一种补偿作用。当我们了解某种生活节奏对个人的吸引力之后，我们便能明白其他许多难以解释的或漫无目的的行为。

虽然有些人标新立异、刻意求变，但还有些人对变革唯恐避之不及，拼命要摆脱这种“旋转游戏”。加入紧张的超工业社会就像加入高速的变革世界一样，他们宁愿弃权，选择闲散、舒服的生活。曾经，一个名为《停止地球，我要下车》（*Stop the World—I want to get off*）的歌舞剧在伦敦及纽约风行一时。

嬉皮士都主张寂静主义，并率先领导大家追求一种“遗世”或“遁世”的新生活，他们虽然口口声声宣称厌恶技术文明，但他们真正要逃避的是令人难以忍受的生活节奏。他们讽刺现代社会，指责它是“鼠类的竞争所”，而这个词指的就是生活节奏。

对于变革的加速趋势，老年人甚至更加反对。根据严谨的统计数据显示，老年人往往站在保守主义这一边。因为时间对老年人而言，似乎过得更快。

当一个 50 岁的父亲告诉他 15 岁的儿子，再过两年儿子便可以拥有自己的汽车，而这 730 天对于父亲而言，只不过占了他之前生命的 4% 而已；对于儿子而言，却足足占了 13%。同样的时间段，父子的感觉却相差 3~4 倍。同样，一个 4 岁的孩子对两个小时的感觉几乎等于一个 24 岁的母亲对 12 个小时的感觉。这个孩子等了两个小时的糖果，就像他母亲等了 12 个小时的咖啡一样。

个人对时间主观反应上的差异在生物学上也可寻找依据。曼彻斯特大学的心理学教授约翰 · 科恩（John Cohen）写道：“年事越高，日子便过得越快。由于新陈代谢作用迟缓的结果，日子也在一年一年地缩短。”由于代谢功能的节奏逐渐缓慢下来，这个世界对老年人而言，似乎变得越来越快，虽然事实并非如此。

不管原因如何，在同一个时间段内，老年人会比年轻人感觉发生了更多的事。由于社会变革的速度一再提高，许多老年人都会更强烈地感受到这种变革。因此，他们往往变成弃权分子，隐居在自己的世界，尽可能地与高速变革的外界切断联系，最后便只有终日无所事事地等待死亡来临。

我们永远无法解决老年人的心理问题，除非我们能发现一种方法，通过生物、化学方法或再教育的方式来改变他们对时间的感觉；或者可能的话，为他们提供一个特殊的避难所，来控制他们的生活节奏。这种特殊的避难所，可以根据老年人对时间的主观感觉来设计。

此外，许多其他令人费解的冲突，如代沟、夫妻之间及父母与子女之间的差异等，都可以溯源到他们对加速的生活节奏产生的不同反应。同样，文化之间的冲突也根源于此。

每一种文化皆有其独特的节奏，伊朗小说家埃斯凡迪亚里（Esfandiary）曾提到两个不同节奏的系统之间的冲突。当时正处于“二战”期间，有一批德国工程师到伊朗帮助他们建造铁路。一般情况下，伊朗人或中东人没有美国人或欧洲人时间观念那么强。当伊朗工人晚了10分钟才开始干活时，守时的德国人一气之下，要把他们全部解雇。伊朗工程师费了九牛二虎之力对那些德国工程师解释说，以中东的标准而言，这些工人已经非常守时了。如果要继续这样解雇工人的话，恐怕不久之后，来工作的人就只剩下女人及儿童了。

快节奏和急性子的人更难以忍受对时间满不在乎的人。因此，意大利的米兰或都灵等北方工业区的居民，往往看不起生活节奏较慢的西西里人，而这些西西里人仍过着农业时代的慢节奏生活。此外，瑞典的斯德哥尔摩或哥德堡居民对芬兰的拉普兰地区的居民也有这样的看法。美国人经常嘲笑墨西哥人的“明天”，即使在美国本土，北方人也常常认为南方人慢吞吞的。而在其他地区的人看起来，美国人及加拿大人无疑是惶惶不可终日的野心家。

有些人甚至开始攻击生活节奏的变革。许多人对欧洲的美国化几乎持着病态的敌意。超工业化主要产生于美国的实验室，是现代新技术的基础。这种新技术不可避免地触发了社会的加速变革，并加速了个人的生活节奏。反美运动虽以电脑或可口可乐为攻击对象，但事实上是因为欧洲已经遭到舶来的时间观念的侵扰。美国，这个超工业化的龙头，正代表着一种全新的、快速的却非常不受欢迎的节奏。

显然，这个问题也象征性地表现在法国人对巴黎到处林立的美国式冷饮店所持的反对态度上。对许多法国人而言，这些存在无疑是一种恶毒文化侵略的证据，但美国人很难想象，为什么这些无辜的软饮料会招致人们如此强烈的反感。现在，口渴的法国人往往跑到超市里，匆匆地买一瓶可乐，而不再闲情雅致地走到街旁的小酒馆，泡上个把钟头，细细品尝甜酒了。值得注意的是，近年来，由于新技术盛行的结果，至少有三万家街旁小酒馆已经宣告关门大吉，正如《时代周刊》(*Time*）所说，它们是“短命文化”的牺牲品。事实上，甚至连《时代周刊》杂志本身也使欧洲人深恶痛绝。这并不是因为这本杂志的政治报道，而是因为它本身的含义。《时代周刊》的文笔简洁有力，很容易把美国式的生活输出他国，甚至把美国式的生活节奏一起抛售出去。

持续时间观

为了了解生活节奏的加速会导致许多不愉快，增加许多烦扰的原因，我们必须先抓住“持续时间观”这个观念。

前面已说过，人类的时间观念与自己的内在节奏有很大关系，但人对时间的反应是受到文化制约的。这种制约性有一部分形成于孩提时代。当我们经历种种事件与其他事物保持种种关系时，持续时间即已形成。事实上，我们灌输给孩子最重要的知识之一，就是事物的持续时间。这种知识的获取往往是在一种非正式的、巧妙的，而且通常是在不知不觉的情况下进行的。如果没有对这些生活中持续时间的估计，我们将无法发挥自身的社会功能。

例如，孩子从婴儿时期就开始知道父亲在早晨几点上班，也知道父亲在几个小时内不会回家。(万一父亲回家了，表示有点儿不寻常，他的常规被打破了。孩子一定可以感到这一点。即使是家里的宠物，也会形成对一些持续时间的估计。它能知道常规情况，也知道反常情况。) 孩子知道吃饭不是一分钟，也不是 5 个小时可以完成的事，吃饭所花的时间通常在 15 分钟到一个小时之间。孩子知道，看一场电影要 2~4 个小时。孩子知道，看一次医生几乎不会超过一个小时。孩子知道，学校每天需要上课约 6 个小时，自己与老师的关系要维持一个学年，与父母的关系则要持续一生。成年人的行为，从寄信到谈情说爱也是以持续时间为前提。

虽然在不同的社会里人们对持续时间的估计不同，但持续时间的概念在每一个社会成员的头脑里早已根深蒂固。因此，当生活节奏有所变化以后，每个人的生活状况便会动摇。

当生活节奏加速之后，有些人痛苦万分，有些人却额手称庆，其原因就在于此。除非一个人能适应他对持续时间的估计，小心注意持续时间的缩短，否则他可能会以为，两种性质相似的情境必然花费同样的时间，但加速力意味着，某些性质不同的情境将压缩在同样的时间内。

凡是能意识到加速原理的人，就是熟悉世界已经走得更快的人。他们能因时间的压缩自觉或不自觉地寻求某种补偿。由于深知一切状况持续的时间均将缩短，因此他便能格外提高警觉，步步为营。反之，那些缺乏对持续时间的估计能力、无视持续时间缩短的人，便将被时代淘汰。

总之，生活节奏绝不只是一个口头禅、一个笑柄，或无病呻吟、危言耸听之语。这是一个极为重要的心理变异，但它完全被忽略了。过去，当外在社会变革较慢时，人们也许感受不到这种变化。一个人也许终其一生也不会发现生活节奏有任何改变。今天，变革的加速已使这种现象完全改变。正因为生活节奏的加快，人类才越来越感觉到科学、技术及社会的变革已加速许多。今天，许多人的行为动机不是源自对生活节奏的向往，便是源自对生活节奏的仇视。如果我们不能同时运用教育学或心理学为人类即将到来的超工业社会铺下坦途，那么人类的前途将不堪设想。

短暂性的概念

我们有关社会变革及心理变革的大部分理论都侧重静态的社

会层面，这并不是现在的人的完整画像。它完全忽视了过去的人、现在的人及未来的人之间的重大差别。这个差别可以用“短暂性”概括。

短暂性的概念可用于填补社会变革理论与个体心理学研究之间的长期断层。在把社会变革理论和个性心理学研究整合之后，我们便可以用一种新的方法分析高度变革的种种问题，从而可以找到一种粗糙却有效的方法推测情境变化的速度。

短暂性，是指生活中的一种新的“临时性”，是一种非永久性的感觉。当然，哲学家及神学家也都知道，人是无常的。在这个层面上讲，短暂性应该是人生的一部分。然而在今天，这种非永久性的感觉变得越来越尖锐。爱德华·阿尔比（Edward Albee）在其著作《动物园的故事》（*The Zoo Story*）中，将主角杰瑞的性格描写成一种“永久的短暂性”。评论家哈罗德·克勒曼（Harold Clurman）在一篇批评阿尔比的文章中写道：“没有人拥有安全的居所，即真正的家。我们都是寄居在公寓里的人，我们绝望地甚至野蛮地想要与邻居保持深入的交往。”事实上，我们全是短暂性时代的居民。

不仅是我们与他人的关系越来越脆弱或越来越短暂，如果对人们与外部世界的关系进行剖析，便可看出各种各样的联系。我们不仅与他人有所联系，还与各种事物有联系。经过这种研究，我们可以推测出人与其活动地点的关系，可以分析出人与周围环境的关联性，甚至可以进一步研究人与某种观念或信息的关系。

这 5 种关系加上时间便形成了社会经验的结构。前面我们所提到的“事物、活动地点、人、环境及观念是一切情境的基本组成部分”便是基于这个理由。而个人跟上述5个组成部分的关系，是构成情境的最主要基础。由于社会加速变革的结果，这些关系在时间上被缩短。过去维持某种关系需要很长时间，而现在已被大大缩减。由于这种时间的缩减，我们才真切地感到自身生活的不确定性。

短暂性也可以很明确地用关系的周转率来解释。如果现在证明事情的发展要比过去所需要的时间更短，也许很不容易，但我们可以先拆开这些组成部分，然后测算它们进入和离开我们生活的速度，即测算这些关系的持续时间。

“周转”的观念可以帮助我们了解短暂性的概念。例如，在杂货店里，牛奶的周转速度通常比芦笋罐头的周转速度快。因为牛奶的进货与销售较快，所以流动就快了许多。精明的生意人对于自己售出的每一件商品的周转速度及整家店铺的周转速度都了如指掌。他很清楚，营业周转速度是企业经营状况的最主要的指标。

为了便于说明，我们可将短暂性视为个人生活里各种不同关系的周转速度，而且每个人的特点都可以用这种速度来表明。有些人的生活周转速度低于其他人。现在的人及过去的人的生活相对来说是“低度短暂性”的，也就是说他们的关系持续时间往往比较长。未来人则生活在“高度短暂性”的环境中，他们的关系持续时间将大为缩短，流动性将大大加快。他们的生活、周围的事物、活动地点、人群、观念以及他们所在的组织等，都将变化得更快。

这样的变革不仅影响了人类感知现实及对自我约束的方式，同时影响了人们的责任感和适应能力。这种高速的生产能力加上日新月异、趋向复杂的环境，我们的适应能力才被限制，从而带来未来的冲击。如果我们可以证明自己与外部世界的关系正变得越来越短暂，我们就有充分的证据证明情境流通得越来越快，也就能透彻地观察自己和别人。所以，我们先看一下高度短暂性社会的生活情况吧。

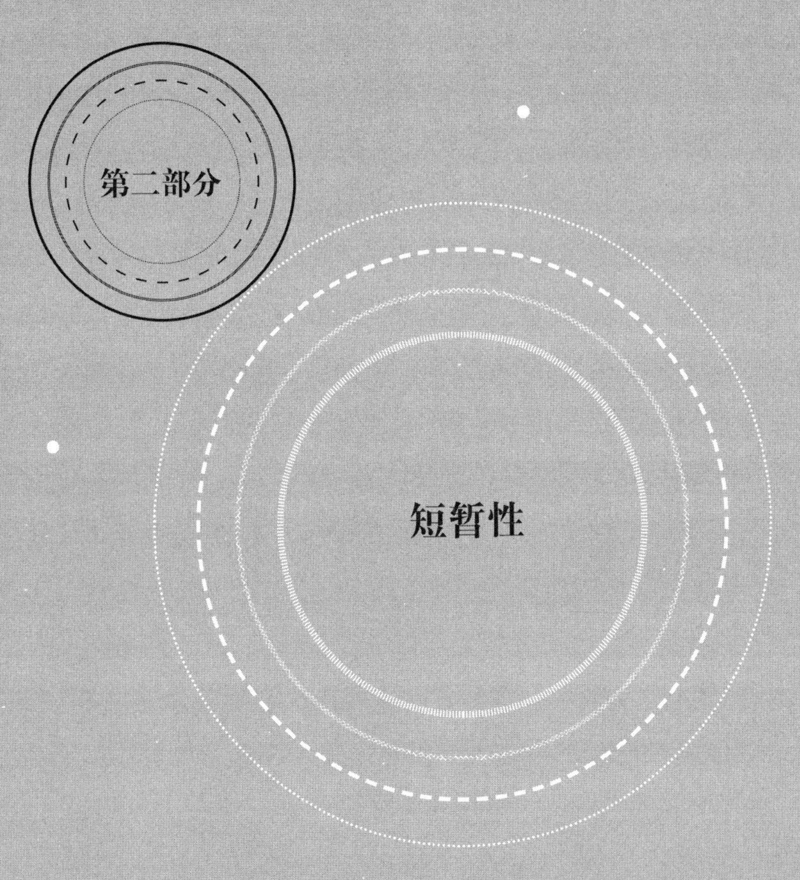

第二部分

短暂性

第四章　物品：用完即弃的社会

芭比娃娃，一种12英寸[①]高的塑胶玩具，是有史以来最知名且最畅销的洋娃娃。自1959年问世以来，全世界已生产的芭比娃娃比洛杉矶、伦敦或巴黎的人口数量还要多。小女孩都很喜欢芭比娃娃，因为这样的娃娃栩栩如生、衣着华丽。芭比娃娃的制造厂马特尔公司兼售娃娃的日常服装、礼服、泳装及滑雪服等在内的全套衣服。马特尔公司后来还推出一种改进的新型芭比娃娃。新型芭比娃娃身材较为苗条，有仿真的睫毛，伸缩自如的胸衣等，凡此种种都比以前的产品更酷似人类。马特尔公司还宣布，人们以后若想购买芭比娃娃，可先用旧的娃娃换取抵用购物券。

很可惜，该制造厂没有宣布可以通过抵用购物券换购新型芭比娃娃。现在的小姑娘，即超工业社会的市民，通过这件事可以学到新社会的重要一课：人与物的关系越来越短暂化。

如今，我们已经置身于种种人造物品的海洋中。随着技术的发

---

① 1英寸=2.54厘米。——编者注

展，由技术造就的环境与人类的关系却越来越密切。水泥、塑胶制品，夜晚中车灯的闪烁、从飞机窗口看到的城市景观……这些都与个人生活有密切的关系。人造物品早已进入我们的生活并改变我们的看法，目前人造物品正以排山倒海之势取代自然物品。这种现象在超工业社会里更为显著。

一些反物质主义者极力轻视物品的重要性。尽管如此，物品的重要性却丝毫未减。因为物品具有实际用途，而且对人们的心理具有高度影响。我们无法与物品断绝关系，物品影响了我们的连续感或断绝感，改变了我们的生活状况，缩短我们与物品的关系，同时使我们的生活节奏加快。

此外，我们对物品的态度也反映出我们基本的价值观。过去的小女孩爱不释手地照顾芭比娃娃，直到坏了才肯搁置一边。现在的小女孩却满心欢喜地抢着去买新款芭比娃娃，两者的对比足以看出其中价值观的差别。而这种差别，实际上就是长久性的旧社会与短暂性的新社会之间的差别。

纸制的结婚礼服

我们从小女孩换购芭比娃娃的现象便可看出，人与物的关系越来越短暂化。其实，小女孩不久便会发现，芭比娃娃并不是唯一在生活中很快出现又很快消失的东西。尿片、围裙、纸巾、可乐瓶等几乎都是用完即弃的日用品。简便的晚餐也常用一次性盘子盛放。现代家庭可以说是各种东西进进出出的一个大型过滤性机器。新一代儿童从小就生活在一个用完即弃的文化里。

用完即弃的观念与过去贫穷时代的一般观念正好相反。不久以前，尤里尔·罗尼（Uriel Rone），一位法国广告公司的市场调查员告诉我："法国的家庭主妇一般不喜欢用一次性的产品。她们喜爱保存东西，即使是古老的东西也是如此。我们曾经替一家厂商策划一种塑胶材料的一次性窗帘的广告，事前做了一次市场调查，结果发现这种材料的窗帘颇受敌视。"而目前发达国家对人造材料的敌视越来越普遍。

一位名为爱德华·梅兹（Edward Maze）的作家曾指出，在 20 世纪 50 年代早期，许多访问瑞典的美国人都惊讶于该国环境的整洁，"街旁看不到一个可乐瓶或啤酒瓶，真叫我们美国人感到羞耻。但到 20 世纪 60 年代，老天！瑞典的高速公路旁到处都是冷饮瓶……这是怎么搞的？瑞典也像美国似的变成一个用完即弃的社会了"。今天的日本，一次性物品十分普遍，手帕已经过时；在英国，只要花 6 便士便可买到一次性牙刷，并附有牙膏；在法国，一次性打火机也十分普遍。从纸制的牛奶杯到火箭，都是短期使用的物品，随着其产量的增多，我们的生活方式将被全盘否定。

最近问世的纸制及半纸制的服装，使这种趋势更推进了一步。充斥于大百货公司的轻便工作衣又使纸制服装更加多姿多彩。时装杂志煞费苦心地设计了种种纸制的外套、睡衣，甚至结婚礼服。其中有一幅照片是一个穿着酷似花边纸的白色长袍的新娘，照片旁标着："婚礼之后，这件衣服将变成厨房的窗帘。"

纸制衣服对孩子们尤其适用。一个服装设计师写道："小女孩可以随意在衣服上涂抹冰激凌、画画，甚至剪洞，母亲会站在一旁，高兴地看她们表演。”要是成年人想露一手，可以花两美元买来一套附送水彩笔的“自己画衣服”式的纸制衣服。

当然，价格也是导致纸制品呈爆炸式增长的一个不可忽视的因素。将来，有些百货公司会出售名为“随遇而安”的尼龙纤维质衣服，每件仅售 1.29 美元，几乎比洗一件旧衣服的价钱还低。用完即弃的文化一旦盛行以后，问题不只产生于经济方面，还会给人们造成极大的心理影响。

为了适应用完即弃的产品，我们自然而然会养成用完即弃的心理，价值观会随着物品的性质而改变。“用完即弃”一经流传，人与物品之间的持续时间将大为缩减。过去我们与物品之间的长期关系，将被物品的连续更换的短暂性取代。

突然消失的超市

从建筑上，我们也可以看出来短暂性的趋势。建筑在过去可说是维持人类持久感的最重要的物体。换购芭比娃娃的孩子们免不了会发现，周围的建筑物也越来越短暂化了。我们将历史性的建筑物拆除，将整条街道甚至整个城市夷为平地，更是以极为惊人的速度建造新建筑。

“住房的平均年龄已逐渐下降，”斯坦福国际咨询研究所的 E. F. 卡特（E. F. Carter）写道，“洞穴时代，人类的居所可无限期使用……到了殖民时代，美国的房屋年龄约 100 年左右。而现在，每幢房子仅仅住 40 年而已。”英国作家迈克尔·伍德（Michael Wood）评论道，美国人“昨天刚刚建立一个世界，今天却感到不稳定。纽约的建筑物可在一夜之间消失，而一个城市的风貌可在一年以内改头换面”。小说家路易斯·奥金克洛斯（Louis Auchincloss）愤愤地抱怨道：“住在纽约简直跟住在一个没有历史的城市一样……我的祖先都住在这个城市，他们那时的房子到现在仍屹立不倒的只剩一幢了。我所说的‘消失的过去’正是这个意思。”后来移民到美国的波多黎各人、东欧人或南欧人等对建筑的这种印象或许更深。过去的消逝是一种毋庸置疑的现象。

设计师巴克敏斯特·富勒（Buckminster Fuller）曾将纽约描写成一个“拆除、毁坏、移动、暂时真空、再建立的连续进化过程。这种过程与庄稼每年轮种的原理相同。先是耕犁，然后撒种、收成，再来一次深耕，换另一种庄稼……许多人以为纽约的建筑施工只是暂时封堵街道而已，竣工后便可平静下来……他们仍然认为持久性才是正常的，他们的观念似乎还停留在牛顿的宇宙论上。但是，20 世纪初就生活在纽约的人，都已深刻体验到爱因斯坦的相对论”。

事实上，我本人就曾亲身体验过“爱因斯坦的相对论”。不久前，我太太曾让 12 岁的女儿到距离我们曼哈顿公寓不远处的一个超市购物，她以前只去过那儿一两次。半个小时后她回来了，一脸困惑地说：“一定被拆掉了，我怎么也找不到。”是的，超市的确被拆了，但我们新搬来的邻居以为自己走错路呢。我女儿是生长在一个“短暂性时代”的小孩，她的直觉猜测超市被拆除了，这就是生长在现代美国的 12 岁小孩的自然反应。这种想法在生活于 50 年以前的小孩看来，简直难以置信。因为过去物质环境的持续时间较长，而我们与它的关系维持时间也较长。

非永久性的经济

在过去，凡是持久的总是好的。不管制造一双鞋或盖一幢教学楼，大家的精力与创意都在设法让该产品的持续时间增加。“建”的最主要目的，就是“长久”使用。由于当时的社会环境少有变动，每一件物品都有明确的功能，这样的经济逻辑便形成一种持久性的方针。即使东西偶尔需要修理，但总的说来，50 元一双的鞋子穿 10 年，总比 10 元一双的鞋子穿一年要便宜许多。由于社会加速变革的影响，持久性的经济势必会被短暂性经济所取代。

第一，先进的技术使制造成本的降低速度快于修理费的降低速度。因为前者已形成自动化，而后者尚停留在手工阶段，也就意味着重购比重修更便宜。此外，制造并销售价格便宜、不可修理、用完即弃的东西，在经济上更为划算，虽然没有可修理的东西耐用。

第二，随着技术的进步，产品也跟着时代一再改进。第二代电脑比第一代要改良许多，而第三代电脑又将比第二代先进一步。由于技术一再改进的结果，进步所需要的时间比以往大为缩短。因此，短暂性的产品将比持久性的产品更符合现代经济原则。匹兹堡都市设计协会的都市计划师、建筑师戴维·刘易斯（David Lewis）曾说，迈阿密的某个公寓楼房只使用 10 年便全部拆除。由于新型的房屋配有更完善的空气净化设备，因而这些“老”房子已经租不出去了。几经考虑之下，屋主还是觉得拆除重建要比重修划算得多。

第三，由于变革在加速且花样一再翻新，未来需要什么将越来越难以预测。虽然我们知道未来势必变革，却无法确定未来到底需要什么，所以我们不敢花费大量资金制造固定不变的产品。为了避免形式与用途的固定，我们都尽可能制造短期性物品，或者设法使产品本身有适应性。在技术上，我们要尽量“老谋深算”。

可移动的运动场

除了物品的使用具有短暂性外，还有其他因素影响我们设计、制造和使用物品的心理。例如，我们现在已经发现一种专供短期使用的大型产品，而且它们不是用完即弃的东西。它们通常规模较大，价钱也较为高昂，构造具有“可拆除性”，也就是不需要时可以整体拆下来。洛杉矶的教育局已经决定，今后 25% 以上的教室将建成一种临时性的建筑，在需要时可随时移动。目前，美国一些学校已开始使用临时性的教室，而且使用这种教室的学校将越来越多。临时性教室对于学校建筑而言，正如纸质衣服之于服装制造业一样，都是未来的前奏曲。

临时性教室主要是用来帮助学校解决人口快速迁移问题的。但正如纸质衣服一样，临时性教室意味着人与物的关系持续时间将会缩短。因此，临时性教室即使在没有教师时，也可以教会学生一些东西。前面谈过，芭比娃娃的故事间接暗示了小孩子，他们的周边环境并不是永久的。同样，学生可以从临时性教室了解到相关的一些知识，例如教室是如何安装的，夏天时桌子会怎么样，教室里的回音又是怎么回事等。

临时性教室并不只是在美国出现。在英国，普莱士建筑公司已设计了一种名叫“思考带”的建筑，是一所可供两万人上课的流动大学。该公司说：“它将使用临时性建筑物，而不使用永久性的。”它将利用一种“流动的、可改装的建筑材料”，比如所有教室将盖在火车里，随时可在4英里长的校园里移动。

专供建造展厅用的圆顶，专供建造战役指挥中心或建筑设计总部用的塑胶泡沫以及其他许多种临时性建筑材料，目前已经从建筑师及工程师的制图桌上应用于实际建造。纽约市公园与娱乐管理局已经决定建造12个“可移动的运动场”，计划在城市的空地上设立一种临时的小型运动场，只要场地另有他用，即可拆除。运动场一向是附近居民运动的所在地，有时甚至沿用了好几代。但是，超工业化时期的运动场不愿独占土地，其设计已趋于临时性。

组合性的游乐场

临时性结构及一次性产品的盛行，导致人与物的关系持续时间缩短，而这种趋势更因组合性的急速推广而愈演愈烈。组合性，是指将具有短暂性的基础结构组合起来形成较为长期的整体结构。普莱士建筑公司的“思考带”所提供的设备及学生公寓，都是由钢铁组成。这些钢铁先由起重机举起，然后接入建筑构架上，而构架是全部结构中唯一较为固定的部分。在必要时，钢铁可以前后转动，甚至可以全部拆下来。

在此我们有必要强调的是，“一次性”与“流动性”在持续时间上的差别非常小。当这些钢板重新搭建和组合时，就会形成新的构造，好像一个物理构造被拆除并建成一个新的一样，虽然里面的组成元素未变。

即使现在许多被视为“永久性”的建筑，但大部分也是依照组合性原则来建造，所以里面的墙壁及物体可随意移动而构成一种新的构造形态。事实上，这些可移动的物体正好可以视为短暂性社会的象征。可移动的隔墙在一般建筑物里已十分普遍。现在，瑞典的组合性产业已十分发达，乌普萨拉的新型公寓大部分都已装上一种可移动的墙壁及壁橱。房客仅需一把螺丝刀即可改变生活空间，塑造一个新的公寓。

有时候，组合性与一次性直接配合从随处可见的圆珠笔上就可以看出来。过去，鹅毛笔曾被使用很长一段时间，钢笔的发明是技术上的一大进步。因钢笔比较便于携带，且备有墨水管，因此扩大了普及范围。圆珠笔的问世更是一种进步，它除了自身备有墨水之外，更因为价钱便宜，笔芯用完之后便可随时丢掉。从此，第一个装有墨水的一次性的笔真正出现了。

但有些人似乎仍不习惯这种浪费，有些人仍舍不得将用完的圆珠笔丢掉。为了解决这个问题，有些设计师便把组合性应用到圆珠笔上：在圆珠笔笔芯用完后，外部的笔杆可以继续保留下来，内部的笔芯此时便可丢掉。如此一来，笔芯便成了消费品，用完丢弃之后，整个笔的寿命还可延续下来。

相比之下，零件总比整体结构的数量多得多。调换零件也好，或整体丢弃也好，我们在日常生活里将不断感受到种种物品的快速进出，而我们与物品之间的持续时间将更为缩短。这种结果将一连串地造成新的流动性、改变性及短暂性。

在英国戏剧演员琼·利特尔伍德（Joan Littlewood）、结构工程师弗兰克·纽比（Frank Newby）、系统工程顾问戈登·帕斯克（Gordon Pask）以及“思考带”建筑师普莱斯等人的通力合作之下，一种利用以上所有原理建造的新建筑即将问世。

利特尔伍德计划建造一种“全能”的剧院，从普通戏剧到政治集会，从舞蹈表演到摔跤大赛，都可以在这里进行，而且最好能同时进行。正如评论家雷纳·班汉姆（Reyner Banham）所说，利特尔伍德就是要一个“全能地带”。于是，一种令人匪夷所思的“剧院”计划开始了。这个计划所要求的不仅是一个能实现“多重目的”的建筑，还要求一种可任意拼接的组合系统。这种“永久性”的直立塔几乎包含一切的服务性设备，如盥洗室、电控室等。不但如此，该建筑物的底部由一种高架移动起重机所支撑，因此整个建筑可随时移动，甚或可以整体拆散成许多临时性的、相互独立的部门。在晚上娱乐节目结束之后，大礼堂、展览厅以及餐厅等都可以拆开，各自独立。

班汉姆曾就这个建筑物描写道：“事实上，这个剧院只是使用10年的都市设备之一，但这个未来建筑里会拥有很多可移动的构造，诸如墙壁、地板、过道、电梯、座椅、屋顶、舞台、银幕、照明设备及音响设备等。”倘若大家觉得围墙及楼梯露出来不雅观，只要一按钮，便会完全改观。

当这些计划付诸实施以后（事实上很可能），我们的社会将会产生一种新的现象：没有永久性的纪念馆，也没有英雄的半身像……因为唯一可见的永久性要素也只限用一个时代而已。

一些所谓“可拆装”建筑的拥护者已打算按照“短暂性建筑”的原理，设计整个“可拆装”的城市。他们计划利用游乐场的概念来建造各种不同形态的小型建筑，这些建筑各有各的寿命。建筑的主要结构或许可“活”到25岁，但其余零件的适用年限仅有三年。这还不能满足他们的想象力，他们甚至想设计一种可移动的摩天大楼，但大楼的地基不是在地上，而是在一种具有地基效果的机器或活动地基上。他们的最终理想是使整个城市免于固定一隅，希望利用原子能的力量使整个城市浮在气垫上，如果真的那样的话，城市景观会变得更快。

不管这些愿景是否会实现，但目前至少可以确定的是，现在的社会正朝这个方向前进。用完即弃的文化在逐渐扩大其影响范围，短暂性及组合性的结构越来越普遍，而它们具有相同的心理影响力，都会造成人与物的关系短暂化。

租赁革命

还有一种发展同样改变了人与物之间的关系：租赁革命。迈向超工业社会的主要特征之一是租赁风气的盛行，这与前面所述的种种趋势有密切的关系。租车、一次性尿布和利特尔伍德的剧院乍看起来毫不相关，但仔细一想，它们之间有着极为相似之处。因为租赁风气会强化短暂性。

在经济不景气的时代，成千上万的人既找不到工作，也没有房子住。因此，在当时的资本主义社会中，找到一个住处便成为最有力的经济动机。即使在当今的美国，人们拥有房子的欲望仍十分强烈，但“二战”后的美国，公寓出租的风气突然盛行起来。1955 年前后，美国的公寓出租率每年约增长 8%，到 1961 年，这个增长率达到了 24%。1969 年，美国出租公寓的数目首次超过私人住宅。公寓生活之所以流行，原因很多，但最特殊的原因就是麻省理工学院伯纳姆·凯利（Burnham Kelly）教授所说的，大部分人都需要一个“简便且经济”的住所。

简便、经济正是“用完即弃产品”消费者的价值观，也是短暂性和组合性的产物。从定义上，我们即可看出，租赁房屋的持续时间往往比自用住宅的持续时间短。租赁房屋的趋势使居民与其物质环境的关系也越发缩短。

更令人触目惊心的事实是，有些租赁活动几乎是以前从未有过的。戴维·里斯曼（David Riesman）曾写道：“一般人都喜欢汽车，这是他们日常生活中谈论的主要话题，但这种喜爱只有 5 分钟的热度而已。”事实的确如此，一般美国的车主使用一部车子的时间很少超过三年半，有许多人甚至只使用一年而已。因此，美国花在二手车上的消费约达 200 亿美元。这种汽车工业首次打破“购置贵重物品须考虑该物品的长期使用性”的传统观念。由于新车型的改进，对新车型的大力宣传，再加上厂商本身也愿意让顾客以旧车换购新车，因此美国每年换新车的人数越来越多。如此一来不但缩短了购物的时间间隔，也缩短了车主与汽车之间的关系持续时间。

最近几年，一种新力量开始挑战汽车行业根深蒂固的固有经营模式：出现了汽车租赁企业。现在，美国数百万人开始租用汽车，时长从几小时至几个月不等。许多美国大城市的居民，尤其是纽约，由于停车不便，人们不愿自己拥有汽车。人们更愿意租一辆汽车到乡间旅行一周，或在全城做短期旅行。目前，美国可以以极简便的手续，在机场、火车站或大饭店等地租用汽车。

当然，美国也把这种租赁企业推广到国外。美国分布在全球的租赁公司，已开始与外国的同业展开激烈竞争。欧洲的汽车厂商开始竞相模仿美国。不久以前，《巴黎竞赛》（*Paris Match*）杂志刊登了一幅漫画，是一个来自太空的外星人站在飞碟旁询问一个警察，哪里可租到汽车。虽是一幅漫画，却足以显示租赁之风流行到何种程度。

与汽车租赁企业同时兴起的还有美国市场上出现的综合性商店。这种商店不销售任何商品，一切商品都只用于出租。美国约有9 000家这种商店，出租的订单总额高达10亿元，营业额每年增加10%~20%。今天，市场上的产品几乎都能租到，从扶梯、除草机一直到貂皮大衣都租得到。

洛杉矶的租赁农场还为顾客准备了各种树木的幼苗以供栽植，任何想暂时过一下田园生活的人都可亲身体验其中的乐趣。旧金山一个铁道旁的广告牌上写着："增添田园之乐——活树出租。"而在费城，甚至连衬衫都租得到。目前，外套、拐杖、珍珠、玉石、电视机、露营设备、空调、轮椅、床单、滑雪用具、录音机、香槟起瓶器、银制食器等，几乎在美国每一个地方都能租到。西海岸的成人俱乐部居然出租人体骸骨，以供游行示威之用，《华尔街日报》（*The Wall Street Journal*）的广告栏甚至出现"奶牛出租"的广告。

瑞典一家女性杂志曾经连续5次报道未来的世界。该文指出，到那时，“我们将睡在一种睡橱里。这种睡橱有一个按钮，按钮一按我们便可在里面吃早餐或阅读，我们还可在同一处租到桌子、挂画以及洗衣机等”。

没有耐性的美国人似乎等不到未来了。事实上，在所有租赁企业中，最引人注意的是家具租赁业的兴起。有些制造商及租赁公司以每月 20~50 元的价格出租备有家具、地毯、窗帘及烟灰缸的小型公寓。“你在早晨抵达某个城市，”一个空姐说，“到了晚上，即可找到满意的临时住所。”一个刚从加拿大飞抵纽约的旅客说：“真奇妙，即使我环游世界也用不着担心要搬运东西。”

哲学家威廉·詹姆斯（William James）曾写过这样一段话：“以‘有’为生的人将不会比以‘行’或‘做’为生的人来得自由。”在租赁风气盛行的今天，人类已经远离了“有”的生活，而开始走向“行”或“做”的生活。未来的人比过去的人生活得更快，他们的生活方式必须比过去的人更富有弹性。正像长跑竞赛者一样，负重太多的话将无法更快。他们要过着有科技含量、最富裕、最时髦的生活，但他们不愿背负随之而来的重荷。他们深知，生活在不确定的急速变革的社会中，首先要学会“驾轻就熟”。

显然，租赁风气势必会缩短人与其所用物品之间的持续时间。这一点只要通过一个简单的问题即可一目了然：在美国男性的一生中究竟使用过多少汽车（无论租用的、购买的或借用的）？这个答案是：购买的汽车在 20~50 辆之间，租用的则高达 200 辆以上。购买汽车的车主与汽车的关系一般约持续几个月或几年，而租用车车主与汽车的关系，在持续时间上更是大大缩短。

在租赁风气的影响下，越来越多人将与同一物品产生关系，但这种关系的持续时间也将大大缩短。当我们将这种原则推广到更多的产品时，便可发现租赁的兴起强化了用完即弃物品、短暂性结构以及组合性的影响力，并与它们齐头并进。

临时性需求

在此，我们有必要先来谈谈“过时性”的概念。一般企业为了避免产品过时，往往致力于产品改革。同时，一般消费者为了赶上时代的发展，也往往选择租赁，或使用一次性的或临时性的产品。对持有永久性理想的人而言，过时性的观念无疑会带给他们极大的困扰，特别是当他们认为这种“过时性”是有计划的，他们将更为震惊。“人为性商品废弃”已成为社会评论的争论焦点。

当然，无可讳言，有些生意人为了不断推出新产品以占领市场，往往刻意缩短产品的使用寿命。同样，美国市场上每年推出的新产品也并非都是由于技术上的实质改变。10 年来，底特律汽车的外形设计虽然翻新了 10 次，但每升汽油可行驶的里程数却毫无增加。石油公司虽然宣称，他们的产品已经增添了许多新的成分，但汽油的油质并无多大改变。麦迪逊大道经常鼓吹新产品外形的重要性，并鼓励消费者抛弃半旧不新的物品，以便重购新品。

这时，消费者很容易掉入一种精心布置的陷阱里：制造商加速旧产品的死亡、新产品的问世，也同时被渲染成进步技术带来的天赐之物。

但以上的理由并不足以说明，我们生活中物品的高速周转率。

快速的过时性只是整个加速过程的一个必要组成部分。整个加速过程不仅包括引起加速变革的导火索，也包括整个社会的方方面面。这种历史进程紧紧跟随着科学的兴起及知识的推进，绝不能单方面地归罪于少数奸商的恶作剧。

很明显，过时性有时是有计划的，有时却没有。一般而言，过时性会在下列三种情况下发生。首先，当产品自然而然地落伍到无法发挥其功能时，如轴承被烧坏、纤维被撕毁或管道生锈等。为了维持使用，消费者必须更换产品，而这种过时性可以说是由于产品功能丧失所致。

其次，当新产品性能超过旧产品性能时，新的势必淘汰旧的，因而发生过时性。新的抗生素对传染病的治疗效果远远好于旧的抗生素，新电脑比 20 世纪 60 年代的旧电脑在功能上进步许多，价格也便宜许多。这种过时性是源于实质技术的进步。

但是，过时性也可能在消费者的需求或产品所具有的功能改变时发生。事实上，这种过时性的产生绝不像一般人认为的计划过时那么单纯。一件东西，不管是汽车或开瓶器，都可以从许多不同的角度来评价。一辆汽车绝不只是交通工具，它还可以表现车主的个性、所处的社会阶层。汽车还可提供触觉、嗅觉及视觉上的种种感官刺激。消费者从这些方面所获得的满足感，往往可以超过从汽油消耗量的减少或加速力增大上所获得的满足感。

传统观念认为，每件物品都有一种固定且明确的效用，但这种观念已不适用于今天我们的内心想法和价值观。今天，所有的产品都具有多重功能。不久以前，我在一家小文具店看到一个男孩买了半打粉红色的橡皮。我好奇地走过去拿起一块看了看，并问他："很好用吧？"他说："不知道，但闻起来味道很好！"味道的确很好，日本制造商为了掩盖化学气味，特别在橡皮擦上加了很浓的香味。由这个例子我们可以知道，随着购买者的喜好和时代的改变，产品所满足的需求也开始改变了。

在一个物资匮乏的社会里，需求与"纯"用途息息相关，所以需求具有普遍性，而且很难改变。当物资充裕时，人类的需求与物品用途的关系便逐渐减少，与个人喜好的关系逐渐提高。同时，在一个复杂而快速变革的社会里，个人的需求越来越多地产生于自身与外部环境的互动关系。社会变革越快，个人需求便越短暂化。在一个物资充裕的新社会中，个人往往能享受许多临时性的需要。

消费者对自身的需求并没有清楚的认识，只是模模糊糊地感到要改变而已，所以广告便利用这种感觉。但是，单凭这一点并不足以造成这种趋势。事实上，关系持续时间的短暂化趋势，并不是因为所谓的人为性商品废弃的争论或麦迪逊大道的操纵阴谋，而是因为根源于整个社会结构的变革。

消费者的需求迅速改变，可由他们随时丢弃用品及经常更换所使用商品的品牌上看出来。倘若权威的广告评论家唐纳德·F. 特纳（Donald F. Turner）说得没错，那么广告的主要目的之一，的确是要创造"持久性的偏爱"。如果是这样的话，那广告可以说是完全失败了，因为人们经常更换品牌的结果，正如一家食品工厂的负责人指出的那样，会变成"广告界最大的困扰之一"。

在这种情况下，许多品牌失去了踪影。即使目前还存在的品牌，在市场上的地位也时常变化。根据亨利·M. 沙赫特（Henry M. Schachte）的统计："到目前为止，几乎没有一个品牌能稳居于它们10年前的地位。"就以过去美国最畅销的十大香烟来说，目前只有长红这个牌子尚能保持以前的市场地位。骆驼牌香烟的市场销量早已降低了一半，其他牌香烟的地位升降情况都各不相同。

这种不断发生的变化，可以说是受到广告的影响，但又不完全受其影响。尽管从历史学家的长期观点来看，这些变革不值一提，但这些持续的变革造成商品的短暂化，并使个人的日常生活产生了巨大改变，也进一步加深了社会上的高速、动荡和短暂之感。

流行的机器

商品地位的迅速改变，一方面源于技术的快速变化，另一方面又与技术的快速变化相互作用，结果不仅导致普通产品及品牌的流行程度经常改变，也缩短了产品的存在周期。自动化专家约翰·迪堡（John Diebold）曾一再对企业界强调，他们应该赶快动动脑筋，设法生产短期性商品。史密斯兄弟公司生产的日用品在市场上长盛不衰，所以这家公司变成一个标准的美国公司。它的创办人曾指出，今后将很少有产品能如此经久不衰。许多顾客之所以更换商品的品牌，并不是因为不喜欢老品牌，而是因为他们在超市里已经找不到老品牌的商品。1966年，在美国超市出现的新产品约有7 000种以上。今天超市所出售的55%以上的商品是10年前没有的。而当时买得到的商品，约有42%的商品在今天已经销声匿迹。这种现象一年比一年严重。正因如此，仅在1968年，包装商品约增加了

9 500 种。这种默默而迅猛的消亡战使一切旧商品消亡，又使新商品如海潮般涌上来。

经济学家罗伯特·西奥博尔德（Robert Theobald）写道：“过去可以持续 25 年的商品，现在只能持续不到 5 年。而在多变的医药行业和计算机行业，商品的持续时间不到半年。”倘若这种变革速度再加快，以后厂商所出产的商品即使再好，也顶多维持几周而已。

即使在现在，我们已经大概看到未来的景观。各种新潮流已经后浪推前浪地在高度技术化的社会里推移。在过去几年内，我们在美国、欧洲及日本境内都可看到“芭铎发型”“埃及艳后式打扮”“007”“蒂凡尼式灯罩”“铁十字架”“流行太阳镜”及其他许多新奇、古怪的玩意儿，而这足以反映并推动急速变革中的流行文化。

在媒体及市场的推波助澜下，这种流行风潮在一瞬间爆炸开来，然后以同样的速度销声匿迹。在流行性企业使出层出不穷的花招之下，产品生命线变得越来越短。在这种潮流的影响之下，加利福尼亚州圣加比城居然出现了一家别开生面的惠姆奥制造公司，专门生产流行性玩具。20 世纪 50 年代，该公司生产的“呼啦圈”风靡全球。后来该公司又推出了弹力球，虽然只是一种弹得较高的橡皮球而已，但小孩和大人都玩得兴高采烈。惠姆奥制造公司及其他类似的公司，对于商品的“死亡”并不在意。他们甚至故意设法让商品死亡，因为他们的专长是设计及生产“短暂性”的产品。

正因为流行风尚在相当大的程度上是人为的，所以它们的意义更加深远。即使是工业用的流行品，也不是现代才有的时髦玩意儿，但在过去，它们并没有以如此强大的火力穿梭于我们的意识之间。过去，制造流行品的厂商、媒体以及广告公司之间，并不像今天这样配合得如此完美。

制造并推广流行品需要一套运转流畅、各方配合默契的工作程序，而这已成为现代经济不可或缺的组成部分。当大家了解产品短暂化的必然趋势后，所有厂商必定会竞相采用这种工作方法。如此一来，流行品与日用品之间的界线越来越难以区分。我们已经迅速步入一个使用短暂流行品的时代。在这个时代，我们将采用短暂性的方法满足短暂性的需求。

生活用品的周转率越转越快，我们面临着一种用完即弃的潮流，面临着非永久性建筑、具有可移动性及组合性的产品、租赁用品以及形形色色的市场寿命短暂的商品。在这种强大的压力之下，人与物的关系将不可避免地短暂化。

第五章　地域：新的游牧民族

每逢星期五下午 4 点半，一个身材高瘦、头发花白、名叫布鲁斯·罗布（Bruce Robe）的华尔街职员把一叠厚厚的文件塞进黑色手提包，从衣架上取下外套，然后离开办公室。这个习惯延续了三年。离开办公室后，他先乘电梯由 29 层到 1 层，然后穿过拥挤的街道，10 分钟后到达华尔街直升机场搭乘直升机，8 分钟后降落在肯尼迪机场，改乘环球航空公司的航班。过了 1 小时 10 分钟，该航班在俄亥俄州的哥伦布机场降落。他下了飞机，穿过候机室，然后坐上一辆等候已久的汽车。半个小时后，他便到达目的地——他的家。

罗布在曼哈顿的一家酒店每周住 4 晚，其余的三个晚上则与妻儿在 500 英里以外的哥伦布市团聚。他的工作地点位于美国最大的金融中心，而他的家却在美国中西部的安静郊外。他两处奔波，每年总共旅行 5 000 英里。

罗布的情形很特殊，但并非独一无二。加利福尼亚州的一个大农场的主人，每日清早从他在美国西海岸的家飞行 120 英里，到坐落于圣贝纳迪诺谷的农场去巡视，然后晚上又飞回家。宾夕法尼亚州一个工程师的孩子，经常飞到德国的法兰克福接受牙齿矫正手术。芝加哥大学哲学系教授理查德·麦基翁（Richard Mckeon）每周飞行 1 000 英里去纽约的社会研究学院授课。一个旧金山的年轻人与在檀香山的女友，每周轮流去见对方一次。他们每次都要横越太平洋，飞行 2 000 英里。还有一个住在新英格兰的家庭主妇也定期到纽约做头发。

空间距离在历史上从未如此短过，人与其所处位置的关系也从未如此烦琐、脆弱、短暂。在一些技术先进的国家，尤其是在“未来居民”组成的社会中，往返、旅行以及定期在异地而居等已经成为人们的第二天性。事实上，我们“用完”一个地方而将之舍弃的情形，正如丢弃纸制品或空罐头一样。我们亲眼看到，地域对人类生活的重要性在下降。一个新的游牧民族出现了，而他们的移动性到底有多大、多广、多重要，都是我们难以预料的。

300 万英里俱乐部

据巴克敏斯特·富勒统计，1914 年，每个美国人平均每年旅行 1 640 英里，包括上下班路上行走的 1 300 英里在内，也就是说每人平均每年骑马或其他交通工具仅 340 英里而已。以 1 640 英里为基数来计算，当时的美国人终其一生也不过才走了 88 560 英里而已。[①] 然而今天，有私家车的美国人平均每年约行 10 000 英里，而且现代

① 这是以每人平均寿命为 54 岁计算的。1920 年，美国男子的平均寿命为 54.1 岁。

人的寿命比上一代或上两代更长。“以我来说吧，”富勒在几年前曾写道，“我已经是数千万个走过300万英里以上的美国人之一了。”这个数字比1914年的美国人，高出了30倍以上。

如果把这些数字加起来，结果更为惊人。1967年，1.08亿的美国人总共旅行3.6亿次，包括100英里以上的隔夜旅行在内，总里程数共约3 120亿英里。撇开飞机、货车、汽车、火车、地铁及其他种种交通工具不谈，就以我们在道路上的社会投资来看，这个数据也着实惊人。过去20年来，美国平均每天铺路约200英里，加上每年新增的道路7.5万英里，足可环绕地球三圈。在这段时间内，美国人口增长了38.5%，而道路英里数却增加了100%。从另一个角度来看，数据更为惊人：过去25年里，美国人旅行里程数的增长率较人口增长率快了约6倍以上。

在一切技术先进的国家，每个人的空间流动量均在激增。过去，斯德哥尔摩的斯坦维格区平静如乡村，而如今交通的繁忙情景简直判若两地。鹿特丹及阿姆斯特丹两地，最近5年来所建造的街道已经到了非常密集的程度，而车辆的增加数量更令人难以想象。除了每天固定两地通勤之外，商务及旅行也日渐增加。夏天约有150万的德国人在西班牙度假，还有成千上万的德国人在荷兰及意大利境内旅行。瑞典每年的观光客多达120万人，而美国约有100万以上的人旅行，而每年出国旅游的美国人几乎达到400万人。一位作家在《费加罗报》(*Le Figaro*)上，将这种现象称为一种“巨大的人类交换”。

这种在地上（有时在地下）忙碌奔走，可谓超工业社会最显著的特征之一。相反，在一些工业落后国家，往往呈现冻结状态，其居民总是守在同一个地方。运输专家威尔弗雷德·欧文（Wilfred Owen）曾谈过流动性国家及非流动性国家之间的断层。他指出，拉丁美洲、非洲及亚洲的国家若要在公路总里程数上赶超欧盟国家，必须增开公路 4 000 万英里。这种差距不仅在经济上有所反映，即使在文化及心理结构上也可体现出对人们不同的影响。因为移民、旅客及游牧民族与长期固守一处的人实在大有不同。

瑞典的弗拉门戈舞曲

在一切迁徙活动中，对个人最具有心理影响力的或许是家庭住址的改变。这种地理位置的迁移以美国等发达国家最频繁。彼得·德鲁克（Peter F. Drucker）谈到美国时曾说："人类历史上最大的一次迁移发生于'二战'，而这种现象迄今仍未衰减。"政治科学家丹尼尔·伊拉扎（Daniel Elazar）就美国人的大量迁移描述道："在每一个（都市）地带，美国人已经开始自一个地方迁移到另一个地方……他们开始过着一种都市的游牧生活，而不再长期定居一个城市……"

1967 年 3 月到 1968 年 3 月的短短一年之内，3 660 万的美国人（不满一岁的婴儿不包括在内）改变他们的住处。这些改变住址的人数，已超过柬埔寨、加纳、危地马拉、洪都拉斯、伊拉克、以色列、蒙古、尼加拉瓜及突尼斯等国当时加起来的人口。这种情形正如这些国家的所有居民突然来一个大迁移一样。而这种大量迁移的情形在美国每年都在发生。自 1948 年以来，每年约有 1/5 的美国人变更住址，全家搬到另一个地方，开始新生活。即使历史上仅有的13 世纪蒙古帝国扩张及 19 世纪的欧洲人西迁，与此相比也是小巫见大巫。

比起美国人的迁移率，虽然其他国家很可能无法与之匹敌（很遗憾，在这方面我们并没有进行统计），但并不意味着其他国家没有这种现象。即使在一些较传统的发达国家，人与地域之间的古老束缚也完全破裂了。伦敦发行的一份社会科学报《新社会》（*New Society*）曾指出："……出乎国人意料，英国是一个非常乐于流动的国家。1961 年，英格兰及威尔士两地的居民在一年内变更住址的差不多占英国人口的 11%……事实上，在英国某些地方居民的迁移简直到了疯狂的程度。在肯辛顿，一年内易地而居的居民约有 25% 以上，汉普斯特德约有 20%，切尔西约有 19%。"安妮·拉平（Anne Lapping）撰文写道："新一代的人比上一代的人对搬家显然更有兴趣。一般房屋的抵押期为 8~9 年。"此种情形真可以与美国相媲美。

法国最近由于住房紧张，所以迁移之风略微缓和，但根据人口统计学家盖伊·波舍（Guy Pourcher）的研究，法国人每年迁居的人数占全国人口的 8%~10%。

瑞典、德国、意大利以及荷兰等国，迁移的人数都有升高的趋势。自"二战"爆发以来，国际移民的热潮正席卷整个欧洲。北欧由于经济繁荣，劳工大量缺乏，所以从地中海地区及中东地区吸引了大量劳动人口。

成千上万的阿尔及利亚人、西班牙人、葡萄牙人以及土耳其人等云集而来。每个星期五下午，千余名土耳其工人在伊斯坦布尔搭乘火车，向北驶向他们的极乐之乡。洞穴式的慕尼黑火车站已经成为许多土耳其失业工人的落脚点，而事实上，今日的慕尼黑早已开始发行以土耳其语报道的报纸了。科隆的福特大工厂，约有1/4的员工是土耳其人。其他地方的外国人也纷纷涌进瑞士、法国、英国、丹麦，甚至北达瑞典。我和妻子曾在英国古城的一家餐厅用餐，服务生全是西班牙人。后来，我们在斯德哥尔摩市区的一家餐厅吃饭，却发现该餐厅已变成西班牙移民的聚会场所，晚餐时的音乐也是弗拉门戈舞曲。当时，该餐厅没有任何瑞典人在场，除了少数阿尔及利亚人及我们之外，全是讲西班牙语的人。由此看来，难怪瑞典社会学家经常为了是否要强制外来移民接受瑞典文化，还是任由他们保持自己文化传统的问题而争辩不休。这种现象与当初美国实行自由移民政策时所争辩的问题如出一辙。

向未来移民

美国境内的迁移现象与欧洲的大规模迁移现象有着本质区别。欧洲的大部分迁移是农业社会向工业社会的持续过渡现象，是由过去向现在的过渡。欧洲只有少数地区才发生由工业社会向超工业社会的过渡现象。相反，美国境内所发生的人口迁移并非起因于农业的没落，而是起因于自动化工业及新生活方式的盛行，而自动化工业及新生活方式则产生于超工业社会的冲击。

这种情形只要看看美国所发生的人口迁移现象，即可一目了然。不错，美国境内某些技术较落后的地区也有高度迁移现象，但迁移范围仅限于同一地区或邻近地区。但是，这些居民在全部的人口比例上只是极少数而已。倘若将这种地域流动性完全归结于贫穷、失业或知识缺乏等因素，那将是严重的错误。实际上，我们发现，受过高等教育一年以上的人往往比没有受过教育的人更富有流动性；从事专业性职业或拥有专业技能的美国人的流动性往往高于其他人。而这些经常迁移的专业性人才已日渐增多。在超工业社会出现之际，最突出的人才要算是专业人才、技术人才以及管理型人才这三类。而他们不管在人数上或在工作中发挥的重要性，皆与日俱增。他们在当今社会的突出表现，同过去身着工作服的技术工人一样。

正如数百万贫苦的农村劳动者从过去的农业社会涌向欧洲的现代工业社会一样，欧洲成千上万的科学家、工程师以及技术人员也开始流向美国及加拿大等超工业化国家。欧洲的一些政治领袖已开始为“技术”问题忧心忡忡，他们抱怨美国西屋电气公司、美国联合化学股份公司、麦克唐纳－道格拉斯公司、通用汽车公司以高薪从伦敦及斯德哥尔摩等地吸引无数的专业人才。

美国本土也有人才流动的现象发生，成千上万的科学家及工程师在美国境内流动、迁移，就像微粒子在原子里运转一样。事实上，这样的流动大致可分为两种：一种来自南方和北方，集中于加利福尼亚及西海岸的几个州，中转站在丹佛；另一种从南方绕向芝加哥、剑桥、普林斯顿及长岛。此外，还有一种逆向潮流，将人才带回佛罗里达一带的太空及电子工业。

与我熟识的一个青年航天工程师，辞掉普林斯顿美国无线电公司的工作，转到通用电气公司。他卖掉两年前买的房子，举家迁移费城附近的一处出租房屋里。这是5年来他们第4次搬家。目前，加利福尼亚州的航天事业正在吸引更多的专业人才……

管理型人才的流动状态目前较不清楚，但毫无疑问的是，其流动率将更为惊人。威廉·怀特（William Whyte）曾在《组织中的人》（*The Organization Man*）一书中说："在美国，离家从业的人员不是例外情况，而是理所应当的。几乎从定义上就可看出，管理型人才是离家而不停迁移的人……"他的描述在现在看来更为正确。《华尔街日报》将这种人称为"企业的吉卜赛人"。该报曾登载了一篇名为《职业人士的家庭如何适应经常迁居问题》（*How Executive Family Adapts to Incessant Moving About Country*）的文章，该文描述了一个叫M. E. 雅各布森（M. E. Jacobson）的职业人士的生活状况。他跟太太在该文报道时都是46岁。在26年的婚姻生活中，他们前前后后共搬家28次之多。他的太太对记者说："我觉得我们简直是在露营。"这种情形虽不多见，人们每两年搬一次家的情形却为数不少，而且在激增中。此类迁移情形，一方面是为了适应事业上的需要，另一方面也是因为他们的上司认为，经常迁移住所有助于训练企业的继承者。

这些企业从一处迁到另一处，有点儿像棋盘上的棋子。有位心理学家曾突破性地提出一种省钱、省事的计划，名为"组合性家庭"。在这个计划里，企业人不仅离开自己的住所，同时离开家眷，由他所属公司在其上任之后代为物色一个"毫不逊色"的家庭（该居所的所有成员都经过仔细挑选，以期各个成员的性格特征都能与他自己的妻儿相符），而他自己的家庭则由其他合适的巡回性职业人士“补缺”。到目前为止，似乎还没有人考虑采用这个计划。

除了这些专业人才、技术人员、职业人士等过着迁移生活之外，我们社会里还有其他许多特殊的流动阶层。不管在平时，还是在战时，成千上万的随军家属都过着四处漂泊的生活。“我再也不需要装修屋子了，”一个陆军上校的太太带着揶揄的口吻说，“几乎搬一次家就要换一次窗帘，地毯不是尺寸不对，就是颜色不符。从今以后，我只要装饰汽车就好了。”目前，又有好几万名建筑行业的技术工人加入了这个迁移的行列。另外，至少有75万的美国学生到外州念书，而虽在州内念书但不住在自己家里的学生至少有几十万人。对现在几百万的人，尤其是“未来的人”而言，所谓家，就在你以之为家的地方。

自杀与搭便车的人

人口迁移的热潮带来了许多鲜为人知的副作用。很多厂商因为顾客住址的变更不知耗费多少成本才能将商品送到他们的新住处，电话公司也因此痛苦不堪。1969年，华盛顿市的电话簿约有客户88.5万名，而在短短一年内，变更号码的客户约占一半。还有许多组织及团体都因其会员的住址变更而大感头痛。在不到一年的时间里，美国国际教育协会的会员约有1/3改变地址。即使是亲朋好友，有时在联络对方时也深感不便。

虽然有以上诸多不便，但速度、行动甚至迁移已为许多人带来肯定的意义。这个事实可以从美国人及欧洲人所喜爱的汽车上看出来。汽车正是人们享受空间自由的一种技术性表现。美国心理学家欧内斯特·迪希特（Ernest Dichter）曾大力宣扬弗洛伊德学说，而他所说的“汽车是有力的控制工具”，在现在看起来，极具慧眼。“汽车俨然已变成现代的标志，而驾照也变成进入成年人社会的有效许可证。”

对于富裕国家，欧内斯特·迪希特写道：“一般人衣食无忧，在实现了人类千年的梦想之后，民众便开始追求更高层次的满足。他们要旅行、要探寻，要独立且无拘无束。而汽车则是最富有流动性的象征……”事实上，一般美国家庭面临经济困境时，最后放弃的东西才是汽车。一般美国父母处罚子女的最有效方法，就是让他们“动弹不得”——不准他们开车。

当你问美国女孩说，她认为哪些事情对男孩比较重要时，答案里必然有“汽车”。据调查显示，约有 67% 的女孩认为汽车极为重要。一个 19 岁的男孩垂头丧气地说：“你要是没车的话，就别想交女朋友。”17 岁的男孩因驾车超速被吊销执照后，他父亲不准他再开车，他居然因此而羞愤自杀，这个男孩在用 0.22 口径的手枪结束自己的生命之前，曾留下一张纸条，上面写道：“没有了执照，我再也不能开自己的车，也无法找到工作，更别谈社交生活了。我想，还是趁早结束自己的生命比较好。”这个悲剧充分表明，普通的少年对汽车的狂热程度。

固定的社会地位与固定的地理位置有极为密切的关系。当超工业社会中的人感受到来自社会的压迫感时，他的第一个冲动就是迁移。这种事情在乡间的农民或矿区的矿工身上很少发生。“迁移可以解决一切，走，旅行去！”过去，一名和平队的学生志愿者曾这样呼吁。但有时，迁移本身能成为一种积极的价值，成为一种自由的宣言，而非仅是逃避外来压力的一种反应。

这种狂热的迁移在搭便车的女性身上表现得最为极端，而搭便车的行为已逐渐形成一种社会风气。英国一个信奉天主教的少女杰基（Jackie），辞掉为杂志社推销广告的差事后，决意搭同伴的便车去往土耳其。到了汉堡以后，两人便分手。杰基乘飞机飞过希腊半岛之后直达伊斯坦布尔，然后返回英国，在另一家杂志社谋到一份差事。她工作的目的是攒够下一次旅行的费用。当她又一次旅游归来之后，就在一家餐厅当女侍应生，她拒绝被升为女招待，理由是“我不想在英国待太久”。杰基在 23 岁时就是一个搭便车的人，她仅仅扛着一个行囊，装着一把气枪，就几乎跑遍了全欧洲。回到英国住上半年或 8 个月后，她又动身旅行去了。28 岁的露丝（Ruth）过这种生活也有好几年了，她在外最长的一次逗留长达三年。她说，搭便车的生活方式最好不过了，因为这样，你可以跟很多人交往，但又不会被拖累。

这种对流动生活的热爱也可以从普通美国人对旅行者的羡慕态度上表现出来。据密歇根大学的报告所示，一般人往往以“幸运”或“幸福”来称呼旅行者。旅行可以提高一个人的身份地位，因此许多美国游客在旅行归来很久以后，还舍不得把行李袋或提包上的标签摘下来。有人甚至开玩笑地建议旅行社制造一些铁制的航空标签，以供爱出风头的人好好表现自己的身份。

然而，一般人对搬家者抱以同情，而非庆贺的态度。我们通常安慰搬家者的辛劳与艰苦。但奇怪的是，搬过家的人通常比没搬过的人更乐于搬家。法国社会学家阿兰·图雷纳（Alain Touraine）解释道："搬过家的人通常不会固守一地，他们更易于搬家……"英国一位商会官员 R. 克拉克（R. Clark）曾在国际人力会议上说，迁移的习惯可能是在学生时代形成的。大学时代在外求学的人往往比那些未在外求学而在本地工作的人更富有流动性。他同时指出，不仅是受过大学教育的人如此，他们甚至能将这种迁移的习惯传给子女。对许多劳工家庭而言，搬家可能出于现实的需要，因为找工作或其他困难不得不搬，但对收入在中等以上的家庭而言，搬家通常是为了生活的改善。对他们而言，旅行是一种乐事，而迁移也意味着高升。

总之，在向超工业社会过渡的国家里，在未来的人看来，迁移是一种生活方式，是一种摆脱过去的自由，是迈向更富裕的未来的必经阶段。

垂头丧气的迁移者

社会上一些"安居者"对迁移表现了完全不同的态度。这种现象多见于长期或终生固守一地的农民、蓝领工人以及不发达工业地区的劳工。当技术变革的旋风吹过经济发达地区，横扫整个工业界并在一夕之间使整个地区焕然一新之后，无数的技术不熟练及半熟练劳工便不得不开始迁移。绝大多数的西方国家政府，像瑞典、挪威、丹麦及美国等，便花费大量资金为劳工培训新技能，因此劳工迁移的现象便发生了。对阿巴拉契亚山脉附近的矿工或法国边境的纺织工人而言，这种迁移无疑是极端痛苦的事。有些大城市的工人有时甚至因城市重建需要搬到别处而大感头痛。

社区研究中心的马克·弗里德（Marc Fried）博士说："简单地说，他们的反应是一种悲哀的表现。他们垂头丧气、失落、无助，并且时常在心理上、社交上或身体上表现出受挫的迹象……有时他们会怒火中烧，并且有将故居理想化的倾向。"这些反应，他认为与沮丧的人极为相似。法国社会部的莫妮克·维奥（Monique Viot）指出："法国人喜欢住在故居。他们不愿意，应该说极不愿意到三四十英里以外地方工作。工会甚至将离家很远的工作称为'放逐'。"

有些受过较高教育及生活较富裕的人在必须迁居时，会表现出沮丧的神情。作家克利夫顿·费迪曼（Clifton Fadiman）在记述他从康涅狄格迁移到洛杉矶时写道："不久，我身体及心理强烈地感到一种被击碎的痛楚……这种痛楚一直延续了半年。神经科医生说我患的是一种'文化的冲击'的病症……因为即使搬到最适宜的环境，一个人也会面临许多心理适应上的困难……"

社会学家J. R. 西利（J. R. Seeley）、R. A. 西姆（R. A. Sim）及E. W. 卢斯利（E. W. Loosley）在对加拿大的一个郊区做了一番调查之后指出："过渡时期的变革对人格的影响是不可忽视的。除非我们的人格具有最大的稳定性，我们的行为具有最大的适应性，否则将无法应对。一切意识形态、语言习惯、饮食习惯以及室内装饰风格等，都必须随着这种变革而改变。在没有直接指导下，个人行为更需入乡随俗。"

哥伦比亚大学的精神病学家詹姆斯·泰赫斯特（James S.

Tyhurst）说："在对移民进行研究之后，我们发现移民最关切的、也是最开始（第一阶段）做的是找工作、赚钱、找房子，而这些都是极其费神的活动……"当一个人在陌生环境开始感到孤独或不适时，第二阶段的"心理因素"便开始渗入。"第二阶段的特征是，移民越来越感到不安和沮丧，身体感到不适，行为表现出恐慌、退缩的倾向，并表现出某种程度的猜忌与敌意。此外，冷漠及无助感也随之强烈起来。这个阶段的特色是心烦意乱、无所适从。这种不安可持续一个月，甚至好几个月。"之后，第三阶段便开始了。这时适应新环境的形式开始出现，他们开始与陌生人接触，开始适应新环境。但如果适应不来的话，他们"便会感到更大的不安，内心极为混乱，甚至开始出现心理反常的特征，想法与现实完全脱节"。有些人甚至一辈子都适应不来。

归巢本能

即使迁移者能够适应，也无法和他过去的状态保持一致。因为任何迁移势必会破坏过去关系的组织网，还要重新建立一种新关系。倘若这种破坏性一再重复，迁移者将会丧失参与社会活动的意识，而这一点许多作家在阐述高度流动性社会中存在的问题时都曾强调过。一个经常迁移的人通常不能扎根于任何一个地方。航空公司的工作人员都避免参与居住地的政治生活，因为"几年后，我可能不住在那儿了。连你自己种的树，都无法看到它成长"。

有些人认为，这种"不介入"或"极为有限的参与"，对"草根民主"的传统理想危害极大。但是，这些人忽视了一个重要的事实：那些拒绝参与社区事务的人，很可能比那些表面参与但不久便溜之大吉的人更富有道德感和责任心。这些迁移者表面上赞成提高税率，最后却不承担苦果，因为他们已经搬走了。他们赞成提高学费，最后却让别的家长叫苦连天。或许有人会提议，准备搬走的人必须事先放弃投票权，但要是一个人完全不参与、不加入组织，与邻居不相往来，取消自己的一切参与的权利的话，那么他与整个社区靠什么来维系关系呢？倘若没有任何约束关系的话，个人乃至整个社会如何继续发展下去呢？

参与意识有许多不同的形式，其中一种就是人与地域的依附关系。只要明白一个固定地方在过去人类的心中居于中心地位，我们便可以明白流动性对现代人的影响。那种中心地位可以从文明的许多层面表现出来。文明本身发源于农业，而这正代表着旧石器时代以来的游牧民族，经过千万年的长途跋涉之后到达的终点。它是恒久的安居之乡。我们这个时代特别重视的“扎根”就是源于农业社会。进入文明社会之前的游牧民族，在听到我们讨论“扎根”的问题时，很可能无法抓住这种概念的真正含义。

扎根意味着一个固定之所，一个恒久的家。在一个野蛮、饥饿且危险的世界里，家，即便是一个简陋的小屋，却是最终的避难所。它扎根于土地，一代一代地传下去，成为人与自然和过去的唯一联系。固守家园被视为理所当然之事，而文学艺术也一再讴歌家的重要性。16 世纪，托马斯 · 塔瑟（Thomas Tusser）写的《主妇训谕》（*Instructions to Housewife*）中就有这样的句子：“寻家以憩，居家最宜。”而当时文化的最显著的特征亦是歌颂家庭，如“家是城堡……”“走尽天涯，还是自己家最好”“家……甜美的家……”这样文化风气在19世纪的英国达到高潮，因为当时正值工业主义盛行，处于将过去宁静的家园转变成大都市的过渡期。大众诗人托马斯·胡德（Thomas Hood）曾写道：“人心皆在轻唤，家，家的到来……”而丁尼生（Tennyson）更是将此情此景描写得令人无比神往：

英国的家园鱼肚白的曙光轻泄在
沾满朝露的杂草间、树叶里。
轻软若眠，万物井然而依。
嗯，这是静幽古梦的重温。

但在工业革命的袭击之下，万物已经不可能“井然而依”了。不错，家是避风的港湾，是定居之所，它却处于激流之中。倘若没有其他影响的话，家或许还能停留在原处。然而，这只是诗歌而非现实，在激流的冲荡之下，即使有家也是归不得了。

地域重要性的消失

过去的游牧民族在风雪、酷暑及饥饿的逼迫下迁移别处。他们连同自己的毡房、家属以及部落等一起迁走，整个社会环境及家庭结构都没有改变。相反，今日的游牧民族却将“毡房”留在原地。除了家属之外，整个社会环境都随之改变了。

地域及其约束关系的重要性已逐渐下降，而这种趋势可由许多方面看出来。美国常春藤大学联盟一向的联合决策便是一例。常春藤大学联盟在入学条件方面已经大大降低对地域的考虑。这些世界一流高校在传统上一向比较欢迎距离学校较远地区的学生，以便集各地学生于一堂。20 世纪 30—50 年代，哈佛大学录取的来自新英格兰及纽约地区的学生的名额数量降低了一半。今天，哈佛大学的一位行政人员却说："我们早已取消地域分配制度。"

今天大家都承认，地域已不是"人与人之间差别"的最主要的特点。人与人之间的不同与地域环境没有绝对密切的关系。申请表格上的地址只是暂时的而已。耶鲁大学的招生部主任说："当然，我们仍吸收像内华达州等偏远地区的学生，但从哈莱姆、公园大街、皇后区招收的学生其实也是多样化的。"据这位负责人说，耶鲁大学在选择学生时已不再考虑地域因素。普林斯顿大学也宣称："我们所考虑的不是学生来自何方，而是不同的背景。"

在流动性的影响之下，人与人之间的差异不再由地域条件决定。地域对人的约束关系已大大降低，据宾夕法尼亚大学的约翰·迪克曼教授（John Dyckman）所述："目前，一般人对城市或州郡的忠诚度远不如他们对自己所属公司、职业或团体的忠诚度。"由此看来，约束关系已由地域性的社会结构（城市、州郡、国家或其他邻近地区等）转变成富有流动性、实用目的而无地域限制的事务了。

然而，迁移在很大程度上会影响人们所拥有的社会关系。当我们在文化的熏陶下，培养了对持续时间的预见能力时，我们便对较为永久的或持久的关系投入感情，并尽可能少地对短暂性的关系投入感情。当然，这也有例外，夏天里的短暂恋情便是一例。但是，在一般情况下，搬家确实会改变人们所拥有的社会关系。因此，人与地域之间关系的削弱，不是与迁移本身有关，而是与迁移的附带现象有关，即人们的社会关系的持续时间缩短。

举例来说，包括纽约市在内的美国70个主要城市，市民平均居住于一个地区的时间不超过4年。这种现象与终生固守一地的农民正好成对比。而且，居住地的改变导致其他许多地域关系的改变，因此当个人与一处住宅的关系结束之后，他与邻近的其他许多关系亦告终止。超市、加油站、公交车站、理发店等跟他的关系也因其迁移而改变。因此，我们虽然有了在更多地方居住的经历，但我们与每一个地方的关系在时间上越来越短。

我们更清楚地看到，社会的加速推动力对个人的影响。由于人与地域关系的持续时间缩短，人与物关系的持续时间也随之缩短。在这两种情况下，个人与外界关系的形成与断裂将更加快速，短暂性的局面越发增多，这将使个人经历更快速的生活节奏。

第六章　人类：模式化的人

每年春季，美国东部会有一股人潮像旅鼠迁徙般涌出来。约有15 000名美国大学生扔掉教科书，或是三三两两，或是成群结队，带着睡袋、毯子、泳装，在归巢本能的呼唤下，去佛罗里达劳德代尔堡海滩享受阳光浴。这些阳光及性的礼赞者在海里游泳、在沙滩安睡、喝啤酒、调情、晒太阳、嬉戏……尽情地度过一周。当假期结束时，身着比基尼的女郎及她们古铜肤色的男伴便整理行囊，一群人踏上回家的路。当你走近旅游胜地为欢迎游客而设置的摊棚时，便可听到麦克风里的高叫声："双人座的跑车可载你直达亚特兰大……到华盛顿的旅客可在10点整搭乘班机……"约过了几个小时以后，整个海边盛会，除了散落在沙地上的空罐头盒等垃圾以外，什么都没有了。如此一来，该地商人的收入便增加了150万美元。钱是赚来了，但当地的环境与秩序遭到严重破坏。

事实上，吸引这些年轻人的并不只是阳光和性，因为这两种东西在其他地方也一样可以得到。更重要的原因是一种可以暂时抛开责任的自由感。套用一句曾参加这种海滩盛会的纽约女大学生的话："在那里，不必担心你所做的和所说的，因为以后你再也碰不到这些人了。"

这种海滩盛会所提供的，最主要的东西是短暂性的人群集合体，这个集合体包括形形色色的人群，他们之间会有各种关系。而这种短暂性足以刻画出迈向超工业社会的人际关系，就像物品、地域一样，人类目前也以更快的节奏在我们的生活圈里来来去去。

介入的代价

20 世纪初，都市主义，即都市生活者的生活方式，已经成为社会学的主要课题。马克斯·韦伯曾指出，住在大城市里的人与其邻居的熟悉程度还不及住在小城市的人。格奥尔格·西梅尔（Georg Simmel）将这种观念推进一步。他说，倘若都市人对所接触的每一个人都投入感情，或每个人尽其所能地与他人倾心交谈，那么这个人将会因为"内心完全崩溃而陷入一种难以想象的心理混乱状况"。

社会学家路易斯·沃思（Louis Wirth）曾谈到都市人际关系的分裂性。"最大的特色是，都市人彼此之间都以高度分裂性角色在交往……"他写道，"他们所接触的，都是对方生活里的高度分裂面。"他解释道，我们无法全面深入地了解对方的人格，所以只能与对方保持一种表面的且部分的接触。我们只对售货员的工作能力感兴趣，因为这能满足我们的需要，我们绝不在乎他的太太是否嗜酒。

而这意味着，我们与周围绝大多数人已形成一种有限度的交往关系。我们有意无意地将我们与大多数人的关系维系在利益上。我们既不关心售货员的家庭问题，也不关心他的希望、梦想及挫折等。因此，只要能力相当，即使换其他人来取代该售货员的位置，对我们也没有什么不同。事实上，我们已将组合性原理应用到人际关系上了。我们创造了一种“自由处置”的人：模式化的人。

我们所接触的不是一个完整的、全面的人，而只是他人格的一小部分。每个人的人格都是由许多这种小部分聚集而成的独一无二的集合体，因此人与人之间是不能交换的。但是，某些小部分是可以交换的。因为我们购买的只是一双鞋，而不是这个推销员的友谊或情感，因此我们大可不必去追究形成他整个人格的其他部分。因此，我们的关系便可以在这种有限范围内获得保障。然而，这种限制性的范围必须靠双方来维系，也需要双方在交往中达成某种共识，双方都需要熟悉这种限制及规则。当任何一方逾越了界限，或试图接触与该利益无关的部分时，便会引起双方继续交往的困难。

当今，许多社会学及心理学文献都认为，人类的割离性就是源于这种关系的分裂性。此外，存在主义及学生运动所揭示的宣言也特别痛斥这种分裂性。由于我们与其他同胞并没有密切的交往，因此几百万名年轻人便挺身而出，去寻求一种“完全的交往”。

虽然学术界普遍认为组合性有害无益，但我们不妨更深一层地探讨这个问题。神学家哈维·考克斯（Harvey Cox）曾指出，在都市环境中，想跟每个人建立全面的关系，势必会导致自我毁灭及情感上的空虚。他写道：“都市人与大部分人接触时，他们之间的关系多少都必须具有非人格性的关系，一个都市人才能选择及培养某种友谊……很多社会组织或个人将与他生活的某一点发生联系。由于他必须更深入地与某些组织或人保持联系，因此他与其他人的关系便不会很深。与邮递员闲聊，对都市人而言，纯粹是出于礼貌，因为他对邮递员所讲的话也许全无兴趣。”

此外，在痛斥人的模式化以前，我们最好先扪心自问，是否真的愿意回到以前传统的人际交往状况。在传统的状况下，每个人或许能接触到少数几个人的整体人格，却无法接触到许多人的部分人格。传统的人太过情感化、太富有浪漫色彩，因此我们往往忽略“回到过去”的其他后果。一个作家一方面哀悼分裂性，另一方面却要求自由。他完全忽视了在与他人的整体人格的交往关系中个人的不自由性。因为任何关系都意味着相互要求与期望；交往关系越亲密，对对方的期望值越高，施加的压力便越大。同理，关系越亲密，越具全面性，部分性也随之被了解得更多，而我们所要求的也更多。

在模式化的关系中，人们的要求是有某种限制的。只要售货员能完成他应提供的服务，满足我们某种需求即可，我们不会过问他是否信仰基督教，他的家是否干净，他的政治立场是否与我们相同，更不在意他是否与我们有同样的饮食习惯及爱好。我们不过问他的其他事情，正如他不过问我们是无神论者还是犹太教徒，是异性恋者还是同性恋者一样，但整体性交往的关系不会如此单纯。由此看来，在某种程度上，分裂性关系与自由是齐头并进的。

我们在生活上似乎需要一些整体性的关系，但如果武断地决定我们只能有这种关系的话，那是无稽之谈。倘若我们只愿意与少数人保持亲密关系，而不愿与大多数人维持模式化关系，那无疑是返回过去的牢笼。在过去，个人与个人间的关系虽然比较紧密，但不可否认，这种关系受社会习俗、政治、宗教以及性习惯的限制也越多。

这并不是说模式化关系是最健全的关系，绝不会有什么风险。事实上，这种关系也有极大的危险，却一直被普通人和专家忽视。我们几乎完全忽视了一切人际关系的持续时间问题。

人类关系的持续时间

社会学家沃思曾指出都市社会人际关系的短暂性，但对人际关系的短暂持续与其他关系的短暂持续之间的关联性，他没有进行系统性研究，也忽视这些持续时间日益缩短的事实。除非我们能彻底分析人际关系的短暂性，否则我们将完全误解超工业化的动向。

首先值得注意的是，人际关系持续时间的缩短，是人与人之间联系增多的自然结果。现在，都市居民在一周内接触的人，可能会比过去封建时代的农民一年甚至一辈子所接触的人还多。无疑，过去的农民与他人的关系也包含一些短暂性，但他所认识的大部分人都是他的终生之交。都市人自然也有交往较久的朋友，但他所接触的其他人很可能只是一面或数面之缘。

人际关系正如其他的各种关系一样，都附带一种对持续时间的估计。我们总是期望某种关系能比其他关系维持更长的时间。因此，我们可以依照预期的持续时间来区分各种关系。当然，这种区分往往因文化不同而不同。但是，在先进技术社会中，我们可以将不同的关系进行以下分类：

长期关系：我们都期望与自己的直系亲属保持终生关系，而对于旁系亲属，这种期望则没有这么强烈。随着离婚率日益上升，家庭破裂现象也随之增加，人们没有办法完全实现这个期望。但在一般情况下，我们结婚时仍然希望“白头偕老”，而这就是一种社会性的理想。在一个高度短暂性的社会中，这种期望是否适当、是否符合实际，却成了问题。在比较之下，我们总希望家庭关系能持久一点，而社会上许多犯罪事件也常源于家庭关系的破裂。

中期关系：这种关系又可分为4类，包括朋友关系、邻里关系、同事关系、与俱乐部及其他组织的会员关系，一般来说，这4种关系对持续时间的预期依次递减。

传统观念认为，友谊可以维持得像家庭关系那么长久。社会文化对“老朋友”总是珍惜备至，而对背弃朋友的人加以指责。但是，有一种朋友关系，即“点头之交”，通常并不长久。

邻里关系现在已不再被视为一种长期关系，这是因为迁移的周转率太高。人们认为，一个人定居一处的时间越长，邻里关系就越能维持下去。但由于迁移率逐渐提高，这种关系的持续时间也随之逐渐缩短。与某个邻居断绝来往虽有一些困难，但不会给人们造成极大的罪恶感。

同事关系有时也是朋友关系，有时还是邻里关系。在传统意义上，同事关系通常能维持相当长的时间，尤其是在白领阶层及专业性、技术性的职业中较为常见。但这种关系的持续时间目前也随着社会的变革在缩短。

会员关系通常是指与团体、政党及其他种种组织的关系，有时以友谊关系为基础。但在这种情况下，会员关系往往比一般的朋友关系、邻里关系或同事关系更易破裂。

短期关系：现在社会上大部分服务关系都属于短期关系，包括推销人员、快递人员、加油站工作人员、送牛奶工、理发师、美容师等。这种关系的周转率很高，但结束时并不会引起人们的任何不快。类似的职业还有医生、律师及会计师等，但双方关系的持续时间将长久一点儿。

这种分类很难达到划分完整、正确无误的地步。因为有些人宣称，某些服务关系甚至比朋友关系、同事关系或邻里关系的持续时间更久。此外，有些人可能会指出，我们生活上的许多长期关系，诸如长年去看同一个医生，或与大学朋友维持终生友谊等。类似情况并不少见，但在我们生活中不多。像草丛里高耸而出的长茎花朵一样，每一株草代表着一种短期关系，一种短暂性接触，而少数耸出的花朵因其长期性而显得格外引人注目。这些例外并不会破坏我们的常规，也无法改变人际关系持续时间日益缩短的趋势。

仓促的欢迎

社会都市化的趋势只是促成人际关系短暂化的原因之一。正如前文指出的，都市化使得人们越来越亲近，并因此增加人与人、人与组织之间的接触机会。而这种接触机会因人们的地域流动性的提高而加强。人们在地域上的流动性不仅使生活的场所加速流动，也使得人口加速流动。

频繁的旅行大大增加短暂性关系，增加个人与其他游客、服务员、出租车司机、航空公司职员、朋友的朋友或同事、海关人员、旅行社职员及与其他无数人接触而产生的偶发关系。个人的流动性越大，一面之缘、短暂性接触及种种部分人格交往的关系越多。（在我们看来，这种接触是很自然的，对我们并不重要。我们很难会想到，以前地球上曾生活过的660亿人口完全没有经历过如此多的短暂性关系。）

旅行增加了接触的机会，但接触的多是服务人员。同样，迁居增加了进入我们生活圈的人，但也中止了过去的一切关系。一位年轻的潜水艇工程师从加利福尼亚州摩尔岛的海军工厂调到弗吉尼亚州纽波特纽斯港海军装备厂时，仅带着自己的妻儿随行，其他的人如邻居、服务人员、商家以及他所属团体的会员等都留在原来的地方，他就这样切断了过去的关系。在新居安定之后，他和妻儿都必须与当地的人重新建立新关系。

一个在过去17年内搬了17次家的年轻主妇，对这种过程描写道："当你搬到新居之后，便可看到许多改变。首先，送信的是新的邮递员。几周以后，超市的收银员也换来一个新的，接着加油站的工人也换了。隔壁邻居搬了家，紧接着又有一家人搬进来。这种变化经常在发生，虽然它是逐渐的。一旦你搬了家，过去的一切关系便宣告结束，你的一切将必须从头开始。你必须找新的儿科医生、新的牙科医生，找一个不会敲你竹杠的汽车维修工，并加入新的团体活动。"当住处改变之后，现存的关系势必被切断，我们将面临许多心理上的困扰。

在个人生活中，这种过程重复得越频繁，关系持续时间越会被缩短。在人口密集的地区，由于这种过程发生得很快，因此传统人类关系的概念发生了激烈的改变。《纽约时报》（*New York Times*）曾报道过这样一个故事："前夜，在弗罗格敦路的一个鸡尾酒会上，人们正热烈地讨论谁在该城住得最久。结果，住得最久的一对儿夫妻也没超过 5 年，而对这一点大家并不感到吃惊。"在过去时间与地域流动缓慢的时代，5 年对搬到新地方的家庭而言，很可能还处于做客阶段，这个新家庭要被认同得经过一段很长的时间。如今，做客阶段显然已大大缩短了。

在美国许多郊区经常可以看到"欢迎马车"的服务性广告，这种服务旨在为新搬来的住户介绍该地的主要商店及公司。受雇的"欢迎马车"服务人员，通常是中年妇女，她们往往亲自到新住户家中，代为解答有关该社区的各种问题，并替商家赠送介绍社区的小册子及小礼物。实际上，这也是一种广告形式，产生的影响当然也仅限于表面而已。

另外某些非正式团体，是由离婚或单身的老妇人组成。这种团体为社区担任"传声筒"，她们对新住户的帮助往往大一点儿。罗格斯大学的都市社会学家罗伯特·古特曼（Robert Gutman）曾指出，这些中间人往往是被社区社交生活的主流孤立出来的，因此她们愿意为新住户充当沟通的桥梁。她们率先邀请新住户参加晚会或其他活动。这些新住户往往因为老住户的盛情邀请而感到受宠若惊。但是不久后，新住户便发现这些中间人本身就是社区的"放逐者"，因此他们便立刻采取行动，尽量疏远他们。

"幸运的是，"古特曼说，"当她们完成介绍任务而新住户反过来遗弃她们时，又有新的住户搬进来了，于是她们又可以开始伸出友谊之手。”

此外，还有一些人对社区关系的快速形成提供了莫大的帮助。对此，古特曼说：“在新住户尚未迁入新居时，房地产代理人已先替他们介绍邻居了。有时候，邻居家的太太单独或结伴来拜访。邻居家的先生或太太在除草整理院子或照顾孩子时，自然也有碰面的机会。另外，孩子对关系的维系也功不可没，他们在新环境里，往往是建立接触关系的第一人。”

地方团体对促进新住户与社区的关系也有很大作用。这种情形在郊区往往比市区更为显著。教堂、政党以及妇女组织往往提供新住户所需要的人际关系。据古特曼所述：“有时，邻居往往告知新住户一些有关组织的事，他们甚至亲自带新住户去看看。到底加入哪一个组织，最后当然还是由他们自己去选择。”

这些新的“游牧民族”既然知道自己的行程永无终点，早晚又要远行，因此他们尽量寻求一种短暂性的模式关系。也就是说，既然这些关系迟早会被终止，他们最好采取单刀直入法，闪电般地使自己的生活融合到新关系中。

既然加入的时间缩短，退出的时间当然也相应缩短。这种情形在服务性的关系中更为常见。“他们一来就走，”一家郊区商店的经理说，“一天不见，他们又搬到其他地方去了。”

甚至连婴儿也开始体验到人类关系的短暂性。过去的长期乳母，如今也被临时保姆取代。在这种情况下，家庭医生也消失得无影无踪。过去的家庭医生虽不见得技高一筹，但至少有机会为一个人从摇篮诊治到入棺。而今天，患者不在一地长久居住，就无法与同一位医生维持长期关系。每迁居一次，便得换一个医生，他们似乎永远在寻求高明的医生的过程中。患者与医生之间关系的短暂化与片面化，对人们的保健问题造成极大的威胁。

未来的友谊

人们每一次迁移都少不了会失去一些普通朋友和相识者。一旦迁移之后，这些人便被随之抛于脑后。分离并不一定要切断与过去的一切联系，有的人仍与老地方的一两个朋友、仍与亲戚保持联络，但每搬一次家还是会少一些朋友。刚开始偶尔会互相登门造访或以电话互通消息，但日子一久彼此便逐渐冷淡，最后都停止往来。一个典型的英国郊区居民在离开伦敦时感慨地说："你忘不了它（伦敦），即使你不住在那儿，至少也有朋友住在那儿。我们每个周末都要回去一趟，但不能总是这样。"

约翰·巴思（John Barth）在《漂浮的歌剧》（*The Floating Opera*）一书里，曾生动地揭露了这种友谊的不稳固："我们的朋友漂过来了，我们与他们打成一片。他们继续漂流下去。我们只能靠道听途说获得有关他们的消息，否则我们得不到他们的一点儿消息。如果他们又漂回来了，我们将重新拾起友谊，重新认识现在的他们。否则，我们会发现，彼此间已经十分陌生了。"这段叙述的唯一漏洞是它暗示眼下友谊的流动是懒散而缓慢的。但事实上，这种状况在今天正加速推动。今天的友谊正像急流中漂浮的独木舟一样。哥伦比亚大学伊莱·金兹伯格教授（Eli Ginzberg）曾写道："我们将变成大都市型的人，我们将失去一切长期朋友或邻里关系。"

心理学家考特尼·塔勒（Courtney Tall）在一篇论述未来友谊的论文中指出："与少数人保持密切关系而获得稳定性，因高度流动性的结果，将变得越来越不可能。个人将根据共同兴趣或团体关系而形成一种亲密的伙伴关系。一旦迁移之后，这种关系便宣告结束，我们就会在新住处发展新关系。由于流动性日渐增加，我们与相识者的关系将迅速形成、迅速结束，因此我们建立友谊的机会将比过去增多。未来绝大多数的友谊形式将体现为大量的短期关系，并将取代过去为数较少的长期关系。"

工作日的朋友

由于新技术对职业的影响，短期关系的增加趋势必然会继续下去。即使是不正常的城市扩张现象停止，人们都在自己原来的地方居住，但由于工作变动，短期关系的数量也将日益增加，持续时间将日益缩短。在先进技术（不论其是否被称为自动化）的影响之下，技术的类型和人的个性势必产生巨大改变。

技术专业化增加了许多不同职业，技术改革又缩短了许多职业存在的时间。"职业的兴起与衰落将变化得很快，"经济学家诺尔曼·阿农（Norman Anon）指出："未来哪些职业是热门，已经越来越难以预料。"他指出，航天工程师这一职业从兴起到衰落仅用了15年而已。

打开任何一家报纸的招聘专栏一看，新职业正如雨后春笋般增加。系统分析员、终端机械师等只是与电脑有关的少数几个职业而已，其他的像资料搜索、光学扫描、薄膜技术等都需要新的专家，而落伍技术已丧失重要性或完全被淘汰。《财富》（*Fortune Magazine*）杂志于 1960 年调查了 1 003 名服务于美国各主要公司的年轻职员，发现至少有 1/3 的职员从事着过去没有的新职业。另外有一大部分人所担任的职位虽然以前也有，但工作内容已重新设定。有时候职业的名称虽没改变，但实际工作内容早已与以往不同，而且接任者也经常在替换。

工作的周转并非完全由技术改变造成的，各地工业界本身为了适应变革的环境、适应顾客喜好的改变，也一再改革经营方式或技术方式。还有其他许多复杂的压力也在促成职业不断改变。根据美国劳工部的调查所示，美国 7 100 万的工人从事同一种工作的时间约为 4.2 年，与之前相比，降低了 9%。

“据 1960 年以来的趋势来看，”劳工部在另一项调查中指出，“20 岁左右的工人在一生中至少会改变 6~7 次工作。”由此可知，超工业社会的居民所从事的将不是“单一事业”，而是“连续事业”。

在目前的情况下，为了方便人力统计，人们往往根据现在的工作来区分职业。这种分类方法起源于过去，但早已不适合今天的情况。在现在的情况下，正确的分类方法不仅要考虑现在的职业，还要斟酌事业发展所遵循的特殊轨迹。每个人的经历或事业均会改变，而某些经历类型也会重复。当一个超工业社会的人被问及他的职业时，他将不以目前的短暂性工作来回答，而以其工作的类型来回答。这种全面的回答方式，对超工业社会而言，比静态叙述更为恰当。静态叙述既忽略了个人过去的经历，又忽略了他未来的发展方向。

目前，美国的工作变动率已明显提高，而在欧洲国家这种趋势也日渐明显。英国制造业从业人员的工作变动率每年提高30%~40%，法国人工作变动率每年约提高 20%，而且这个数字正在上升。

这种工作变动率是否逐年提高尚是其次，最重要的问题是，究竟人们的工作变动是否是由一个行业转到另一个行业，而这样做无异于一种新生活的开始。只计较工作变动的统计，忽略变动的性质，严重低估变动的实质。每一次的变动会导致过去人际关系的结束，形成新的人际关系。

任何工作变动都包含许多新的压力。个人必须改变过去的习惯、处理问题的方式，要重新学习应变的方法。即使工作性质没变，但所处的环境已与过去不同。这种情形正像搬入新社区似的，必须快速形成新的人际关系。新的人际关系往往因非正式的中间人的推动而加速形成。在这种情况下，个人为寻求人际关系的形成，必须加入各种团体，而且这些团体通常是非正式的。由此可以看出，所谓“工作永不固定”正意味着，它们所形成的人际关系永远是有条件的、组合性的，或从字面上来解释，是短暂性的。

新员工与离职者

在讨论地域流动性时，我们可以看出，某些人及某些团体比较具有流动性。在讨论职业的变动率时，我们也可以看出，某些人及某些团体的职业变动率较大。一般而言，地域流动性较大的人，其职业变动率也较大。再进一步，我们可以发现，社会上最贫穷、最缺乏技术能力的阶层，其职业流动性也最大。由于现代经济越来越需要受过教育和培训的技术工人，因此那些没有技能的工人便如弹球板上的弹球一样，过着跳槽式的生活：最后被雇用，最先被解雇。

受过中等教育及中等收入阶层的人比农民更具有流动性，因此生活颇不稳定。此外，未来的最典型象征：科学家、工程师、高级专业技术人员以及高级经理人之类的阶层，也出现工作变动率日渐提高的现象。

据研究报告显示，美国从事开发产业的科学家及工程师，其工作变动率往往比美国其他行业高出两倍以上。理由很简单，开发产业本身正处于技术变革的最前沿，是知识日新月异的激烈变革的地带。例如，美国西屋电气公司具有硕士学位以上的工程师，其知识折旧期不过 10 年而已，也就是说，他所学的东西在 10 年内便过时了。

大众传播领域，尤其是广告业的变动率也高得惊人。最近调查 450 名美国广告从业员之后显示，该行业过去两年更换工作的人高达 70%。这个现象也可以反映顾客喜好、广告内容、广告题材以及制作方法的急速变化。这种急速变化目前在英国也正在发生。广告从业人员的一再跳槽已使得许多广告商大感头痛，因此有些广告商规定，工作满一年的雇员才能成为正式的职员。

过去幸运躲过跳槽厄运的管理界，却面临最为激烈的变革。企业管理兼心理学教授哈罗德·莱维特（Harold Leavitt）曾指出：“过时性的困扰第一次成为管理界面临的问题，因此‘经验重于知识’的现象目前已完全倒转过来。”由于训练管理人才需要很长的时间，而训练内容在10年之内又会过时，因此莱维特主张："我们在设计未来职业生涯时，可能会出现由上级工作逐渐做到下级工作的现象……由此看来，一个人可能很早便能达到事业的巅峰，而后开始下降，从事一些比较单纯的、轻松的工作。"

在这种趋势下，未来工作的变动率势必更高。这种现象从招聘者在态度的转变上可以看出来。"过去我常注意简历上的工作经历，"一位人力主管表示，"我怕碰上职业跳槽者或机会主义者，但现在我可不管这些了。我只想知道他为什么要换工作而已。有些人在20年内换了五六种甚至更多的工作……事实上，要我选择的话，我宁可录用有正当理由换工作的人，也不愿聘用长期固守一份工作的人。为什么呢？因为前者更有适应能力。"美国电话电报公司（AT&T）的人事部主任弗兰克·麦凯布（Frank McCabe）指出："你越是能吸引求职者，你越具有较高的潜在变动率，求职者永远是离职者。"

人力市场的变动率有其特殊形态。《财富》杂志曾指出："主管离职常有牵一发而动全身的影响力。单位主管一旦转职，他的下属便会要求随行。倘若随行不成，他们常会对新上任的主管采取不合作的态度。"斯坦福国际咨询研究所对未来工作环境预测道："白领阶层出现许多困扰与波动……而管理层的工作环境问题将难以解决。"

这种跳槽现象不仅造成技术革新，提供许多就业机会，也能满足个人自我实现的心理。福特汽车公司的副总裁指出："30年前的人，除非有更好的工作去处，否则不敢轻易辞职。但今天，一般人觉得到处都可以找到新的工作。"从现在的工作变动来看，情况确实如此。

工作上的变动意味着新雇主、新地点、新工作团体的产生，也意味着一种新生活方式的开始。许多生活富裕的人，在别人已退休的年龄突然在事业上做出 180 度转变，只是为了要改变生活状态而已。例如，一位房地产律师突然攻读社会学；一位广告公司的文案部主任，在麦迪逊大道工作了 25 年之后说："我厌烦了这种表面的繁华，我不想干了。"于是，她改做图书馆管理员。一位长岛的推销部主任及一位伊利诺伊州的工程师，离职后变成职业培训师。一位室内装潢的高级设计师放弃设计工作，回到母校从事慈善工作。

人的租赁

每一份工作的变动都会引起许多人从我们的生活圈中走进走出，而当这种变动率提高时，我们与他人关系的持续时间便随之下降，短暂性协助服务机构——人力租赁机构便迅速涌现。当今美国约有 1% 的工人在每年的某一段时间受雇于短暂性服务机构，而这些机构也靠着他们来提供短期服务。

1970 年，美国有约 500 家短暂性服务机构，为企业界提供秘书、招待员甚至防务工程师等约 75 万名短期员工。企业不需要花费几个月的时间来招聘员工，而是在很短的时间内便可通过这类机构将所需人员全部调齐。从政治宣传活动到电话接线员工作、话务工作，再到印刷机操作等，都有短期雇用人员。他们往往被印刷厂、医院及工厂征调来应付紧急事务，有时也参加公共关系活动。还有许多人在公务繁忙期间被借调协助处理例行工作。

为了适应短暂性的临时雇工，正如租赁的物品一样，在整个工业世界普遍流行。世界上最大的短暂性服务机构，人力开发公司于1956年成立于法国。之后，类似性质的公司数量每年都会翻一番。

受雇的员工有各自不同的原因。电子机械工程师霍克·哈格特（Hoke Hargett）说："我所从事的每一件工作几乎都是突发性的，但压力越大，我的状态越好。"在过去8年，他换了11家公司，与几百人共事过。对某些技术人员而言，有计划的"跳槽"远比在固定一个地方服务更具有职业安全保障。在国防工业类公司中，突然裁员是司空见惯的事，而在一家公司工作很长时间的雇员有时却不声不响地被炒鱿鱼。临时性工程师在工作完成之后，便另谋高就，而这也是见怪不怪的事了。

有些临时员工之所以选择如此，是因为这样的职业比较自由。而且，这样的工作不失为一种拓展生活圈子的好方法。一个少妇因丈夫工作调动而搬到新地方之后，寂寞难耐，于是应聘了一家短暂性服务机构，她一年工作八九个月，由于经常调换工作，增加了许多与他人接触的机会，也让她多了几位朋友。

如何舍弃故友

工作变动率的升高及员工租赁化的流行加速了既有人际关系的变动速度。这种加速以各种不同方式影响社会的不同阶层。一般而言，劳动阶层比处于社会中上阶层的人更愿意接近且依靠亲友。正如精神病理学家伦纳德·杜尔（Leonard Duhl）所说："劳动阶层比较重视亲属关系，可能且由于手头不宽裕更难远行。"劳动阶级一般不善于应对短暂性关系，他们需要更长的时间才能与他人建立联系，因此也不愿意中断这种关系。这一点可以从他们不愿迁居或变动工作的表现上得到验证。该走的时候，虽然他们还是会走，但很少出于自愿。

杜尔指出："专业人士、学术研究人员以及高级经理人往往因兴趣而结合。这种结合的幅度较大，其性质也更接近功能关系。这种阶层的特色具有流动性，关系易合易散，并往往以兴趣结合。"

我们的生活圈内，关系变动率的升高并不只是源于关系的形成，也源于关系的破裂。对此最具适应能力的人，往往是社会上最有钱的人。西摩·利普塞特（Seymour Lipset）与莱因哈德·本迪克斯（Reinhard Bendix）在其合著的《工业社会中的社会流动性》（*Social Mobility in Industrial Society*）一书中指出："从企业领袖的社会流动性上，我们可以看出其非凡的能力。他们一方面可以摆脱对他们不利的人，另一方面可以迅速与对他们有利的人建立关系。"

这种观点与社会学家劳埃德·沃纳（Lloyd Warner）的看法不谋而合。沃纳曾指出："杰出的公司经理人及负责人最与众不同之处，是他们与家族的情感共鸣点已消失殆尽，他们与过去的关系已经完全断绝，因此更容易与现在及未来建立关系。无论在形式上，还是精神上，他们皆已远离家园，因此非常容易与他人建立关系或切断关系。"

此外，沃纳与詹姆斯·阿贝格伦（James Abegglen）合著的《美国首屈一指的企业领导人》（*Big Business Leaders in America*）一书中曾写道："他们永远是背井离乡的人，离开家和与家有关的一切。他们远离了过去的生活水平、收入状况和生活方式，开始了与过去完全不同的生活。流动性的人必然会离开自己的出生地，远离过去的居住地与他认识的邻居，甚至远离出生的城市、州或更大的区域范围。”

“环境的变动只是流动的人的所有经历中的一小部分而已，他也远离了人及场所。过去的朋友必须分离，其他泛泛之交更不在话下。他必须远离出生地的教堂、俱乐部及与家庭有往来的亲朋好友。他甚至不可避免地要离开父母、兄弟姐妹及过去的一切人际关系。”

趋势既然是这样，也难怪那么多商业杂志会为一些企业高管及他们的妻子提供一种冷酷的生活指南。这些媒体建议他们必须逐渐与过去的朋友及下属断绝往来，以减少忧虑，“寻找正当的借口来避免聚餐集会”，同时还要“设法减少娱乐性聚会，开始借故缺席，然后慢慢冷淡下来”。下属的家庭邀请可以接受一次，但下不为例；与下属聚会，自然可以乘兴赴约几次。过了一阵子，过去的关系便全部中断。

妻子，是一个较为特殊的问题，有些媒体说，有头有脸的人物对妻子必须有耐心，虽然她们喜欢维持过去的关系。然而，一个高级主管认为：“倘若我的妻子坚持要与我下属的妻子维持友谊的话，将会带来极大的危险。她的友谊会左右我对下属的判断，从而影响工作。”另一个主管人员还指出：“即使父母能舍弃故友，孩子们却很难照办。”

需要多少朋友

在“友谊日久弥坚”这个传统观念下长大的人，一听到“断交”可能会不寒而栗。在指责商界无情之前，我们不妨看看社会的其他领域是否也有这种现象。教授升职、军官晋级以及工程师升级，事实上都是当事人也经常玩的社会游戏。我们甚至可以断言，这种风气已经扩展到工作以外的其他方面了。倘若两个人的友谊以共同兴趣及才能为基础的话，那么当兴趣改变时，即使不考虑社会阶层的不同，友谊也会随之改变。而在一个有史以来变革最为激烈的社会里，个人兴趣是不可能丝毫不变的。

事实上，今天许多人的社会活动都可被视为一种探索行为，一种永无止境的社会探索过程。人们永远都在寻求新的朋友，以取代失去联系的故友及那些不再有共同利害关系的朋友。这种变动迫使许多人，特别是受过教育的人们走向城市，从事短暂性职业。在一个专业化急速加剧的社会，个人因共同兴趣及才能而结合是建立友谊的必然趋势。专业化方面的提升不仅表现在职业分类及工作领域中，同时表现在休闲时的活动中。过去从来没有一个社会能像现在这样提供这么多的休闲活动。工作与休闲活动的种类越多，专业性便越强，而我们要找到适当的朋友，也越来越困难。

萨金特·弗洛伦斯教授（Sargant Florence）曾估计，在英国，专业人士若想找到20位兴趣相投的朋友，至少得接触100万人。靠从事短期工作来寻找朋友的主妇实在聪明，由于她不断通过工作接触、认识各种不同的人，因此她找到少数有共同兴趣及才能的朋友的概率也随之提高。

我们常从许多认识的人中挑选少数几个朋友。麻省理工学院的迈克尔·格勒里奇教授（Michael Gurevitch）曾做了一个调查，要一群人将他们在 100 天内接触的人记下来，结果每人平均约列下 500 个名字。社会心理学家斯坦利 · 米尔格拉姆（Stanley Milgram）曾做了一次有趣的相识者数量调查，结果发现每个美国人的相识者平均在 500~2 500 人。

事实上，大部分美国人的朋友都少于弗洛伦斯所述的 20 人，这可能是因为他对朋友的定义比实际人们对朋友的定义限制要少一些。内布拉斯加州的 39 对夫妻曾接受调研，将他们的朋友写下来。该调研旨在探求到底是丈夫还是妻子对家庭朋友的选择具有更大的影响力。该调查显示，一般夫妻约有 7 个“友谊单位”——一个单位指一个人或一对夫妻。这也说明，被一般夫妻列入朋友名单的平均有 7~14 人。在这些朋友当中，有一部分是非本地的朋友，而妻子的非本地朋友往往比先生的多。由此可以看出，妻子通常比丈夫更眷恋过去的朋友，也可以说，男人要比女人更善于切断关系。

培养儿童适应变化的能力

今天对切断关系的训练，比以往任何时代都更早开始，而这正是今昔主要区别之一。今天，学生转学现象已多得惊人。根据福特基金会的分支教育设施实验所的调查报告所述：“城市里的一所学校在一学年内的转学率达一半以上，而这绝非言过其实。”这种转学率对学生的影响是难以估计的。

威廉 · 怀特在《组织中的人》一书中曾指出这种转学的流动性对人们的影响：“它对教师及学生都有严重的影响，因为在学生转学现象较多的情况下，教师往往无法查验自己的教学成果。”今天，甚至教师也有高度流动性。这种情形并不仅限于美国。英国的一份报告也宣称："即使在小学，一门课在一学年内换了两三个老师也不足为奇。教师对学校无法长期忠心，学生自然也无法长久适应。教师一旦想另谋高就，那么他们对学校的热情与关切自然便冷淡下来。"

丹佛大学哈里·R. 穆尔教授（Harry R. Moore）最近对高中生做了调查之后指出，经常转学的学生往往比没有转过学的学生成绩偏低。转学率较高的学生还有一个明显的特点：他们往往不愿意参加学校组织的自愿参与的活动，例如社团、运动会、联欢会及其他种种课外活动。他们似乎尽量避免一切新的人际关系，因为他们可以预见这些关系不久以后又要中断了。他们这样做，就像要减少他们生活圈的流动人口似的。

到底我们希望与他人的人际关系从形成到结束需要持续多长时间呢？究竟到了何种程度才会导致人们在生活中面临危机呢？但是，如果在日益缩短的持续时间上加上分歧因素，即承认和别人建立一种新的关系，我们就要采取不同的行为方式的话，有一件事就很清晰了，也就是为了能在我们的社交活动中建立越来越多迅速开始又迅速中断的关系，我们就必须具有过去从未达到的适应环境的能力。

在人、物品和地域三种流动性的影响之下，我们可以看出今天人类应对行为的复杂性。以我们的前进方向来看，我们早晚将进入一种建立在短暂性接触系统的社会中，而其新的道德信仰将像在海滩上嬉戏的女大学生所说的，"你以后再也碰不到这些人了"。未来绝不可能按照目前的趋势直线发展，我们自然无法预料人类短暂性关系的最高点是什么，但我们可以承认现在前进的方向。

迄今为止，大多数人仍认为短期关系是一种表面关系而已，唯有长期关系才是真正的人际关系，但这种看法并不一定完全正确。因为在高度短暂性社会的急流中，有时也有纯真的、非组合性的友谊存在。我们唯一能预期的是关系形成的加速化及交往过程的短暂化。

第七章　组织：即将来临的“特组织”

对于未来社会，有几种神话般的说法，其中一种是将每个人视为某种有组织的机器中一个不停旋转的齿轮。在这个可怕的预言中，每个人都被困在兔笼式的、狭小且不变的壁垒里。这种壁垒夺去人的自主性并摧毁人格。在这种压迫之下，人们要么无条件地妥协，要么只有死路一条。根据这种推测，未来的等级组织将越来越庞大，而其力量也会越来越强大，最后将迫使我们变成千人一面、令人鄙薄的动物：无脸无面的组织人。

这种悲观预言对人的心理影响是难以估计的，尤其是对年轻人的影响，更令人难以想象。数不胜数的电影、戏剧、书籍以及鼎鼎大名的作家如卡夫卡、奥威尔、怀特、马尔库塞及埃吕尔等人都一再提出这种预言，难怪大多数心里都有对等级组织的恐慌感。在美国，几乎每个人都“知道”这些等级组织的掌控者就是电话号码的发明人、到处发放名片的人、迫害学生身心发育的人，而你偏偏无法与这些人在市政厅上辩个是非。在这些机械化动物的威胁下，员工只好提高警觉、恪尽职守，而学生在这种威胁下则会发起激烈的抗议。

这个问题之所以能引起广泛共鸣，主要因为组织已经是我们生活中不可缺少的一部分。人与组织的关系，正如人与物品、与地域的关系一样，是情境的基本要素。在生活中，人们的每一个行为都发生在特定的地理位置上，也发生在一定的组织位置上。而这种组织位置，就是人类组织中某一种特定的地理位置。

倘若保守的社会评论对官僚化、等级化的未来所做的预言没错的话，那目前似乎已经是阻止它到来的时刻了。撇开概念性的陈词滥调，放眼现实，我们将发现，官僚组织这个逼得我们喘不过气的庞大系统，自身也正处在激烈的变革之中。

事实上，这些不正确的评论所预言的组织，在未来的控制力将是微不足道的。因为我们现在所看到的不是等级组织的发展，而是其地位和作用的下降。实际上我们所看到的是新组织系统的来临，它将挑战等级组织，最后将完全取代它。这才是未来社会的组织，我们称之为“特组织”。

在适应这种新型组织时，人们将面临许多困难。但是，人们将不再陷入某种一成不变的、破坏人格的壁垒里；相反，人们将发现自己是一个从新的、形式自由的、充满活力的组织里解放出来的异乡人。在这个陌生环境里，人们的地位将经常流动、变化；而人们的组织关系将如与物品、地域及与他人的关系一样，也将以一种令人兴奋的速度不断变化。

天主教徒、宗派集团及咖啡聚会

在探讨“特组织”这个奇怪术语的真正含义之前，我们必须了解，并非所有组织都是等级组织，人类还有其他不同的组织方式。马克斯·韦伯曾指出，西方世界自工业时代来临之后，等级组织才成为人类组织的主要控制方式。我们不便在此浪费太多篇幅描述等级组织的特质，但我们不能忽视等级组织的三个基本特点：第一，在等级组织的特殊体系下，个人在任何劳动部门都担任明确的职位；第二，个人属于一种垂直的等级制度，而这种制度具有明确的等级关系：从最顶层的老板一直到最底层的职工；第三，这种组织关系正如韦伯强调的那样，具有稳固永久性。

因此，每个人都处在一种固定的环境并保有固定的位置。他深知自己部门的界限，而组织及其内部结构之间的分界线都很清晰。加入一个组织之后，个人便承担起固定职责，以换取某种酬劳。责任与酬劳在相当长的时间内是保持不变的。由此，个人便踏入一种长期的关系网：这种关系不仅包括与他人（这些人也长期固守于自己的职务）的联系，还包含个人与组织架构的关系，即个人与组织本身的关系。

在这些组织中，有些比较持久。天主教教会即是一种强韧的组织，几乎持续了 2 000 年，而其内部附属组织曾经维持几百年不变。相反，德国纳粹党志在浴血欧洲，而其正式组织却维持不到 25 年。

此外，组织的持续时间和个人与该组织的关系持续时间一致。因此，个人与任何特定部门、政党、团体、俱乐部或其他单位的关系都有开始及终止的一天。个人与其他非正式组织，如集团、派别或咖啡聚会等，情况也是一样。当个人加入组织而担起雇员责任，或被征调进入某一组织时，双方关系便宣告成立。当他自动退出或被开除出该组织，或是该组织本身不再存在时，这种关系便告终止。

当然，组织有时也会解散，而雇员也会因为失去兴趣而不再加入。但是，组织"不再存在"可能另有意义，组织终归只是人类目的、期望及责任的集合体而已。换句话说，是以"人"为角色的一种结构而已。当组织借着这些角色的重组或重编而剧烈改变这种结构时，我们便可以说，原有的组织已归于无形，而由一种新的组织来取代。即使组织的名称及雇员没有变化也是如此。角色重组会造成一种新结构的诞生，其情形正如重新放置可拆卸的墙，会使一个建筑物面目一新。

由此，当个人从组织退出，或者组织本身解体、重组时，个人与组织间的关系势必破裂。当重组的情形发生时，个人与该组织的关系便被切断，而由另一种新的关系取代。

今天，人类与组织关系的持续时间越来越短，变动率也在逐渐加快。以下，我们将可看到几种强大的力量（包括看上去很简单的事实）将全盘拖垮组织。

组织的剧变

以前，有一份组织机构一览表，简称为 T/O 表，上面清楚地列着工作人员名单和每个人所负责的工作。每一个等级组织，不论是公司、大学或政府机构都有自己的T/O表，而管理人员便靠T/O表来了解组织的全貌。当T/O表制成之后，它便成为组织规章的一个固定部分，往往沿用好几年也没有什么变更。今天，由于组织的急速变化，刚用了三个月的T/O表会被视为过时的物品了。

今天，组织的内部结构也在激烈变革，使人们晕头转向。名称在变、工作在变，职责也随之在变。庞大的组织结构瓦解了，然后以一种新形式重新组合，进行调整。部门很快消失，然后以新面貌登场。

这种疯狂的大变革目前已横扫欧美工业界。在20世纪60年代，我们所看到的是企业兼并浪潮兴起，拥有庞大组织的公司在发展，多元化经营方式开始出现。而在70年代，我们看到为了巩固及消化新的子公司，公司开始实施兼并政策；但当经营上不需要时，公司便又将那些成为负担的子公司卖掉。1967—1969年，魁司特公司（即原来的登喜路国际公司）买进8家公司，又出让5家公司。其他还有几十家公司也有类似的情形。管理顾问艾伦·J. 扎孔（Alan J. Zakon）曾证实：“现在公司重组的情形越来越多。”当消费市场发生变动时，一切相关的公司将被迫重新改组。

公司的合并与分裂会引起内部改组，但有时内部改组也是由其他原因导致的。在过去三年内，美国最大的100家工业公司中，有66家公司宣称其组织内部曾有重大变动，但事实上这只是冰山一角而已，还有许多改组只是未宣布罢了。许多公司改组常不对外宣布，而许多小范围的、局部性的改组，企业并不在意，所以也没有对外宣布。

“作为顾问，我发现，”麦肯锡公司的丹尼尔（Daniel）说，“据最保守的估计，目前在最大的产业公司中，改组率是平均每两年一次。我们公司曾对200个美国企业进行研究，而我们处理国外组织的问题甚至还多于美国本土组织的问题。”他还指出，目前这种情形并没有变弱的趋势。事实上，组织的变革越来越频繁。

不但如此，这种变革力量的波及范围正在不断扩大。哈佛大学管理研究学院L. E. 格雷纳教授（L. E. Greiner）说：“几年前，企业改组的目标仅限于工作小组或个别部门……但现在改组已经涉及整个公司及许多小部门，甚至上级经理的职位也在激烈变动之中。”他认为，各种行业都在进行改革的尝试。

过去沿用的组织图表不仅不适用现在的企业，也不适用较大的政府机构。最近几年，在技术先进的国家里，政府的重要部门及机构几乎没有不经历改组的。1913—1953年，美国虽历经种种经济不景气、战乱以及社会动荡，但政府并没有因此而增设任何部门。但1953年，美国国会设立了卫生教育和福利部；1965年，又设立住房及城市发展部；1967年，设立了运输部，同时总统也呼吁成立劳工部及商务部。

其他许多小型机构也有同样的变动情况发生。华盛顿方面还特别为这种变动取了一个别名：“内部的再设计”。1965年，约翰·加德纳（John Gardner）被任命为卫生教育和福利部部长时，该部上上下下都产生了巨大的震动。局、厅及其他各科的变动率之快，使一些老练的职员感到疲于奔命。（在那个变动的高潮期间，我的一个朋友碰巧在那儿任职。她每天早晨离家上班时，都为丈夫留下一个字条，上面写着她当天的电话号码。该部的组织变动得太快了，因此她的电话号码几乎每天都会变更。）加德纳先生的继任者上任之后，该部还是不断变动。1969 年，罗伯特·芬奇（Robert Finch）上任；11 个月后，他又忙着改组。芬奇感慨地说，他几乎找不到一个固定的方式来处理该部的事务。

在从政之前，约翰·加德纳曾写过一本颇具影响力的书《自动更新》（*Self-Renewal*）。他在该书中指出：“具有远见的行政人员将以重组的方式打破僵化的组织系统。他懂得转移雇员，懂得重新规划工作以打破硬邦邦的规定。”此外，加德纳指出，目前政府及私人部门的“大部分组织都是有名无实的结构，它们所要解决的问题，事实上根本不存在”。他认为，自动更新的组织可以经常改变结构以适应变革的需要。

加德纳的言论旨在呼吁组织的永久性革命。越来越多的精明的经理人已经开始觉醒，在一个加速变革的世界里，组织应该是且必然是一种“永远在动”的过程，而不是终生不变的疤痕。这种新形势已逐渐被一般公司及政府机构所认识。《纽约时报》在报道塑料业、胶合板业和造纸业的合营计划的当天，还报道了英国广播公司（BBC）的行政剧变、哥伦比亚大学的内部改革以及最保守的机构——大都会博物馆的全面改组。以上的种种变革并不是偶然的趋势，而是一种历史的运动。

组织的变动，是适应加速变革的一种必然的、不可避免的反应。对这些组织机构的内部人而言，变动将会带来全新的环境和一连串新问题。组织机构形式的变动意味着，个人与某种结构的关系

（通常指义务及酬劳）被切断，或在持续时间上缩短。每次变动，个人必须自我调整以求适应。今天，人们经常在组织内部调动。即使在同一部门中保持不变，人们也将发现，由于该组织的图表经常在改变，因而所属的部门本身也时时在变动。由此看来，人们在整个迷宫之中所处的地位是很难保持原来面目的。

这种结果将使今天组织关系以更快的节奏进行改变，而一般关系将比以往更难持久、更加短暂化。

新的“特组织”

一般企业员工所谓的“项目组”或“工作小组”的兴起，是组织快速变革的最戏剧性的象征。这种经营方式是由许多小的单元组织集合在一起，以解决各种短期的特殊性问题。它们正如流动性的游乐场一样，可以随时解体，而其所属员工也可随时更改。这些小单元集结在一起，有时仅数日，有时则长达好几年。它们的结构性质完全不同于传统的等级组织：过去等级组织的分工是永久性的，而现在项目组或工作小组在设计上却是短暂性的。

洛克希德公司为了制造 58 架巨型的 C–5A 军事运输机，曾经特别成立了多达 11 000 名员工的全新组织。为了如期完成高达数十亿美元的交易，该公司不仅借用了公司其他部门的员工，还与上百家其他工厂合作。为了制造这种军事运输机所需的 12 万种零件，曾参与其中的大大小小的公司总计起来约有 6 000 家。洛克希德公司为了完成工作所创建的项目组自有其独特的运行方式及复杂的内部结构。

第一架C–5A军事运输机在1969年3月如期出厂，此时距合同的签订已经过去约29个月，其他57架定于两年后出厂。这意味着，为了完成这项工作而创建的项目组，其寿命仅有5年而已。在本质上，这种项目组与纸质衣服或吸管等用完即弃的物品并无二致。

成立项目组在航空航天工程方面非常普遍。某家一流制造厂在与美国太空总署签订合同之后，便由该公司的其他部门调来100名员工组成项目组。该项目组在一年半的时间内将资料收集齐，并完成工作分析，比预期的时间还快。当工作全部完成之后，项目组随即解散，而所属员工便调回原来的工作部门。

一般而言，“计划拟订”项目组通常在一起工作几周的时间，当计划拟订之后，项目组随即解散。而当合同签订之后，新的项目组便开始工作。至于员工从属的问题，有些人从头到尾担任某种固定职务，但大部分人则仅担任某一阶段或几个阶段的工作而已。过去的传统性工业现在也开始使用项目组工作方法。特别是“非常规性”或“短暂性”的工作，目前都沿用这种方法。

“再过几年之后，”《商业周刊》(*Business Week*)指出，“项目管理人将完全取得优势。”事实上，项目管理目前已经被认为是一种特殊的企业艺术。在欧美国家，项目组及其他特别组织，目前在企业及政府机构中快速兴起。短暂性的项目组往往集合相关人士解决特殊的问题，完成任务后随即解散。项目组往往侧重于科学的研究，而无形中形成动态的科学社区。其所属成员经常做组织性的游动，虽然这种游动并不具地域性的特点。

乔治·科兹梅茨基(George Kozmetsky)曾是特利达因联合有

限公司的创办人之一，后来担任得克萨斯大学商学院院长。他曾指出常规性组织与非常规性组织之间的差别，认为后者所处理的主要是一次性问题。同时，他指出，目前仅限于政府及一些先进技术公司的非常规性组织有日渐盛行的趋势。这种组织绝大部分都是临时性项目组。

事实上，这种特别组织的观念不足为奇，奇特的倒是一般组织运用这种短暂性的方式的次数居然越来越多。许多庞大组织的永久性结构，为了抗拒变革的潮流，免于倒闭的厄运，目前已不得不在临时性项目组面前拱手称臣。

表面上看来，临时性项目组的兴起似乎无关紧要，但这种操作方式足以破坏过去永久性结构的组织概念。临时性项目组、特别小组，或特殊委员会等虽不一定会取代一切永久性组织，但能在无形中改变永久性组织的结构，使其人员疲乏、动弹不得。今天，企业、政府机构等仍继续存在，而越来越多的项目组、工作小组及其他类似的组织结构在其间穿梭，时多时少。在这种情况下，一般人已经不在企业或政府机构中谋求固定的职位，而是开始以一种高度的变动率移动着。他们可能仍保有一处“根据地”，却经常参与临时性项目组。

我们可以看出，这种过程如果一再重复，将会改变工作人员的忠诚度，动摇权威的管理，并加速人员工作变动的频率。因此，我们目前急需认识“特组织”兴起后对整个社会变革速度的直接影响。

当社会处于相对稳定的状态时，人们所面临的问题往往是常见的、可预测的，在这种环境下的组织也相对具有永久性。但当变革加速时，新奇的问题便逐渐出现，传统的组织形式便不足以适应新情况。当这种情况发生时，社会技术改进中心主席唐纳德·A. 朔恩（Donald A. Schon）指出，我们需要创立一种“自毁性的组织……许多自主性的单位，半附属性的单位等，在不需要时便应该随时加以销毁或重组”。

传统的组织结构仅适用于可预测性的、非新奇性的情况，并不能适应环境的激烈变革。因此，尽管传统的组织结构努力保持其固有的地位，临时性组织仍如雨后春笋般出现，而且日渐壮大。这种现象正如建筑业的组合性趋势一样。我在前面曾指出，组合性为了提供一种更强的持久性结构而将其组合物的使用时间缩短。这种说法可适用于组织结构，同时还可帮助我们了解种种短期性、用完即弃性以及组合物的兴起现象。

总之，超工业社会的组织形态将越来越具有动态化，骚动与变革将不可避免地随之而来。社会变革的速度越快，组织的存在时间便越短。此外，政府机构亦如建筑一样，已渐渐由长期性转向临时性，由永久性转向短暂性。我们目前正由等级组织转向“特组织”。

借此，加速推动力便渗入组织的结构。永久性作为等级组织的典型特征之一便逐渐遭到破坏。因此，我们不得不下一个无情的结论：人与组织的关系，正如人与物体、地域和其他人的关系一样，亦在加速变革中。正如游牧民族从一地迁到另一地，人类正不断由一个组织结构转到另一个组织结构。

等级组织的崩溃

随着权力关系发生了革命性的转变，庞大的组织不仅内部结构变动而产生短暂性的小单元，甚至连传统的命令系统也产生了激烈的变化。不可否认，将“决策者”与“政策执行者”完全分开的等级组织已有了改变、有了退让，甚至已开始崩溃。

麦吉尔大学教授威廉·里德（William H. Read）曾说，这种难以抗拒的压力使等级组织显得摇摇欲坠。“企业组织将渐渐朝着横向发展，组织结构及人际关系将发生革命性的转变。因为人类的联络方式将是‘横向性的’，他们与别人的联络方式几乎站在组织的同一平面上，与过去上下联络的方式几乎完全不同。”

为了便于说明，我们可以举出传统等级组织的例子来解释。年少时我曾在一家铸造工厂当了两年的机械设计助手。在那个阴暗的大洞窟里，几千名工人忙于生产汽车用的曲轴箱铸模。那种情景正如但丁所描述的地狱一样：我们的脸上沾满了油污，空气中充满黑烟，地上布满煤渣，令人窒息的硫黄味及烧砂扑鼻而来。头顶上有一个运送带，输送着炼红的铸模，发出嘎嘎的声响，不时地还有烧砂从上面掉落下来。熔铁的火花四溅，噪声不绝于耳……工人的吆喝声、铁链的嘎嘎声、研磨机的运转声交杂成一片。

在局外人看来，这个景象可能显得很混乱，但在里面工作的人都知道，一切都是经过仔细的设计而布置的。自从等级、职级产生之后，一般员工均重复做同一种工作并由领导阶层统一管理。在垂直的等级组织中，自最底层员工到最顶层管理人员都有一定的位序，而厂中员工每个人都很清楚自己的位置。

我们工厂里经常发生一些意外事件，有时轴承烧毁了，有时齿轮或皮带断裂。这种意外事件不管发生在哪个部门，都会暂停工作。于是，发生紧急情况的消息便很快由下而上传递。距离意外事件最近的工人会立刻通知领班，领班也随即将消息通知生产科科长，生产科科长又将消息传递给修理科科长，修理科科长便立刻派人来修理。

这个系统的消息是由工人经由领班“向上”传达给生产科科长的。生产科长再将消息“横向”传达给平行单位（修理科）。修理科科长又将命令“向下”传送给机械修理技师。因此，由事发到处理完毕需经过 4 个垂直阶梯及一个平行阶梯。

这种工作系统的特点是，那些全身污黑、汗流浃背的工人无法参与重大的决策问题。只有组织的高级管理人员才能做实际的判断与决定。上级领导人决策，下级工人执行。前者犹如组织的大脑，后者犹如组织的双手。

这种典型的等级组织制度，在原理上非常适合以适当的速度来解决常规性问题。但当事物的变革加速，或当问题不具有常规性时，等级组织便不能处理随之而来的混乱情况。这个道理不难理解。

首先，生活节奏的加速（特别指因自动化而导致的生产加速）意味着，每一分每一秒的“停工时间”都会使工厂蒙受比过去更大的损失。因此，现在通知的速度必须比过去要快。由于变革加速的结果，许多新奇的、难以预料的问题也随之增加，而这又使我们迫切需要了解更多有关当时情况的信息。解决一个新奇的问题比解决几十个或上百个传统的问题需要更多、更快的情况表述。对当时情况的迫切要求在无形中也足以破坏垂直的等级组织。

在上述例子中，倘若工人能将消息直接传达给修理科科长或设备修理工本身，而不经过领班或生产科科长的话，至少可省下一两道流程，如此至少可省下 25%~50% 的劳动力。更重要的是，如此一来，将会动摇过去的垂直性组织的地位。

里德指出："专家越来越不能被钉死在命令系统中，越来越不能等待自己的意见经上级批准所花费的时间。"时间已不容许上传下达的决策方式。因此，顾问也不只是提供意见而已，他们已能自行决策了。他们经常与工人及基层技师直接讨论，而后自行决策。

国际电话电报公司（ITT）的人事计划部主管弗兰克·梅茨格（Frank Metzger）指出："我们对等级组织已无须百依百顺。6 个来自不同等级的人会聚一堂是司空见惯之事。你完全可以将薪水等级之间的差别视若无睹，最要紧的就是将工作完成。"

里德教授指出，这种事实，"正显示人类在思想、行动以及组织决策上的惊人改变"。此外，他还宣称："在今天技术改进后的协调及传达问题上，我们唯一真正有效的应对方式，很可能是必须在人事及工作上做一种全新安排，而这种安排将与传统的等级组织大相径庭。"

等级组织要完全销声匿迹可能为期尚远，因为等级组织本身很适合一般教育阶层来从事常规性的操作。因此，这类操作即使在未来仍会保留下去。但从另一方面来看，这类工作由电脑及自动化设备来操作必定更加得心应手。因此在超工业社会，这类工作将会由巨大的自动控制系统处理，最终将使等级组织“英雄无用武之地”。由此看来，未来的人类文明不会像过去那样受等级组织的牵制，自动化将会颠覆裹足不前的等级组织。

当自动化机器接管一般常规性工作而加速推动力增加环境的新奇性时，社会的动力（及其组织）将越来越转向解决非常规性问题。因此，我们便需要更大的想象力及创造力，而这种需求不是人员固定、结构恒定、上下分明的等级组织所能提供的。今天，组织已牢牢受制于技术及社会的激变，研究的进一步发展更显示其重要性，新奇的问题突如其来地出现，这些都加速了等级形式的衰落。在这些先进的拓荒组织中，人类关系的新系统便出现了。

未来的组织体系若要存续下去，必须彻底铲除故步自封、裹足不前的常规，因为这些常规会削弱对变革的敏感性及反应力。

超工业社会里的人将不再滞留在一个永久性的固定职位、遵从上级指示执行常规性的工作。他们将发现自己必须担起决策者的责任；在以高度短暂性人际关系为本质的组织结构中，必须担起独当一面的重任。不管怎么说，这种组织已大大不同于韦伯式的传统等级组织。令人啼笑皆非的是，在这种情况下，居然还有许多小说家、社会评论家不识时务地猛掷着生锈的标枪。

官僚主义的身后事

马克斯·韦伯是首先为等级组织下定义并预言其胜利的人，而最先在社会学理论上，预言其衰落、新兴组织崛起的是沃伦·本尼斯（Warren Bennis）。当美国校园及其他许多地区正激烈谴责等级组织时，社会心理学家、企业管理教授本尼斯冷静地指出，“在以后25~50年内”，我们都将“经历最后的官僚主义”。他敦促我们注意“官僚主义的身后事”。

沃伦·本尼斯认为：“今天，虽然有许多‘良好人际关系’的拥护者，基于人道主义及基督教价值观，一直反对官僚主义。但事实上，官僚主义本身因无法适应急速的变革，已经开始自行崩溃了。”

他说：“官僚主义往往产生于高度竞争、稳定不变的社会，工业时期便是一例。工业时期的特点是权威性的金字塔结构，权力掌握在少数人手中……而这些特点在过去及现在都很适合处理常规性的工作。由于环境变化的结果，这些机械方法已逐渐失去作用，过去的稳定也已经消失了。”

事实上，每一个时代都能产生一种适合自身生活节奏的组织形式。在长期的农业文明中，社会是以缓慢过渡为特征，联络方式及交通的迟滞现象往往降低信息传达的速度，也相对减缓个人的生活节奏，组织便没有所谓的高速决策问题。

工业时代来临后，个人生活及组织生活的节奏随之加快，而官僚管理形式的出现便基于这个需要。对现代人而言，这些形式似乎显得笨拙且无效，但比起先前时代缓慢而松散的组织，这些形式无论就速度或效率而言，都比以前进步。由于制定了规章制度，设立了解决各种问题的固定原则，因此能和工业化引起的较快发展速度相一致了。

精明的韦伯早就注意到这一点，他指出：“由于大众意见及政治经济事实的传播越来越快，在这种尖锐的压力下，行政反应的节奏也必须随之加速……”在后面他却错误地表示：“因此，等级组织必须严密其内部结构，才能发挥更大的行政效率。”然而，明显的事实是，变革加速化的结果已使等级组织望尘莫及。在信息的爆炸及技术的激烈变革下，一种全新的组织反应形式将成为未来时代的主要特征。

然而，超工业社会的组织特征将是什么呢？本尼斯说：“最主要的特征仍是短暂性。未来的组织将是一种适应性极强、变动性极快的短暂性系统。”未来的一切问题将由任务组或工作小组来解决，这种小组是由代表各种不同专业技术的有关人员所组成的。

在这个系统下的各部门经理，将成为各种临时性项目组之间的协调者。他们的特长是了解各部门的专业术语，协调并将某个部门的专业术语传达并解释给另一个部门。本尼斯进而说明：“在这种系统下的人员差异，将不是等级及角色上的垂直差异，而是因技术及专业训练而形成的弹性和功能性的差异。”

由于各个短暂性小组之间具有高度移动性，所以“各个工作部门的约束关系将越发减弱……而处理人员关系的技术因此显得更为重要，部门中的内在结合力也因此日渐减弱……一般人与其当前所从事的工作是一种短暂又结合很深的关系，人们尽量减少长久工作关系对他们的拖累”。

这种变革性极高、信息极充足、结构极具动态的特别组织，其内部有许多短暂性的小组织，也有流动性极高的工作人员。由这些特征看来，不难归纳出这些新组织雇员的特性，而我们在今天的组织中，也已经可看出这种新类型雇员的雏形。这种新类型的人完全不同于过去的人。环境变革的加速性和新奇性的增加，既要求一种新组织形式的出现，也要求一种新类型的雇员的出现。

等级组织的三个主要特征是永久性、等级制度和劳动分工。这些特征塑造了组织下的雇员，现在我们逐一讨论。

永久性：个人与组织关系的永久性，使组织具有约束力。个人在组织里停留越久，越能将自身的过去视为对组织的一种投资，也越能将自身前途依附组织，时间长了便产生了对组织的忠诚。而在工作组织中，个人与组织关系的断绝往往意味着个人丢掉工作，因此永久性的趋势更加明显。在僧多粥少的工作环境下，谋职不易，任何工作都不能轻易丢掉，等级组织便因此更为稳固，一心一意朝稳定的方向发展。一般人为了保住工作，自然愿意将自身利益与信念依附组织。

大权在握的等级组织具有最高的权威性，所以能挥动指挥棒。一般雇员因知晓自身与组织的关系将维持很久（至少他们希望如此），自然不敢心怀二志。由于赏罚都是由上级决定，一般人唯一的愿望就是升职。在这种情况下，力不从心的雇员便没有个人信念可言（至少他们自身不敢表露出来），他们唯一能做的，是毫无条件地服从组织。

最后一点，雇员必须了解自身在组织中所处的地位。他的职位固定，一切工作任务由组织规章指定，工作绩效也全凭他是否完成任务而定。由于他面临的问题都是常规性的，因此他要找出常规性的解决方法。在一般情况下，越轨、创新及冒险等都不受欢迎，因为会偏离、打乱组织体系的“可预测性”。

今天，正开始萌芽的“特组织”却要求另外一种完全不同的人类特质。短暂性取代了永久性。这种短暂性表现在组织之间的机动性，表现在组织内部不停地改组以及临时工作小组的不断产生。我们看到，在组织机构及其分支机构中，人们对组织及其内部机构的“旧式”忠诚也已成为过去。

小沃尔特·古扎尔迪（Walter Guzzardi Jr.）在谈到今天美国工业界的年轻从业人员时说：“现代人与现代组织之间的协定绝不是一成不变的，也绝不是什么永远有效的……他们可以定期检验自身对组织的态度，并判断组织对自己的态度。倘若他不满意的话，可以设法改变；要是他改变不了的话，可以一走了之。”

过去雇员的忠诚到如今早已云消雾散，取而代之的是对职业的忠诚。在所有的科技社会，职业性、技术性以及其他专业性人才的数量都在不断增加。1950—1969 年，美国专业人才的数量增加了一倍，而这些人在未来将比其他任何劳动阶层发展得更为迅速。上百万名工程师、科学家、心理学家、会计师及其他专家已不再从事个人独立操作的自由职业，而是开始加入组织行列。这些结果恰好与辩证法所倡导的相反，维布伦（Veblen）曾提出“专业的工业化”这个说法，而今天我们所看到的却是“工业的专业化”。

因此，加德纳宣称：“专业人才忠诚的对象是他的专业，而非他供职的组织。拿同一个工厂的化学工程师或电机工程师与其他非专业性职员相比较，化学工程师心目中真正的同事并不是邻近办公座位的人，而是与他同一专业的人。由于与同行的联系分散于社会的各个角落，因此他在无形中具有更高的流动性。即使他从不跳槽，他对组织忠心的本质也不同于其他真正的组织的人，因为他所信任的并不是这个组织。

“由于这些专业人才对组织的概念完全不同于过去，因此他们的崛起便严重破坏了现代大规模的组织机构……”实际上，这些专业人才已变成这个机构的“局外人”了。

不但如此，“专业”一词也开始有了新的含义。正如等级组织的垂直等级体系已在新技术、新知识及社会变革的混合冲击下崩溃一样，过去划分人类知识领域的等级组织也已经开始走下坡路，专业与专业之间的古老界线开始模糊。人类越来越感觉到，我们所面临的新奇问题将迫使我们走出狭窄的专业领域。

传统的等级组织往往将电子工程师置于一个部门，将心理学家置于另一个部门。而事实上，无论就知识领域还是能力范围而言，工程师及心理学家在组织机构所担任的角色的确不同。但在今天空间研究、教育或其他领域，工程师及心理学家经常在同一个工作小组携手合作。这样奇妙的融合不同新知识的新组织系统，目前已在各种基础行业源源不断地出现。生物数学家、心理药物学家、图书管理工程师和电脑音乐家等新职业应运而生。专业之间的区分虽未完全消失，但专业之间的联合操作的确使效率提高、适应性增强，且更利于组织经常改组、变革。

在这种情况下，专业人员对自身专业的效忠也变成了短期承担义务的关系，而工作本身、待完成的任务、待解决的问题，也开始与组织建立一个约束关系。本尼斯指出：“专业人士是从内部衡量优劣的标准，从他们自身所处的专业领域和对工作的满意度上取得回报。事实上，与他们发生约束关系的是工作，而不是职业；是自身的标准，而不是老板。由于他们是学有所长的专业人才，因此可以随意在各个公司里找到工作。他们不是公司组织机构的人，除了要在施展才能的时候解决一些问题外，不受其他约束。”

未来的人现在已经开始在某些“特组织”崭露头角了。电子计算机行业、教育技术界、处理都市问题的系统技术应用界、与环境保护有关的政府机构、海洋工业开发界及其他领域都已弥漫着活力与创意。在这些预示未来的领域中，所出现的新冒险精神正好与传统组织的稳定性及循规蹈矩形成了强烈对比。

临时性、短暂性组织的新精神与企业家的冒险精神非常接近。自由的企业家无惧商场中的打击与诽谤，勇敢建立庞大的企业组织。他们可以说是企业界的英雄好汉，特别是在美国，他们的声望更高。

一般人都认为，企业家时代已经消亡，取而代之的不是听话的雇员，就是官僚主义者。事实上，今天所出现的是大规模企业主义的复活。产生这种反复现象的主要原因，一是短暂性的出现，二是大多数知识分子在经济上有了保障。富裕的生活使大多数人勇于冒险。人们的温饱问题得到保障，便会对失败的打击无所畏惧。恒德食品公司的公共关系主任查尔斯·埃尔韦（Charles Elwell）指出：“经理们都自认是贩卖知识及技术的个体企业家。”

由此，我们可以看出新型雇员的出现。他们尽管在形式上拥有多重关系，但基本上不受任何组织的约束。在工作上，他们愿意在组织内设立临时性项目组，借用组织的设备，以自身的技术及创造力解决工作上的问题。然而，只有工作让他感兴趣，他们才会去做。他们受自己事业的约束，对自身价值的实现负责。

由此看来，“协理”一词在目前的大型组织中如此普及，便不再使人好奇。我们目前已有“销售协理”和“调查协理”。即使在政府机构，也有所谓“协理处长”和“协理行政官”。“协理”一词意味着平等关系，而不是从属关系。而这个词广泛的应用正反映出，我们目前的组织结构已由垂直的、阶级分明的体制，转向一种新的、更为平行的联络形态了。

过去的组织人员只知服从组织的命令，而今天的联合操作人员却完全可以置身于组织之外。过去的组织人员为了使个人有经济保障，不敢随便离职，今天的联合操作人员却将经济保障视为理所当然之事。组织人员不敢冒险，而联合操作人员却乐于涉险。（因为他深知，在富裕的、快速变革的社会里，即使失败也是短暂性的。）组织人员的等级意识极为敏锐，他们最大的愿望是在组织中追求地位和名望，而联合操作人员则似乎愿意在组织之外去追求地位和名望。

组织人员所争取的是前人空下来的职位，而联合操作人员则根据自身意志而行动，他们在复杂的组织形态里，由一个职位转向另一个职位。组织人员根据明确的规章，尽力地解决常规问题，绝对避免破坏传统或表现个人创意。联合操作人员在面临新问题出现时，却力求表现，主张改革。组织人员将自身的个性附属于组织，以求在组织中扮演一个角色。联合操作人员则很清楚认识到，自己隶属的小组本身也只是短暂的罢了。他们以自愿选择为条件，或许愿意将个性暂时附属于组织，但并不表示长久埋没自己的个性。

就这些方面而言，联合操作人员的确掌握了一个秘密法宝：他们与组织关系的短暂化，使自己免受前人所受的束缚。短暂性，就此而言，也是一种解放。另一方面，正是因为他们自身与正式组织结构的关系加速变化之后，非正式组织的变化速度也随之提高，而人员的流动性也随之加快。每一次变化势必要求一种新的学识：他必须明白行业的一切规则，而这些规则也在不断地变化之中。“特组织”的问世增加了组织的适应性，也对人类的适应能力提出更高的要求，给人类增加了更多的负担。汤姆·伯恩斯（Tom Burns）在研究英国电子工业后指出，稳定组织结构中的经理人员与变动的组织结构中的经理人员之间有强烈对比。他在报告中说：“频繁的变革对适应能力的要求往往以牺牲个人的满足感为代价，人们要适应现实生活。高级经理人与在较为稳定的环境中任同样职位的同龄人相比，他们内心的紧张程度是难以比拟的。”同时，伯恩斯也宣称：“应对急速的变革，身处于短暂性的工作体系，要在短期内建立有意义的联系，然后又割断这种联系，这些都足以导致社会性压力，造成个人心理上的紧张。”

就大多数人而言，在组织关系方面及其他领域中，未来似乎来得太快了。就个人而言，迈向“特组织”意味着，组织关系的周转性急剧加速。因此，在对高度短暂性社会的研究中，我们又增加了一个内容。变革加速的趋势缩短我们与组织的关系持续时间，正如其削弱了我们与组织的联系一样。这些关系的变动率的提高，对于在节奏缓慢的社会里成长并接受教育的人而言，无疑会给他增加沉重的负担。

这正是未来的冲击的危机所在。以下我们将可看出，这种危机将因信息领域加速冲击的影响而更加明显。

第八章　信息：运动的形象

在一个充斥着速成食品、速成教育甚至速成城市的社会，形成最快、最朝成暮毁的东西莫过于名声了。一个国家在迈向超工业社会的过程中，不可避免地会激起这些“心理经济”产品的出现，突然之间的声名鹊起，如同一颗形象炸弹在群众的意识里爆炸开来。

崔姬（Twiggy），一个伦敦女孩儿在当了模特不到一年的时间便声名大噪。这位双目晶莹的金发美人，配上小小的胸部及纤细的玉腿，给全球上百万人留下深刻的印象并在 1967 年名噪一时。她那惹人爱怜的脸庞以及纤细的身躯很快在英国、美国、法国、意大利和其他国家的杂志封面上出现。一夜之间，崔姬式的睫毛、人体模型、香水及服装等从工厂批量生产出来。评论家肯定了她在社会上的重要性；报纸把她刊登在通常留给重大时事的版面上。

然而现在，我们脑中的崔姬形象早已褪色，她几乎从公众视野里消失了。她曾预言“我在模特行业不会待过 6 个月”，这句话得到了现实的印证。形象，时至今日也越来越趋于短暂化，不仅限于模特、运动员或娱乐明星的形象。

我曾问过一个十分聪明的女孩，她及她的同学心目中有没有英雄人物。我说："举例来说，你认为约翰·格伦（John Glenn）是英雄人物吗？"（读者可能忘了，格伦是第一个进入空间轨道的美国宇航员。）这位小女孩的回答非常发人深省。"不，"她说，"他太老了。"

起先，我以为她认为40岁的人太老了，不能被认为是英雄。后来，我才发现是我误解了。她的意思是，格伦的太空探测为时已久，已经不能引起人们的兴趣。（格伦是在1962年2月完成历史性的太空飞行的。）今天，格伦早已自公众视野里退出来。事实上，他的形象早已被人淡忘。

崔姬、披头士、约翰·格伦、鲍勃·迪伦、让–保罗·萨特（Jean-Paul Sartre）、杰奎琳·肯尼迪（Jacqueline Kennedy）等成百上千名"知名人士"，已渐渐淡出历史舞台。这些偶像人物通过大众传播的夸大宣传之后，便在千百万个与他们素未谋面的人的脑海中留下深深的烙印。大众既没有与这些偶像人物聊过天，也没见过面，但大众对这些偶像人物的熟悉程度，比与他们有直接交往的人，有过之无不及。

我们总是与那些"遥不可及的人"建立关系，正如我们跟朋友、邻居及同事结交一样。由于我们亲身接触、交往的人大大增加，因此彼此间的关系持续时间相对减少，而我们和心目中那些"遥不可及的人"的联系也有同样的状况。

在一般情况下，这些人的更替频率颇受世界变革速度的影响。以政治来说，英国的首相职位自1922年以来，更替频率较1721—

1922年加快了13%。在体育界，世界重量级的拳击冠军的更替频率是我们父辈时期拳击冠军更替频率的两倍。变革越来越快，新的人物更快地出现并跻身“名人之列”，所以，以前的名人形象便只有步步退让了。

书籍、电视、剧院、电影和杂志所创造的虚构人物，也有类似的情形。过去历史上从未出现过如此多的虚构人物。历史学家马歇尔·菲什维克（Marshall Fishwick）在评论大众传播工具时宣称：“在我们尚未完全熟悉超级英雄、尼斯船长及恐怖先生以前，他们已经在电视荧幕上永远消失了。”

这些人物形象虽是虚构的，却在我们的生活中扮演重要的角色，为我们提供种种行为的范例。他们在不同环境下扮演各种不同的角色，可以作为我们生活的一面镜子。我们自觉或不自觉地从他们的活动中学习到种种经验，也从他们的飞黄腾达或遭遇挫折的经历中吸取种种经验。他们使我们能在脑满肠肥的现实生活下，感受多样性的人生角色。然而，这些虚构人物形象加速更替的结果，往往使现实生活中的人在寻求人物范例时无所适从。

实际上，这些人物形象并不是各自孤立的，他们是在一个庞大而复杂的“大众剧场”饰演自己的角色。社会学家奥林·克拉普（Orrin Klapp）在精彩的《象征性领袖》（*Symbolic Leaders*）一书中指出：“这出大众戏剧主要是新的通信技术的产物。名人争当主角，更替得越来越快。意外事件、混乱、竞争、丑闻等将变成人们茶余饭后的谈资，或变成政治赌博的主要工具。流行品以令人头晕目眩的速度在我们生活圈中流过……像美国这样的国家，正在变成一出大众戏剧，几乎每天都有新面孔在剧里出现，抢镜头的事时时刻刻都在发生。说实在的，在这儿什么事都有可能发生。”今天我们所看到的，就是一种“象征领导者的转瞬即逝”。

若按照这种说法，我们甚至可以断言：现在所发生的，绝不仅限于真实人物或虚构人物的快速更替，而是真实人物与我们脑中虚构的人物之间的快速更替。我们与这些真实形象的关系也越来越富有临时性。整个社会的知识系统经历强烈的震荡，我们思考的概念及准则正在迅速改变中。我们要不断地认识新的形象，然后再去忘记。

崔姬及 K 介子

每一个人的脑海中都有一个世界模型，而这就是外在现实的主观反映。这个模型包含着几万甚至几十万个形象。这些形象可以像浮云掠过长空般单纯，也可以像社会事物组织形式的理论般抽象。我们可以将这种心理模型视为一种奇异的精神仓库。我们可以储存崔姬或戴高乐形象，也可以储存“人性本善”或“上帝已死”的主张。

任何人的心理模型均包含某些接近事实的形象，以及某些不正确的或被歪曲的形象。但是，若想对生存有利或有实际效用，个人的心理模型必须与现实相近似。英国考古学家 V. 戈登·蔡尔德（V. Gordon Childe）在其所著的《社会与知识》（*Society and Knowledge*）一书中指出：“每一个外在世界的复制品被现实社会创造并当作行动指南时，必须在某种程度上与现实相符合，否则社会将很难存在下去。当社会成员依据完全不真实的准则行动时，即无法从事实际工作，甚至连极简单的工具也无法操作时，他们从外界获取食物和住所都将成问题。”

人类关于现实的模型不是完全出自个人的塑造。人们头脑中的某些模型是通过亲身观察而获得的，但今天人脑中大部分模型都是通过大众传播及其周围的人提供的信息而获得的。由此看来，模型的正确程度足以反映社会的一般认识水平。由于科学的研究及社会经验为人们提供了大量正确的知识，因此新的概念、新的思考方式便迅速取代了古老的想法及世界观，或与之产生激烈的冲突。

倘若社会变革缓慢，那么个人吸收社会现有知识或记住现有模型所承受的压力便不会很大。当个人所处的社会极为稳定或变革缓慢，那么他的行为所依据的形象便自然地变化缓慢。但当个人身处于快速变革的社会时，为了应对快速而复杂的变革，个人便必须随着变革的步调，加速改变记忆中的形象。他的行为依据形象必须赶上时代潮流。要是落伍，他对变革的反应将会错误百出，并因一再遭受挫折而束手无策。由此看来，个人跟上变革的节奏所承受的压力是极大的。

在今天的技术社会中，变革是迅速而又冷酷的，以致昨日的真理几乎变成今日的笑谈。即使社会上极聪明且技艺高超的人也不得不承认，要想赶上新知识的潮流的确困难重重。即使在极为狭小的领域，跟上新知识的潮流也是极其困难的。

加利福尼亚大学伯克利分校的动物学家鲁道夫·施托勒（Rudolph Stohler）指出：“你绝对无法细细领会你所要认知的东

西……”华盛顿史密森研究所的海洋地理学主任I. E.沃伦（I. E. Wallen）说：“为了跟上当前的形势，我几乎花了25%~50%的工作时间去阅读有关资料。”获得诺贝尔物理学奖的埃米林·西格雷（Emilio Segre）说：“单单以K介子而论，要阅读所有相关论文是不可能的事儿。”另外一个海洋地理学者阿瑟·斯顿普（Arthur Stump）也承认：“我不知道如何是好，除非我们将出版停止10年。”

新知识不是推翻旧知识，而是发展旧知识。在任何一种情况下，这样都能迫使有关人员重新组织他们的模型库，迫使他们去重新学习自以为很清楚的事。约克大学的副校长詹姆斯爵士（Lord James）曾感慨地说：“1931年，我在牛津大学取得化学学位。”但在他看了今天牛津大学的化学试题之后，他接着说：“这些试题不仅我现在做不出来，即使在以前我也根本做不出来，因为2/3的试题所涉及的知识都是在我毕业时闻所未闻的。”

美国联邦通信委员会的高级教育传播专家罗伯特·希里尔德（Robert Hilliard）进一步指出：“今天出生的孩子，到他们大学毕业的这段时间，世界的知识总量将增加4倍。到他们50岁时，知识总量将增加32倍。”

也许希里尔德关于知识的定义很模糊，也可能这种统计言过其实，但我们仍不得不承认：新知识的浪潮已迫使我们走入日渐细分的专业领域，驱使我们以更快的速度重新修正现实在我们头脑里的形象。这种情形绝不仅限于物理分子或遗传基因的深奥科学知识而已，也包括其他影响我们日常生活的不同的知识领域。

弗洛伊德的浪潮

一般而言，普通公众与新知识并无切身关系，像氙这类稀有气体可以形成许多合成物的新发现并不能吸引公众的注意力。虽然这种知识一旦应用到新技术上很可能对公众产生影响，但在产生影响之前，他可以不予理会。另一方面，很多新知识的发现也都会对公众产生影响，对他们的职业问题、政治问题、家庭生活问题等都会有影响。

例如，20 世纪初美国科学理论界都认为，遗传对一个人的行为有举足轻重的决定作用。普通母亲即使没有读过达尔文或斯宾塞的理论，也能依照与这些伟人世界观相似的方式养育孩子。这种观念通俗、简单，很容易一传十、十传百地广泛流传开来。而在无形之中，“老鼠的儿子会打洞”“犯罪具有遗传性”等观点也成为千万人深信不疑的世界观。

20 世纪上半叶，环保主义尚未兴起之前，这种态度便逐渐开始转变。环境塑造人格、儿童早期教育具有决定性影响等论调，开始创立了一个新的儿童形象。沃森（Watson）及巴甫洛夫（Pavlov）的主张开始进入大众的认知领域。在这种新行为主义的影响之下，母亲不再应婴儿的要求随时喂奶，在哭泣时也不再去哄抱，她们甚至为婴儿提前断奶以免养成孩子的依赖性。

马莎·沃尔芬斯泰因（Martha Wolfenstein）曾比较了美国劳工部儿童局在 1914—1951 年所出版的 7 版《育婴手册》中的内容，她发现在处理孩子断奶、吮手指和大小便问题上，父母的态度有重大的改变。弗洛伊德的理论像浪潮般席卷而来，使育儿方法产生了革命性的变化。突然间，母亲开始听说了所谓的“孩子的权利”以及口头表扬的好处。放任主义成为时代的新风潮。

弗洛伊德式的幼儿形象已改变了代顿、迪比克以及达拉斯等地一般父母的态度，同时，心理医生的形象也发生了改变。心理医生变成文化的英雄，电影、电视剧、小说和杂志争相将他们捧为聪明而又富有同情心的大好人，他们是唯一能够拯救人格分裂的魔术师。

从 1945 年《意乱情迷》(*Spellbound*) 这部电影推出之后，一直到 20 世纪 50 年代末，心理分析学家都认为大众传播工具具有积极性的角色。到 20 世纪 60 年代中期，心理医生却变成一个丑角。彼得 · 塞勒（Peter Sellers）在电影《什么是猫咪》(*What's New Cat?*) 中扮演的心理医生比病人更疯狂，而心理医生的疯狂形象通过大众传播工具不仅在纽约、加利福尼亚等地出现，甚至在整个美国都开始流传。

心理医生在大众心理上的形象逆转也可以反映出研究方向上的改变。（事实上，大众形象也只不过是个人形象的总和而已。）事实显示，心理分析治疗本身越来越不能适合时代需求。行为科学，特别是心理学的新知识，使得许多弗洛伊德式的治疗方法落伍。同时，无论是关于学习理论还是在儿童养育理论上，都有许多新的思想出现，新的行为主义已开始遥遥领先。

在发展的每一阶段，每一种为大众所认可的形象，都免不了遭到另一种对立形象的破坏。任何持着一己之见的个人都难免受到新的报道、论文、报告及亲友的影响，甚至他们认识的其他持相反观点的人也会来施加影响。当母亲养育孩子时，倘若有两种不同的权威论点的话，也就是说同一事实上，她将接受两种不同的理论。对过去的人而言，养育孩子的方法可以经过几百年而没有变化，对现在及未来的人来说，养育孩子的方向和许多学科一样，变成了竞技场。形象的浪潮一波波地涌上来，在这个竞技场上争斗，而各波浪潮似乎都有一套自圆其说的科学理论为依据。

如此后浪推前浪，新的知识便改变了旧的知识，再加上大众媒体的推波助澜，更加强化个人对新形象的好奇。个人为了应对更复杂的社会环境，便只有尽快赶上新知识产生的步伐。同时，各种各样的事情（虽然与科学研究在性质上完全不同），也可以击溃我们古老的模式架构。当这些事件从我们眼前匆匆掠过时，往往能洗去我们的旧形象，产生新形象。在自由解放运动及黑种人暴乱发生之后，黑种人是唯一能安贫乐道的“幸福儿”的传统看法便不攻自破。1967 年，以色列以闪电战击败阿拉伯国家之后，谁还敢说犹太人是唾面自干的苟安主义者或懦夫呢？

不论在教育、政治、经济理论、医学或国际事务上，新形象的浪潮都涌进我们的意识结构中，动摇我们对现实的心理形象。在这种变革的冲击之下，旧的形象将加速退化，知识的生产力将大为提高，而知识自身的持久性也将大为缩短。

畅销书的低潮

非永久性的现象可从社会上各方面看出来，最明显的例子是受到知识爆炸影响的传统知识宝库——书籍。当知识不断积累，每种知识的存在时间不断缩短时，用皮革装订的、传统的精装书籍便随之消失，布装订的书籍随之出现，最后又用纸面来装订书籍。书籍本身正如其所包含的知识一样，也越来越变得短暂化了。

约在10年以前，通信系统设计师索尔·科恩伯格（Sol Cornberg）曾宣称，阅读将不再是人们获取知识的主要方式。“阅读与写作，”他说，“将成为一种过时的方法。”（好笑的是，科恩伯格先生的夫人是一位小说家。）

不管他的预言是否正确，显而易见的是，知识的极速发展意味着每本书包含的已知知识量将越来越少（包括这本书在内）。知识很快就会过时，也会降低它提供长期性知识的价值。同时，纸质书籍的出现降低了书籍的价格。以美国为例，一本平装书往往同时在10万多个书店及报刊亭出现，而这些书籍仅仅30天以后，便会被另一批新出版的书淘汰。书籍已逐渐靠向杂志的短暂性路线。如今出版的大部分书籍也的确跟只销售一次的杂志差不多。

而同时，大众喜爱一本书的时间（即使是一本非常畅销的书籍），也在逐渐缩短。最显著的例子是，书籍在《纽约时报》畅销书书榜上的持续时间在急速缩短。从统计表上来看，这种趋势起伏不定，某些书籍甚至有力挽狂澜之势。但我们比较一下1953—1956年和1963—1966年便会发现，前一时期的畅销书在书目上平均持续时间为18.8周，而后一时期的畅销书在书目上仅持续了15.7周而已。在10年间，畅销书的平均寿命约缩短1/6。只要能把握基本事实，我们便能了解这种趋势。

我们目前所经历的历史变革即将改变人类的心理状况。从化妆品到空间学领域，从崔姬这样平凡的小人物到高新技术成就，在一系列发展由于外在变革加速的结果将越来越趋于短暂性。我们正以越来越快的速度在创造及消耗概念与形象。知识，正如组织形式一样，已经逐渐走向用完即弃的路线。

精练的信息

当我们头脑中的现实形象变化越来越快时，感官接收形象信息的速度也随之加快。在这方面虽然没有科学性的探测，但个人承受越来越多的形象刺激是毋庸置疑的。为了探求原因，我们首先要研究形象如何形成。我们头脑中的上千个形象，究竟是由何处得来？外部环境将大量信号传递给我们，声波、光波等刺激我们的感官。这些信号一经察觉便会通过一种迄今为止仍十分神秘的过程进行转化，变成一种现实的象征，而构成一种形象。

这些外部信号可分为几种类型，其中一些是非符号化的。例如，有个人走在路上，他注意到一片叶子被风吹落下来。他通过感官注意到这件事，听到沙沙的声音，看到叶子的飘落。他看到了绿色，并感觉到风，从这些感知中，就形成了一种心理形象。我们可将这些感知称为信息，但这些信息不是人为的，不是某人设计出来用以传递信息的。一个人是否了解这种信息并不直接依赖社会符号，也就是社会公认的记号或定义。我们的周围都是这种情况，而且我必然要参与其中。

当这些现象在我们感官范围内发生时，我们便能吸收非符号化的信息，并将这些信息转变成心理形象。事实上，每个人心理模型上的一部分形象都来自这些非符号化的信息。此外，我们也从外界吸收符号化的信息。符号化信息的意义是社会约定俗成的。一切语言，不论以文字、手势、鼓音、舞步为基础，或以结绳记事为基础，都属于符号化的信息。而借由这些语言所传达的信息都被符号化。

在经过仔细考察之后，我们可以断言，当社会变得庞大且复杂时，人与人之间传递的信息便越来越多，因此一般人所接收的非符号化信息便会减少，而其所接收的符号化信息便相对增加。换句话说，今天我们从他人那里得来信息而形成的形象，要比从个人观察原始的非符号化事件形成的形象更多。

我们也可以从符号化的信息中发现一种微妙而重要的转变。在农业社会的穷乡僻壤，大部分外来信息都是偶发或自然产生的。农夫在茶余饭后的闲谈、说笑、抬杠，或在酒馆聊天、抱怨、吹牛等，都属于这种情形。这些几乎成为人们接收符号化信息的主要方式，而这种信息传达方式的特点是松散、不成章法、喋喋不休及缺乏组织性的。

我们不妨将这种信息与工业社会下一般人接受的符号化信息比较一下。现代人除了必须接受上述种种信息之外，还必须接受通信专家精心设计的信息，而这些信息大都以大众传播工具为媒介。人们必须收听新闻、广播，观看电视剧、电影。此外，人们还要听音乐（这是一种更为正规的传播形式），听演讲。人们必须从事许多祖辈们根本无法做到的事。我们每天都要阅读好几千字，而这都是经过编辑加工的。

工业革命使大众传播工具更为先进，完全改变了信息的本质。个人不仅从外部环境接收非符号化的信息，还要从周围的人那里接收符号化但很随意的信息，甚至必须接收越来越多的精练信息。

这些精练信息至少在一点上完全不同于偶发性或随意性很强的信息：精练信息往往非常严谨，浓缩度高，简单而明确。它有很强的目的性，尽量避免重复，并尽可能扩充信息量。正如一个传播理论家所说的，这是信息的航空母舰。

下面的事实很重要，却时常被人忽略。将500字对话的录音带与同样字数的新闻稿或电影对白比较一下，我们可以看出，人们之间的对话重复多，停顿也不少，同样意思的话往往重复好几次，而用的字眼也都大同小异。即使用的字眼不同，所表达的意义也差不多。

相反，500字的新闻稿或电影对白是经过仔细推敲，很少有语意重复的地方，在语法上也比一般对话更为正确。即便口头陈述，要表达的意见也更为清楚，不必要的词句被删除得一干二净。编辑、作家和导演等，凡是与精练信息有关的人，都尽量使故事流畅，或使情节跌宕起伏。因此，一般书籍、电影、电视剧的广告词经常都有“极其惊悚”、“逼真”或“情节紧凑”等词句，而不以“重复”或“废话连篇”等句子为宣传语。

在这个广播、电视、报纸、杂志和小说充斥的社会里，个人所接收的精练信息越来越多（相形之下，非符号化及符号化的随意性信息则大大减少），我们目睹了一个重大的改变。个人所接收的形象信息正逐渐在加速产生中。包围人类的符号化知识之海，开始以一种新的力量冲击人的感官。

这正好能够解释，我们在日常事务上所承受的压迫感。倘若传播的加速代表了工业社会，那么在迈向超工业社会的过渡时期，这种速度将变得更快。符号化的知识浪潮已经向我们袭来，一浪比一浪更为猛烈地拍打着我们，无孔不入地压迫着我们的神经系统。

奔跑中的莫扎特

今天，美国成年人花在阅读报纸上的时间是平均每天 52 分钟。每天除了读报以外，美国人还要花许多时间看杂志、书籍、广告、食谱及罐头上的标签。在这些印刷品的包围下，美国人每天要阅读一到两万个精练文字。此外，美国人每天还需花费一个多小时收听广播。倘若美国人听的是新闻、商业信息、评论或其他类似节目的话，那么在这一段期间内，他听到的也是精练信息。另外，美国人每天还要花几个小时看电视，于是他又吸收了大约一万个精练文字。

不可否认的是，最具有目的性的措辞莫过于广告，而美国成年人每天平均要受到 560 个广告的困扰。在这 560 个广告中，美国人能注意到的只有 76 个。也就是说，为了免于分心，美国人每天要抵制 484 个广告。

这正足以说明一般人承受精练信息的压力，而且这种压力正在与日俱增。一般媒体人、艺术家和其他有关工作人员，为了给大家灌输更丰富的形象信息，千方百计地使每分每秒都包含更多信息，以便产生更大的影响力。

在这种趋势之下，为了使消息密集，象征手法便被广泛采用了。一般广告人为了在固定时间内传递更多信息，便大量援用象征性艺术手法。有一家石油公司的广告居然异想天开将“虎”字写在油箱上，将一个强有力的形象传递给观众，使观众联想到小时候对老虎的认知：迅猛、强壮。实际上，今天许多艺术家都从这些广告中学习到新形象加速形成的技巧。

为了在电视或广播里获得预期效果，或在报纸杂志上吸引读者的片刻注意，广告人便致力于用最有限的时间传达最深刻的形象。而在另一方面，有些人想尽办法去增加传达的信息量。大学生、企业家、政治家等非常热衷速读课程，便是一个明显的例子。

一个颇负盛名的速读培训机构宣称，可以使任何一个人的阅读速度提高三倍以上。而有些经过速读训练的人则表示，他们可以不费力地在一分钟内阅读几万字，虽然许多速读专家已对这种说法表示质疑。不管这种速度是否可能，至少有一个事实是很明显的：传递信息的速度正在加速中。许多人每天都忙着搜集更多的消息，而速读对他们或许大有裨益。

加速传递信息的冲动并不只限于广告或文字。美国研究机构的心理学家曾做过一个有趣的实验：他们将演讲的录音加速播放，然后测验听众的了解程度。他们的目的是研究播放速度加快之后，听众是否能听得多些。此外，一些人热衷的分割银幕电影和多重银幕电影，也都想加速传递消息而已。在蒙特利尔的世界博览会会场里，参观者在每一个陈列馆所看到的介绍影片并不是传统的一个银幕影片，而是由两个、三个，甚至是 5 个银幕同时播放的多重银幕电影。这种新型的电影设备可以同时播映许多影片，使观众在同一时间可以吸收更多的信息。

一个作家曾在《生活》（*Life*）杂志发表一篇题为《人类心灵的闪电战电影革命》（*A Film Revolution to Blitz Man's Mind*）的文章。在文中，作者描写多重银幕体验时说："在同一时间内，你必须同时观看 6 种不同影像；在 20 分钟内你必须看完一部影片，这对人类的心灵无疑是一种极大的冲击。"此外，他指出，人类可借着多重银幕的电影，"使我们在同一时间内接收更多的东西，获取一定时间内最大的浓缩效果"。

即使在音乐方面，我们也可以发现同样的加速推进趋势。在圣弗朗西斯科举行的音乐家及计算机专家联合讨论会议中，与会者曾得出一个结论："在相同时间内，听觉的传播量已大大增加。"事实上，今天的音乐家演奏莫扎特、巴赫和海顿等人的作品时，在节奏上显然比这些作品最初问世时快了许多。在这个一切求快的时代，莫扎特似乎也得奔跑起来。

半文盲的莎士比亚

如果说现实形象正在快速变化，形象传递速度加快，那么我们所使用的符号便随之变化，语言因而也有了变化。《兰登书屋：韦氏简明英语词典》（*Random House Webster's Concise Dictionary*）主编、辞典编纂专家斯图尔特·伯格·弗莱克斯纳（Stuart Berg Flexner）说："我们今天所使用的文字正在快速变化，不仅俚语如此，一般的文字和词语也在变化。文字的新陈代谢正在加速。不仅在英文中有如此变化，在法文、俄文和日文中也是一样。”

关于这个事实，弗莱克斯纳曾举了一个生动的例子。他说，在今天英语“可用”的 45 万个词汇里，莎士比亚可能只懂得 25 万个而已。要是莎士比亚今天突然在纽约或伦敦重现，那么他可能只认得我们现代辞典中的 5/9，这位大文豪将是半个文盲。

这就说明，倘若莎士比亚时代的词汇量跟我们现在差不多，那么至少有 20 万个词在这 4 个世纪中被淘汰和更新。弗莱克斯纳更进一步推测，约有 1/3 的淘汰词汇是在过去的 50 年内发生的。倘若他的推断是正确的话，那么现在文字的变化率可能比 1564—1914 年这段时期加快三倍。

由于高速的变化率体现了事物、发展过程和环境性质等各方面的变革，因此有些新的词汇是直接产生于消费品及技术领域的，像“流线型”“随洗随穿”或“立体镁光灯”之类的字眼都是最近几年来由广告界创造的。其他还有一些是在报纸的标题中出现的，像“静坐示威”及“积极参与”是最近民权运动的产物，“兴奋剂”及“迷幻药”是嬉皮士新文化的产物。

而在俚语方面的更替速度之快，已使一些辞典编审专家不得不重新制定择字的标准。“在 1954 年左右，”弗莱克斯纳说，“当我着手美国俚语词典的编纂工作时，我的选字标准是，5 年内被使用过三次以上的词汇便可以考虑收入字典。但是，这种标准在今天已不适用了。语言正像艺术一样，已经变为一种流行事业。像‘绝妙的’（fab）、‘时髦派头’（gear）之类的字眼，它们的流行时间还不到一年，都是青少年口头禅，但过了一年马上不用，变成了废字。你已不能再以时间为标准把握能够收入词典的俚语了。”

此外，新字的快速普及更刺激文字的新陈代谢。20 世纪 50 年代末、60 年代初，我们可以正确地探寻出像“rubric”（标题）及“subsumed”（归类）这类词汇的来龙去脉。这些字最初产生于各种学术性期刊，之后被引用到《纽约书评》（*New York Review of Books or Commentary*）之类发行量较少的杂志，再后来又被引用在销量达 80 万 ~100 万册的《时尚先生》（*Esquire*）杂志中，最后通过《时代周刊》《新闻周刊》（*Newsweek*）及其他大众杂志的引用之后，在社会上大大流行起来。但到了今天，这种过程已大为缩短。大众杂志的编辑不再间接从知识性期刊获取新的词汇，他们为了成为时代的先锋，会直接从学术性期刊中吸取新字。

当苏珊 · 桑塔格（Susan Sontag）曾在一篇文章里用了“坎普”（camp）这个老词，《时代周刊》在几周后便开始以专题文章讨论，刻意使这个词再度流行。又过了几周，这个词便在报纸及其他大众媒体上大出风头。到了今天，这个词似乎又销声匿迹了。

另外，“黑种人”（black）这个词的意义的迅速变化，也是语义变化的一个突出的例子。20 世纪 60 年代初，美国黑种人一直认为这个词颇有种族歧视之嫌，因此思想开明的白种人便让自己的子女改称美国黑种人为“Negro”，并且要把首字母大写。1966 年 6 月，斯托克利 · 卡迈克尔（Stokely Carmichael）在重新定义“黑种人力量”后，“黑种人”（black）一词在维护种族正义运动中又变成光荣的象征。在这种混乱情况下，开明的白种人也弄不清“black”

和“Negro”哪个用来称呼更好，而大众传播界最后终于以“black”来尊称黑皮肤同胞。在短短几个月内，“Negro”被清除出局，而“black”这个词则安全上垒。

有些字词甚至流传得很快。弗莱克斯纳指出：“披头士在大红特红的时候，甚至可以随意造词，一个月后这些新词马上变成语言的一部分。有一阵子，美国国家航空航天局（NASA）里不超过50个人知道‘A-OK’（一切正常）这个词，但当一个宇航员通过电视转播他在太空飞行中使用该词之后，它在一天之内便成为我们语言的一部分。”

新的字词一进入语言，旧的字词便消失得无影无踪，如衣着暴露的女孩照片已不再被称为“墙上照片”（pin-up）或“玉照”（cheesecake shot），而被改称为“玩伴”（playmate）。“时尚”（Hep）已让位给“时髦”（hip）；“颓废派”（hipster）已让位给“嬉皮士”（hippie）。

语言的变化有时还包括非口语化表达方式的改变，既有俚语的语句，也有俚语手势。手指放在鼻前或上下摇头，是表示“不害臊”的手势；手掌或手指在脖子上横划就暗示着“完蛋”的意思。手势专家认为，今后手势将变化得更快。

当性的价值在社会上改变之后，有些半猥亵性的手势也逐渐为大众所接受。还有一些手势过去只有少数人明白，而今天已被广泛使用。例如，举起拳头左右旋转表示轻蔑与反抗的动作，如今已被广泛地使用了，这可能是20世纪50年代到60年代意大利电影输入带来的影响。同样，手指上翘表示“由你决定”的手势目前也已普遍流行。还有一些手势则已经消失或大大改变其含义。拇指与食指围成一圈表示“一切顺利”的手指目前已盛极而衰，而丘吉尔的 V 字胜利手势，现在的意义也已完全不同。

过去一个人学习社会语言，往往可以应用一生而很少有什么改变，他与他所学的文字或手势的关系，往往可以持续很久。但是今天，已不像从前了。

艺术：立体派与动态派

艺术，正如手势一样，是一种非文字的表现形式，而且是传递形象的主要工具，而艺术的短暂化甚至比其他东西更明显。倘若我们将每一个艺术派别视为一种以文字为基础的语言，那么我们所看到的，将不只是文字的持续改变，而是整个语言体系的改头换面。过去，人们在一生中很少看到艺术形式的本质性变化。一个艺术形式或流派通常可以持续好几代人。而今天，艺术变化的速度足以令人眼花缭乱；人们几乎没有时间在一个派别消失前去“观看”它的发展。也就是说，在人们尚未完全了解一个艺术派别之前，它已经日薄西山了。

1875 年突然涌现的印象派，只不过是艺术变革的一个前奏而已。印象派的出现正值工业主义的巅峰时期，当时的生活节奏已经开始加速。艺术史学家阿诺德·豪泽尔（Arnold Hauser）在描述艺术形式的变革时指出：“工业技术发展的速度及生活的节奏已显出病态，尤其当它与早期的艺术及文化相比时，这种现象尤其明显。技术的高速发展不仅加速时尚的改变，也加速审美标准的改变。”

印象派大约从1875年兴起，约在1910年结束，占据支配地位的时间约为35年。从那时起，无论是未来主义派、野兽派，还是立体派便没有任何一个能维持同样长的时间。它们往往是一个派别取代另一个派别、一种形式取代另一种形式。20世纪最持久的学派抽象表现主义也不过保持了20年（1940—1960年）的支配地位而已，其他学派只存在几年便寿终正寝。欧普艺术也只是独领风骚两三年而已。动态艺术自身所揭示的“短暂性”正说明了它的立场：无意久留于人世。

不仅纽约及旧金山有这种五花八门的现象，巴黎、罗马、斯德哥尔摩、伦敦等地也一样，只要有画家的地方就有这种现象。罗伯特·休斯（Robert Hughes）在《新社会》（*New Society*）一书中写道：“捧出新画家的风气，在英国已变成一年一度的盛举……寻求英国艺术新方向已变成一年一度的狂热追求。这几乎是一种自我陶醉式的，对求新的一种歇斯底里式的信仰。”休斯指出：“事实上，大众狂热追求每年都出现新的艺术家和艺术风格，这是一种讽刺。这种更替的加速，本质上是一种拙劣的效仿。”

倘若我们把艺术学派比作语言，那个人的艺术作品便可比作文字。倘若这种比拟成立的话，那我们便可以在艺术中发现一种与口语极为相似的演变过程。“文字”，即个人的艺术作品，正在极迅速地推陈出新之中。个人的艺术正通过画廊或杂志不断出现在我们面前，而且转瞬即逝。

今天，艺术界的混乱很大程度上是由于文化机构不敢承认精英主义及永恒性已经消失的事实。在纽约国立大学宾厄姆顿分校，主持统一学研究的艺术家、社会科学家约翰·麦克黑尔（John McHale）认为："传统的文学及艺术评论都将艺术价值侧重在永久性、独特性和持久性的普遍价值上。"这种美学标准非常适合手工艺品和较少的精致作品，但已不再适用于工艺品大量生产、流通、消费的现代世界。

麦克黑尔认为，今天的艺术家既不愿创作精致的作品，也不特别看重永恒性。他说："未来的艺术将不会致力于创造不朽的杰作。艺术家都将致力于短期效果。"麦克黑尔总结道："在人类生存状况加速变革后，我们需要非常多转瞬即逝的象征性形象，来配合频繁变革和快速过时的需要。我们需要一种可替换的、可舍弃的艺术作品。"

有些人并不赞同麦克黑尔的观点。他们认为，远离永久性是艺术发展方向上的一个重大错误。他们推断现代艺术家所援用的是一种"顺势疗法"的魔术。他们认为艺术家们正如原始人一样，由于无法了解外界的力量，便试图单纯地模仿这种力量以求控制外界。但不管个人对当代艺术持什么态度，短暂性仍是不可否认的事实。这是今天社会发展的主要趋势，因此绝不能被忽视。很明显，我们的艺术家正在他们的艺术作品上反映这一趋势。

艺术趋于短暂性加速了即兴艺术作品的发展。艾伦·卡普罗（Allan Kaprow）曾清楚地指出艺术暂性与用完即弃文化的相关性。在观念上，这种艺术表现形式，也是用完即弃的。动态艺术可以说是一种美学组合性的具体表现。动态的雕刻或造型可以爬行、吹哨、哀泣、摇摆、颤抖、滚动或悸动；可以发出闪光及声响，而外表形状也可以随时变化。在这种结构中，一切形式都力求短暂性，就像可以自由组合的游乐场一样。这种动态作品的设计，旨在创造最大程度的多样性及短暂性。让·克莱（Jean Clay）曾说：“在传统艺术作品中，部分与整体的关系是一成不变的。”而他认为，在动态艺术中，“构造在不断改变”。

目前，许多艺术家已与工程师、科学家携手合作，探索最新的技术和工艺，以求用象征手法表现社会的加速推动力。法国的艺术批评家弗朗卡斯戴尔（Francastel）写道：“速度已经变成一种难以想象的事，不断变革已经成为人类切身的经历。”而艺术足以反映这种事实。

在这种趋势下，法国、英国、美国、瑞典、以色列等国家的艺术家都开始致力于动态形象的创造。以色列动态主义画家雅科夫·阿甘（Yaacov Agam）说：“现在的我们已不同于三秒钟前的我们，而再过三分钟，我们又是另一个样子……在这种变革下，我们唯有创造一种根本不存在的视觉形式，才能表现这种动态性质。形象，一呈现出来就随即消失，无一物留存。”

这种努力的最后杰作就是那些崭新而又十分真实的“游乐场”的出现。在这个所谓的“夜总会”，寻乐者可以投身于一个光线、色彩、声音都在不停改变的新世界。在这个世界中，顾客正身处一个动态艺术的作品。在这里，立体即建筑物本身，是所有结构中维持时间最久的一部分，其内部设计旨在提供感官的短暂性感受。不管个人是否喜欢这种娱乐方式，摆在面前的事实是，这种运动的趋势已经越来越明显。艺术，正如语言一样，已经逐渐走上非永久性的道路，而人类与象征性形象的关系也越来越短暂。

神经系统的投资

大量事件的不断产生和平息，迫使我们重新评估我们的假设，也就是我们在过去形成的现实形象。科学研究颠覆了人类及自然的古老概念，并以一种极快的速度产生和发展。（一般估计，至少在科学上，现在比 100 年前快了 20~100 倍。）传递形象的信息不断在刺激我们的感官、语言及艺术，也就是我们彼此间传达形象信息的符号，也在快速变革中。

这种现象对我们绝不会、也不可能没有丝毫影响。倘若一个人想成功适应这种剧烈变革的环境，就必须加速处理自己头脑中的形象。迄今为止，没有人正确探测出我们是如何将外在信号转变成头脑中的形象的。但是，心理学及信息科学目前已经逐渐研究出形象形成之后会发生的一些现象。

心理学及信息科学研究人员认为，心理模型被组成许多极度复杂的形象结构，而新的形象常根据几个分类原则被归档于这些结构中。一个新产生的形象往往被归档于与其性质类似的其他形象；小的、有限的推论往往归于范围较大、包容性较大的一般性结论。新的形象往往以档案里的形象资料来判断其性质归属。（目前科学界已发现一种特殊的神经组织专司这种判断过程。）

我们往往根据这个形象是否跟目标有关而进行判断，而且我们通常会去估量这种形象对我们是“有益”还是“有害”。最后，我们会判断这种新形象是否具有真实性。此外，我们还要决定自己对它到底有多少信心？它是否是事实的正确反映？是否可信？是否可以作为行动的依据？

每一个新形象与早先储存的形象取得一致时，我们便不会感到困惑。但当形象转变得太快而又混淆不清时，它们无法与原有形象取得一致，我们的心理模型便不得不重新修改。在这种情况下，大部分的形象将被重新分类、更改，直到我们得到一种适当的整合为止。有时候，整体形象结构甚至必须重新布局。在极端的情况下，整体形象必须被彻底分解掉。

由此看来，心理模型不能被视为一种静态的形象进行储藏，而必须被视为具有能量和活力的实体；心理模型不是我们被动地从外界接收而来的“被给予物”，而是我们在每分每秒地主动建构—再建构的事物。我们不停地感知外界，探寻与我们需求和欲望相关的信息，并致力于信息的重新分类及构建新的形象结构的过程。而在每一个瞬间，无数的形象都在被淘汰或被融合，其他形象则不断进入这个系统，经过消化之后归档起来。

我们不断回忆形象、加以使用，用完之后又将其归档，而这时候归档的位置可能会有所改变。我们经常对形象进行比较和联想，以新的方式进行相互参照，之后重新归档。这种过程就是我们所谓的“心理活动”。如肌肉活动一样，心理活动是一种工作形式，我们必须提供足够的能量，才能完成这种系统动作。

当社会的变革愈演愈烈时，我们的想法和社会真实情况的断层、头脑中形象和其反映的现实之间的断层便开始扩大。当这种断层刚刚开始扩大时，我们多少能理智地应对，清醒地处理新情况、控制现实。但当这种断层扩大到无法应付时，我们无法采取适当的应对措施，我们会疲于奔命、退缩甚至手足无措。当这个断层变得太大时，我们将会发生精神异常甚至死亡。

为了维护我们的适应能力，控制这种断层，我们会奋力更新头脑中的形象，使其与现实相符并重新认识现实。这样，外在的加速推动力与个人的内在适应力才能保持均衡的加速状态。在这种趋势下，不管它到底是什么东西，我们的形象处理组织便被迫以更快的速度运转。

这种加速运转的结果常被忽视。当我们将任何一个形象分类时，我们的身体往往会提供一定的甚至大量的能量投资，才能使我们脑中的特殊组织运转。学习需要能量，重新学习则需要更多的能量。耶鲁大学的哈罗德·拉斯韦尔教授（Harold D. Lasswell）指出："有关学习的一切研究都证实，一切能量都致力于保存过去的学习经验。若要改变这种经验往往需要新的能量……"

从神经学的角度，拉斯韦尔教授得出的结论是："任何已经建立的系统都包括细胞物质、电能及化学元素错综复杂的组合。在任何时间的交叉点上，脑力结构都代表一种特定形式及潜在力的巨大投资……"而这正意味着重新学习，或以我们的术语来表达——"形象物的重新分类"需要花费大量能量。

一般有关继续教育或再学习的论调都认为，人类接受"再教育"的潜能是无限的，但这只是一种假设，而非事实。这种假设是否成立，还有待科学的进一步验证。形象形成及归类过程，最终讲起来只是一种物质过程而已，其活动完全取决于神经细胞及化学物质的有限性。神经系统对形象所能承受的速度及数量是有一定限度的。而在达到这个限度之前，一个人修正印象的速度究竟能快到何种程度，修正行为又能持续多久呢？

这个问题似乎没有人能够回答。当然，这种程度可能会提高，而人们的这种隐忧也有可能变成杞人忧天的论调。即使如此，我们仍不能忽略一个显而易见的事实：当外在环境急速变革之后，个人每时每刻都必须重新熟悉他的周边环境，结果直接增加人们神经系统的负担。过去的人所处的环境比较稳定，因此他们与事物的内在观念往往可以维持很久的关系。但是，当我们步入高度短暂性的社会时，我们将被迫缩短这些关系。正如人与物品、地域、其他人际关系、组织之间的关系正在加速产生而再被割断一样，我们对事实的观念及对世界的心理形象也正在加速变化。

由此看来，短暂性和关系持续时间的缩短，将不只是一种外部世界的情况，它也同样在我们的内心留下阴影。新发现、新技术和新的社会现象，已开始更为迅速地进入我们的生活。它们正加速改变我们的生活节奏，要求我们拥有一种更高适应的能力，而且播下极具潜在破坏力的社会病症的种子：未来的冲击。

第三部分

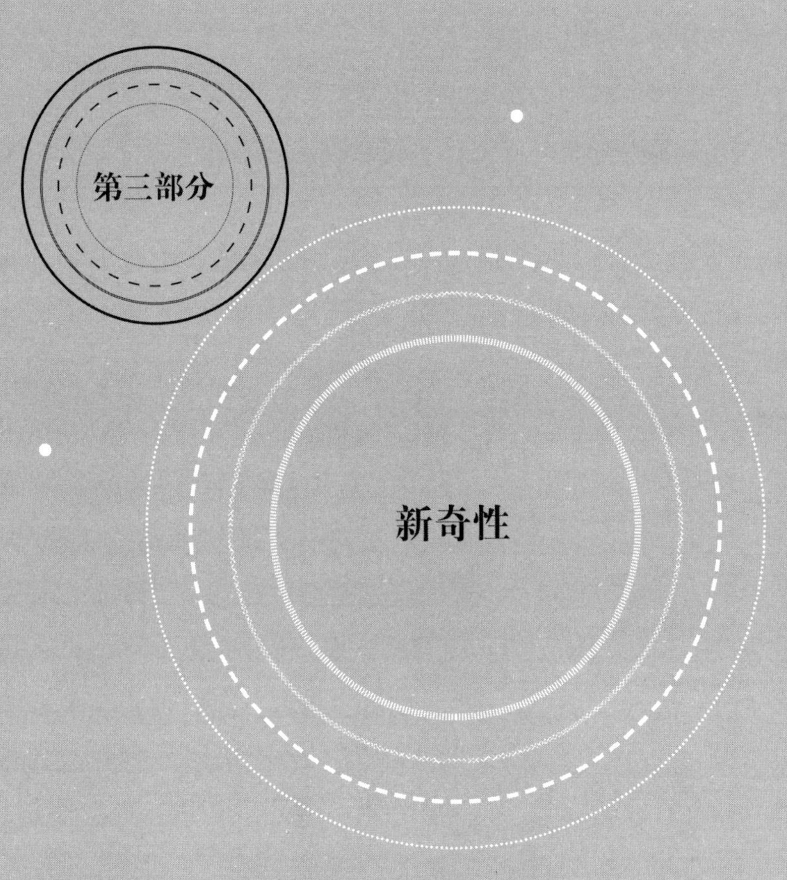

第九章　科学的轨迹

我们正在创造一个新的社会，这不是现代社会的改革，而是一个完完全全的新社会。这个简单的前提至今似乎尚未引起我们的关注。然而，除非我们了解这一点，否则在我们应对未来世界时，很可能举步维艰。

一场新的革命正在震撼着我们的组织和权力关系，而这正是今天技术先进国家所出现的现象。纽约、华盛顿及芝加哥等地旧财产法公开被侵犯，而警察却视而不见；大城市因罢工、无政府状态和暴动而瘫痪；国际军事同盟也开始改弦易辙。经济及政治领袖开始暗冒冷汗。他们倒不是害怕有人会打倒他们，而是害怕整个社会系统会完全失去控制。

很显然，这些都是社会结构的病态特征，即使基本的社会功能也无法保障。今天的社会，无法以传统的方式发挥效用；这是一个已经陷入变革之中的社会。约在20世纪二三十年代，共产党人曾提出“资本主义总危机”。从目前的状况来看，他们的估计似乎显得太保守了。我们现在所发生的不是资本主义危机，而是社会本身的危机（不管其政治形式如何）。我们目前正同时经历青年人革命、种族革命、经济革命和有史以来最迅猛、最深刻的技术革命。我们正生存于工业社会的总危机之中。

也就是说，我们正涉身于超工业革命的潮流中。倘若这个事实被忽略，那么不但一般人无法了解现状，即使睿智的知识分子在谈到未来时，也会陷入全盘错误的认识中。一般人在看到今天的等级组织之后，往往天真地以为明天的社会将变得更为“等级化”。这种直线预测法就是目前一般人预测未来的主要特点，而这往往使我们搞错了该忧虑的对象。

一个人必须充分运用其想象力才能全观革命的发展。因为革命是不可能完全按直线式发展。它会跳动、弯曲和逆转，会以量子的跳跃方式及辩证法的反转方式出现。只有接受这种前提，明白我们正在迈向经济及技术发展的一个崭新阶段：超工业阶段，我们才能了解自身所处的时代。只有接受这种革命性的前提，我们才能充分运用想象力应对未来。

革命，意味着事物的新奇性。它将无数新生事物带进无数人的生活中，使他们面临各种陌生的制度和状况。当变革深入个人的生活层面后，所引发的剧变会改变传统家庭结构，改变对两性关系的看法，也会改变老少之间的习俗关系，改变人们对金钱和成就的价值观，改变我们对工作、娱乐及教育的基本态度。这一切将在奇异、壮观但有着巨大冲击力的科学进步中完成。

倘若短暂性是了解新社会的第一把钥匙，那么新奇性便可以说是第二把钥匙。未来将会出现一连串的奇妙事件、震撼的发现、难以想象的冲突和前所未有的困境。这正意味着超工业社会的大多数人将无法获得一种“在家”的感觉。人们如流浪汉一样，只能在一个地方适应一时，最后还是要到另一个地方继续流浪。我们是陌生城市里的陌生人。

超工业革命将会消除一切饥饿、疾病、无知和野蛮的现象，而且超工业化将不会像悲观者所预言的那样限制个人发展。相反，超工业化会给个人的成长、冒险和快乐生活提供许多新的机会。问题并不在于个人是否能在整齐化及标准化中获得生存，而是在于个人是否能承受住“自由”的考验并获得生存。

过去，人们并未生活在一个完全新奇的环境中。当生活有点儿小变动时，个人必须适应加速的生活节奏是一回事，但当环境完全陌生或前所未有的状况来临时，个人所面临的问题又是另一回事。当新奇性的威力完全释放时，人类所面临的问题将是非常规性而又完全不可预测的。这样，我们的适应问题就到了新奇却危险的阶段，因为短暂性与新奇性是交错爆发的混合物。

如果不信的话，就请看看摆在我们面前的各种新奇事物。在未来即将到来之前，我们必须运用一切想象力和理智，冷静地关注其动向。我们不要害怕出现偶然的错误，想象力只有在暂时抛开害怕犯错的心理时，才能得到发挥。在应对未来时，我们宁可因敢于作为而犯错，也不要因畏缩不前而坐失良机。

新海底宝藏

美国斯克里普斯海洋学研究所的海洋物理实验室主任施皮斯博

士（F. N. Spiess）说："未来，人类将逐渐移向海底，对海底进行探测、开采矿物资源、获取食物、处理废物，进行军事活动，将海底作为娱乐场所，而且随着人口不断增加，海底将成为实际的生活空间。"

地球的地表约有 2/3 的面积被海洋覆盖，这些被海水覆盖的地带仅有 5% 被人类探测过。然而，我们已经知道海底充满石油、天然气、煤、金刚石、硫、钴、锡、磷和其他许多矿产，海水中也有各种鱼类和海生植物。

我们将以惊人的速度开发这巨大而丰富的资源，并且可以预料将来会为此而引起争夺。仅拿美国来说，如今已有 600 多家公司，包括标准石油公司和美国联合碳化物公司等大企业，势必要为这些资源展开一番剧烈的海底竞争。

这种竞争的激烈程度将逐年提升，会给社会带来巨大的影响。谁将拥有海底及海底上方海域中的海洋生物呢？因为深入海底采矿已非难事，加上经济上的利益，必然会出现国际上资源平衡的改变。日本在海底矿场采煤，马来西亚、印度、泰国也已由海底采出锡矿了。不久的将来，各国将会因争夺海底所有权而爆发战争。目前资源不足的国家，将来工业化的速度也会大大提升。

以技术而言，新工业将加速海底资源的开采和提炼，人们也会制造精密且昂贵的工具，诸如深海潜水艇、救生潜艇、鱼群诱饵设备等。这方面的精密仪器将不断推陈出新，这种竞争也会激起技术革新的加速化。

在文化方面，许多新的字词将不断出现在日常用语中。水产养殖业一词将与农业一词取得相同的地位。“水”这个字本身已传达了象征性与情感性的意义，但在另一方面，它表现了一种崭新的意义。随着新字义的出现，诗歌、绘画、电影和各种新的艺术象征符号将被陆续使用。此外，平面设计及工业设计也将表现海底生活的各种形态，时尚也将与海洋联系日益紧密。新的纺织品、塑料制品和其他各种材料也将问世，治疗疾病或是改变精神状态等新的药品也会出现。

更值得人们注意的是，在对海洋食物的依赖与日俱增时，百万人口所需的营养成分将随之改变，这种改变本身也有许多尚未为人所知的事实。而当由依赖农业转变为依赖水产养殖业时，人们的能力、成就、欲望等将会产生很大的改变。一般人的生理现象、平均身高、体重、发育的速度、寿命的长短、常见的疾病甚至在心理上的反应，都将会有很大的改变。

海洋开发可能带来新的拓荒精神。先驱拓荒者在探险之后会暴富，并获得较高的知名度。之后，人类开始开拓大陆架甚至更深的海域，移民将随着先驱者在海底建立工业都市、科学都市、医学都市、娱乐都市等各种人造都市，也建立医院、旅馆和住宅等。

通用电气公司的一位科学家沃尔特·罗布（Walter L. Robb），把关在箱子里的一只老鼠沉入水中，而老鼠仍然活着。事实上，这个箱子是一种合成纤维薄膜的人造鳃，能将水中的空气吸入，而水却不会渗入其中。这种人造鳃分布于箱子的顶部、底部以及两侧，因此老鼠能在水中生存。倘若没有这种人造鳃，那么这只小动物势必窒息而死。通用电气公司宣称：“将来，这种合成纤维薄膜可能应用于空气式海底实验室，也可能安置于海底公寓、旅馆或其他建筑物的墙上，甚至置于人体上。”

实际上，古老的科幻小说所构想的利用外科手术将人造鳃移植到人身上，已不再如过去那般牵强了。我们可能创造（甚或培养）出在海底工作的专家，他们将在心智上及生理上都能适应海底的工作、娱乐，甚至恋爱等事情。即使我们不以上述方法征服海洋，海洋的开发仍可产生许多专业技术人员、新的生活方式，新的以海洋为中心的亚文化，甚至新的教派或祭拜海洋的神秘礼仪。

然而，我们无须做这样深远的探测便会明白：人类置身于新奇环境，必然会改变他们的观念，他们对色彩及形式的感觉以及改变他们思考和感知的方式等。而这一切，只是目前科技发展的前奏而已。

阳光与人格

征服海洋与天气预测的准确性，特别是气候控制能力，有直接的关系。我们一般所说的天气是指太阳、大气、海洋相互作用的结果。

通过观察洋流、检测海水含盐度和其他指标，以及向太空发射气象观测卫星等方法，我们预报天气的准确度将有大幅的进步。美国科学发展促进会的曾任会长沃尔特·奥尔·罗伯茨（Walter Orr Roberts）博士说：“我们能对整个地球进行连续的气象观测，只需花上一笔合理的经费。我们在暴风雨、结冰、干旱以及大雾的预报上有长足的进步，我们也可以躲避许多灾难。但我们同时看出，在今天还没有被完全掌握的知识正蛰伏着一种威力惊人的战争武器：少数国家费尽心思操纵气候，对其敌国进行攻击，甚至其邻国也将遭受鱼池之殃。”

在一本名叫《天气预报员》(*The Weather Man*，别名《气象人》)的科幻小说中，西奥多·托马斯（Theodore L. Thomas）曾描绘出一个以“气象会议”为中央政治机构的世界。在这个会议中，各国代表分别提出一项气候政策，并以此来调整气候：将干旱加于此处，将风暴施于他方，以此加强政府的权威，统治人民。当然，我们离这种准确而有效的气候控制仍然有段距离，但可以确定的是，“靠天吃饭”的日子已经过去了，美国气象学会宣称：“气候的改变，早已成为事实。”

这是个历史性的转折点，人类有了一种对农业、交通、传播、娱乐等产生根本性影响的武器。除非我们小心翼翼地加以使用，否则这种气候控制既可以造福于人，也可能加祸于人。地球上的气候系统，原是个整体，某一处发生细微变化，便能影响他处；即使没有侵略的意图，也可能产生极大的危险。这就像在某块大陆上控制干旱气候的计划，可能导致另一大陆产生飓风。

此外，这种气候控制所造成的社会心理影响也十分深远。例如，人们为了渴求阳光而不断涌进佛罗里达、加利福尼亚和地中海沿岸，这是有目共睹的。我们已经能够随心所欲制造阳光或是类似阳光的东西。美国宇航局正在研究制造一种巨大的、发射到天体运行轨道空间的镜子，这种镜子能够反射阳光，使得地球上被黑暗覆盖的部分能够获得光明。宇航局的一名行政人员乔治·米勒

（George E. Mueller）曾在国会上指出，未来美国将有能力发射巨大的日光反射卫星。（依此进行推论，也有可能发射另外一种卫星，利用这些卫星遮蔽住预定地区的阳光，至少使这些地区陷入半黑暗状态。）

我们在目前尚未正式探讨昼夜循环与人类生活节奏的关系。但不难想象，由于农业、工业甚至心理学上的原因，我们可利用天体运行轨道的太阳光反射镜来改变日照时间。例如，当我们延长斯堪的纳维亚半岛的白昼时，将会对该地的现存文化、人类形态、人格特征等产生强烈的影响。试想，当除去斯德哥尔摩的沉闷长夜时，电影导演英格玛·伯格曼（Ingmar Bergman）深沉的艺术将会是什么结果？《第七封印》（*The Seventh Seal*）或是《冬日之光》（*Winter Light*）这样的作品，是否能够在其他气候下孕育出来呢？

人类改变气候的能力逐年增加，新的资源不断被开发，新的物质（在性质上，有些几乎是超现实的）、新的交通工具、新的食物等一切的新事物，都呈现出社会加速变革的特性。

海豚之声

在《蝾螈的战争》（*War With the Newts*）这部惊人却鲜为人知的小说中，捷克剧作家卡雷尔·卡帕克（Karel Capek）说，人类因企图饲养各式各样的蝾螈最终导致文明的毁灭。今天，人类却异想天开地在利用动物来从事工作。利用受过特殊训练的鸽子在药厂的装备部检查制造不良的药丸并将之除去。苏联科学家在乌克兰曾利用一种特殊的鱼类，设法清除抽水站过滤池中的海藻。美国还训练了一些海豚，可以将工具传递给潜入加利福尼亚沿海海岸的潜水员，同时击退逼近工作区的鲨鱼。有些人则训练海豚撞击海中的水雷，引起爆炸，牺牲海豚，造福人类。这种种方式，在伦理学上已经激起许多人的反感。

倘若人类想与外星人进行沟通，那么研究人类与海豚之间的意识交流将对此非常有帮助。同时，有关海豚的研究已使我们发现，在许多方面，人类的感官是有别于其他动物的。研究报告显示，人类机体的功能有其外在的局限性，有些感情、情绪、知觉等是人类不具备的，这些研究都可能借这种方法获得分析和阐述。

然而，要利用的动物种类绝不只是现在这些。有些作者提出，我们可以培养某种新型的动物，以便用于某种特殊目的。乔治·汤姆森（George Thomson）指出："遗传学知识的日新月异的进展，将使我们能够改变野生动物的性情。"阿瑟·克拉克（Arthur Clark）也指出，我们已有能力"改良家畜的智力，或培养出一种全新的家畜，使它在智商上高过现存的所有动物"。此外，我们正在研究一种能够遥控动物行为的能力。若泽·德尔加多博士（José Delgado）曾把电极插入公牛的颅骨上，做了一系列证明公牛拥有人类潜能的试验。德尔加多博士挥动红色的披肩，激怒公牛，引起它的攻击。然后，他从一个微小的手提无线电发射机发出一种信号，顿时，这只正在横冲直撞的公牛温驯地掉头而去。

究竟我们是要培养一些能为我们服务的动物，还是要发展一些能做家务的机器人？这个问题在某种程度上取决于生物学以及物理学方面的发展速度。就目前而言，制造机器在成本上要比训练动物便宜许多，但生物学发展如此之快，在我们有生之年很可能会将趋势逆转，甚至未来我们还要饲养机器。

生化工厂

饲养和训练动物的费用可能很高，但如果将训练的对象在进化程度上降至细菌、病毒及其他微生物这一级，我们很有可能像以前驯马般地控制这些最原始的生命形态。目前，一种新的科学，正根据这种原理，在改变我们现在所知的工业本质。

“在史前时代，我们的祖先已经饲养各式各样的动物和植物，”威斯康星大学的生物学家马文·约翰逊（Marvin Johnson）说，“但直到近代，我们才培养了微生物，因为过去我们对这些微生物的存在一无所知。”今天，人类已实现将微生物运用在维生素、酶类、抗生素、柠檬酸以及其他有用的化合物上。倘若未来食物供应的压力仍然有增无减，那生物学家很有可能将培养微生物以作为动物的饲料，甚至作为人类的食物。

我曾与诺贝尔生物化学奖得主阿恩·蒂塞留斯（Arne Tiselius）在瑞典的乌普萨拉大学讨论过这个问题。我问他：“未来我们是否能够创造出一种由生命有机体合成的生物机器来从事生产工作？”他的答复虽然拐弯抹角却毫不含混。他说：“目前我们已经达到这种技术水平了，生物学家将给工业带来伟大的远景。事实上，日本在战后的技术发展中，最令人叹为观止的事不是造船业的发展，而是微生物学的发展。今天的日本，即使在以微生物学为基础的工业上，也堪称世界最大的工业强国之一。在日本许多食品工业的生产过程中，细菌是不可或缺的。”

“事实上，人们不只考虑细菌和病毒的作用，一般的工业生产过程也是以人为过程为基础。目前，我们已经可以利用煤提炼铁矿来制造钢，利用石油提炼塑胶来生产人造产品。即使在化学和化学技术急速发展的今天，工业生产的成品仍然无法与农产品相提并论。

“此外，在其他许多方面，人类仍然无法与大自然相比，即使最伟大的化学工程师和科研人员也不例外。这将造成什么结果呢？当我们逐渐揭开自然造物的秘密并学习这种能力时，我们将拥有一套全新的生产程序，然后利用它建立一种新型的工业，一种生物技术工厂或是一种生物技术学。”

“绿色植物借助阳光和空气中的二氧化碳制造出淀粉，这是一套效率极高的机器……绿叶本身就是一种令人叹为观止的机器。虽然我们在这方面的认识已较之前进步不少，但仍未能完全模仿它，大自然中充满许多类似的‘机器’。这种生产过程即将派上用场，事实上我们并不试图以化学合成方法来制造产品，而是按照具体要求把他们栽培出来。”

我们可能考虑在机器（例如电脑）上附加生物成分。蒂塞留斯说：“显而易见，截至目前，电脑比起人脑来说只不过是一种仿造品。但当我们对于头脑的活动有了更充分的认识时，我们将可制造出一种生物电脑：这种电脑将由仿造人脑的某些生物成分的零件组合而来。有一天，生物组件将变成这种机器的一部分。”这种新观念使得法国的经济学家、设计家让·富拉斯蒂埃（Jean Fourastié）

认为："在未来物理机械理论的发展中，人类将开始引用生命的组织。在不久的将来，我们将拥有由金属和生命物质所组成的机器……"在这种情况下，他说："人体本身将会有一种新的意义产生。"

预先设计的人体

如同地球上的地理位置一样，人体在以前的人类经验中一直代表着某种固定不变的东西，一种特定之物。但今天，人体逐渐不再被视为一种固定体。不久以后，人类不但能将个人的身体重新设计，还能把整个人类种族重新设计一番。

1962 年，沃森和克里克两位博士因揭示 DNA（脱氧核糖核酸）分子的结构而荣获诺贝尔奖，从此遗传学便快速发展起来。现在，分子生物学很快就要走出实验室。遗传学的新知识将弥补人类在遗传上的缺陷，编辑人类的基因，从而可能创造出一种新型的人。

此外，人类极有可能以生物体制造出与自身完全相同的人，即克隆技术。通过所谓的克隆，我们可以从成年人的细胞核上培植出一个新的生命体。这种新的生命体与提供细胞核的人具有相同的遗传特征，这种"复制品"将随着提供者的遗传性质开始生活。然而，受到日后教育和影响的差异，"复制品"的人格或生理发育可能会发生改变。

"克隆"使人类看到新生，使自己拥有孪生兄弟姐妹。此外，这种方法也可以提供可靠的实验证据，使自古以来一直为我们所争论不休的"先天或后天问题"获得决定性的解答。对这种问题的解答，将是人类知识发展过程中一个伟大的里程碑。在这个历史性的冲击之下，哲学推理的文章将变成一堆废纸。这个问题的解答，势必使心理学、道德哲学和其他许多领域获得长足的进步。

但是，克隆技术也可能为人类制造出许多意想不到的纠纷。克隆技术能制造出一个爱因斯坦的复制品固然很好，但要是制造出一个希特勒，怎么办？我们是否有法律法规约束这种技术？诺贝尔奖得主乔舒亚·莱德伯格（Joshua Lederberg），这位具有强烈社会责任感的分子生物学家认为，只有最自恋的人才会复制自己，而克隆出来的成品也必然是自恋狂。即使自恋狂的遗传性不在生物层面而在文化层面，我们在其他许多方面仍会遭遇到许多棘手的难题。

至于“人类克隆技术”是否值得一试的问题，莱德伯格认为：“这种情形正跟核能一样，倘若有足够的确定利益，还是值得一试……这方面，我们要考虑到，拥有相同基因形态的人是否真的能促进交流效果，特别是教育方面的交流效果……当然，因为具有同样的神经组织，自然更易于将技术和其他知识传递给下一代。”

至少，我们到底还要等待多久才能正式实施克隆技术？莱德伯格说：“两栖动物和哺乳动物的克隆实验早已开始，至于什么时候将这项技术用于人类，目前尚难推测。但是，从现在开始的15年内，其中的任何时刻都可能发生。”

在这15年间，科学家将更加了解人体的各种器官的发展规律。而且毋庸置疑地，他们将以各种方法来对这些器官进行实验，以达到改变这些器官的目的。莱德伯格说：“大脑的体积和感官功能将直接受到控制，我想这是一件指日可待的事。”

在科学界，并非只有莱德伯格对这种生物革命感到忧心忡忡，许多科学家也有同样的担忧。新的生物学，在伦理、道德和政治上所引起的问题同样使我们惊心动魄。谁该活下去？谁该死去？人类是什么？谁能控制这些方面的研究？新发明该如何运用？我们能在毫无准备的状况下，任由这些恐怖的技术盲目发展下去吗？许多权威的科学家都认为，“生物学上的广岛事件”即将爆发。

我们可以设想一下，称为“生育技术”的生物学突破有什么意义？华盛顿州立大学的哈菲兹（Hafez）博士曾公开表示，根据他本人在生殖方面的研究显示，在未来 10~15 年内妇女可以买到微小的冰冻胚胎，医生将胚胎置入妇女的子宫之内，经过怀孕 9 个月之后，生出的婴儿将与自己体内受孕出来的如出一辙。这种冰冻胚胎出售时必须附上证明，保证即将出生的婴儿绝无遗传上的缺陷。买者还可以事先获悉有关孩子的眼睛、头发的颜色、性别、成年后大概的身高和大概的智商水平等资料。

将来，我们很有可能不需要女性的子宫，人类将在人体外受孕、抚养，直到长大成人。这些发明潜在的应用性使人想起赫胥黎的《美丽新世界》（*Brave New World*）一书。因此，哈菲兹博士突发奇想，建议把人类的受精卵移送到其他星球上，而不是把成年人运到火星上。当这种方法派上用场时，我们只要装满一鞋盒的受精卵，便可培养出一个城市所需的人类。哈菲兹博士说：“当你明白把一磅重的东西由发射台射入太空，所需燃料费究竟有多少时，为什么还要让成年人登上太空船呢？为什么不直接运送一些胚胎让一位杰出的生物学家照顾呢？我们既然处心积虑想缩小太空装备，为什么不将乘客也缩小呢？”

然而，在这种外层空间的愿景实现前，新的生育技术所造成的问题早已对地球上的每一个家庭产生深远影响，推翻关于两性、母爱、爱情、育儿和教育等的种种传统观念。讨论未来家庭问题，如只重视避孕药方面的处理，就会忽略生物学的巫术家在实验室中日新月异的成就。在未来 10 年内，我们在道德和情感的选择上将面临许多令人头晕目眩的问题。

目前，生物学家在激烈争论优生可能引起的诸多伦理问题。我们该培养一种更优越的人种吗？倘若应该，那什么是“更优越”的人种？谁来决定？这些问题争论已久，而即将问世的新技术将会打破争论的传统限度。不难想象，新制造出来的人种将不是辛勤耕作的农夫，而是善于运用特殊色调、形状及形式的农夫。

距离塔肯基州哈扎德镇不远的 80 号公路附近，有个风景很优美的地方，叫烦溪谷。在这小型半开垦土地上住了一家人，这家人具有一种惊人的特征：蓝皮肤。肯塔基大学医学院的麦迪逊·凯万博士（Madison Cawein）追查这个家庭的历史之后，发现这种蓝皮肤的人在各方面都十分正常。他们的皮肤异于常人，是因为体内缺乏一种少见的酶，代代相传而产生这种现象。

根据最新的遗传学报道，我们有能力培育出蓝皮肤的新种族，或以相同方式培育出绿色、紫色、橙色、黄色皮肤的种族。在种族偏见横行的世界，这种构想正是人们梦寐以求的，我们难道不应该去建立一个人人都具有同样肤色的世界吗？倘若我们要建立这样的世界，必须拥有相应的技术。或者，我们是否要使肤色变得更加多样化？在这种情况下，种族的概念将会有怎样的改变呢？肉体美的标准有何变化？优等和劣等的概念又将如何变化呢？

我们正朝着培育“超级”种族和“次级”种族的时代前进。诚如西奥多·戈登（Theodore J. Gordon）在《未来》（*The Future*）一书中所称，假设我们有能力“制造种族”，不知道我们将造出“种族平等”，还是要制造“种族隔绝”？未来的种族会不会有明显的差异——优越民族、DNA 控制者、卑微的仆人、比赛的特级运动员、体型微小但智商达到 200 的科学家……我们将有能力制造低能种族，也有能力制造数学天才。

我们还能培育出视觉、听觉、嗅觉、体力和音乐技能都超常的婴儿，我们也能培育出性感的超级运动员、具有超级乳房的女子（多于或少于两个）。过去是单一形态的人类，今天即将产生无穷的变化。

总而言之，这些并不是科学和技术的问题，而是伦理和政治问题。选择以及选择的标准，将是极其重要的事。杰出的科幻小说家威廉·坦恩（William Tenn）曾经研究遗传控制的可能性以及选择上的困难，他“非常希望未来一代的遗传选择问题，不是由独裁者、计划委员会来决定。那么，到底由谁或根据什么来选择呢？当然，不是父母……在这种情况下，最好将这个问题交给职业性的‘基因设计师’去处理”。

“我认为，未来的遗传设计学校将展开激烈的竞争……现代派将大肆说服父母生育适合当前社会所需的婴儿。未来派则建议培育一些拥有可以适应未来环境能力的儿童。而浪漫主义者将坚持，至少需要赋予每个小孩一种超越常人的才能，自然主义者将劝导大众，利用遗传方面的均衡方法去生育，使人人获得完全的平等……倘若基因设计师根据时尚来设计体型的话，那么人类的体型将如衣服款式般地开始争奇斗艳。”

前面提过，我们可以培育一种有人造鳃的人，或将鳃移植人体内，以提高他们在海底的适应性。霍尔丹（J. B. S. Haldane）曾在伦敦举行的世界生物学会议中指出，由于太空探测的需要，我们极有可能创造一种新型的人类，他说：“在地球以外的环境中，最显著的反常现象就是引力、温度、气压、空气成分以及辐射上的差异。很明显，长臂猿往往比人类更能适应引力较小的状态，像在太空船、小行星或月球上的状态等。而具有灵活卷尾的扁鼻猴，则更是如此。基因编辑技术，便可以把这些特质植入人体组织之内。”

参加此次会议的科学家大多将注意力集中于生物革命的道德后果及可能出现的危机上。因此，霍尔丹提出的有关制造人尾的主张并未引起广泛注意。事实上莱德伯格已注意到，我们可能不必借用遗传学的方法，便可达到同样的目标。他说：“我们要以改变生理和胚胎的办法，对人体进行一种实验性的改良，我们甚至能够以机器代替人体的某些部分。假如我们需要一个没有腿的人，那只需截掉腿便可以了。假如我们需要一个有尾巴的人，我们就设法把尾巴移植上去。”

在另一场科学家及学者的会议上，生物物理家罗伯特·辛希梅尔（Robert Sinsheimer）博士坦率地指出：“你想干预大自然对人类的原始设计吗？你想控制后代的性别吗？这一切皆能悉听尊便。你希望你儿子的身高是 6 英尺还是 8 英尺？有什么疾病困扰着你吗？是过敏症、肥胖症还是关节炎？这些在未来都可得到控制。至于癌症、糖尿病、苯丙酮尿症等病，我们将通过遗传学治疗法加以解决。此外，我们将适量的某些药剂配给 DNA 之后，病毒性以及细菌性的疾病可以获得根治。甚至人体的生长、成熟或衰老，也可以由人们来掌握。此外，寿命的长短不再受先天限制了，这时人们应该问‘你愿意活多久呢’。”

为了避免听众误解他的意思，辛希梅尔又说：“这些计划听起来是像吃了迷幻药般神奇？或是像在哈哈镜中所看到的扭曲形象？这些神奇的现象，就我们目前的能力而言，不是办不到。我们希望，未来的发展不要完全盲目地朝着这个方向前进，但这并不意味着这些现象不会实现。事实上，这种现象是可能提早得以实现的。”

事实上，这种神奇现象不仅“可能”实现，而且“必然”会实现。姑且不论这将导致何种深奥的伦理问题，问题的症结在于，人对科学的好奇，才是我们社会上强大的驱动力之一。洛克菲勒研究所的罗林·霍奇基斯（Rollin D.Hotchkiss）博士指出：“适当且影响力深远的制度遭到干涉时，会引起许多人的本能反抗。但我相信，这种干涉现象仍会出现。在利他主义、私人利益及无知的综合影响下，很可能会给这种干涉带来可乘之机。”

更糟的是，除了利他主义、个人利益和愚昧无知的结合之外，人类很可能还受到其他许多政治冲突及盲从附和的现象影响。苏联科学院生物研究所主任奈法赫（A. Neyfakh）曾坦然表示，世界即将面临一种相当于军备竞赛的遗传学竞赛。他以资本主义国家极力争取人才为例指出，有些保守政府为了弥补人才流失上的损失，将“不得不”利用遗传工程来增加天才及优秀人才的数量。由于这种趋势已经不可避免，因此国际上将会展开遗传学竞赛。

总而言之，除非我们能够采取特殊方法来应对，否则我们绝不可贸然采取这种遗传技术。事实上，我们目前所能做的和即将做的事情，早已威胁到人类心理及道德上所能容忍的限度。

临时性的器官

我们不愿去面对这些事实。我们顽固地否认变革的速度，一味地阻止未来的来临。即使跟科学研究关系最密切的人，也不愿意相信这个事实。他们经常低估未来降临的速度。1967 年 1 月，在一个器官移植专家会议上，理查德 · 克利夫兰（Richard J. Cleveland）宣布，第一次人类心脏移植手术将在“5 年之内”实施并取得成功，但在同一年，克里斯蒂安 · 巴纳德（Christian Barnard）博士已经为一个名叫路易斯 · 沃什坎斯基（Louis Washkansky）的杂货商人进行了这种手术。随后，肾脏移植的成功率直线上升，肝脏、胰脏、卵巢的移植也有所报道。

这种医学上的快速进步，对我们的生活态度和照看病人的方法产生了深远影响，也引起了许多法律、伦理和哲学上的问题。譬如，死亡是什么？死亡是否发生于心脏停止跳动之际，还是发生于大脑死亡时？垂死的病人经过最新医学技术的治疗后，可以苟延残喘维持一段时间，倘若我们想宣告一个人的死亡，将他的器官捐献时，我们到底需要怎样的伦理尺度？

由于缺乏先例，我们在有关的道德及立法问题上没有标准，恐怖的谣言在医学界中闹得满城风雨。华盛顿的国家科学研究所（由罗素基金会资助）曾进行一项社会政策问题的研究，试图消除由科学研究所带来的困扰。斯坦福国际咨询研究所的工作人员（一个同样受到罗素基金会赞助的研究所）也曾尝试建立器官移植存储库。他们研究了器官市场经济学，并讨论了获取器官时的阶级歧视与种族歧视的证据。

为了取得可供移植的器官，发生残害人体或尸体的事会变得越来越普遍。因此，人们迫切需要转而研究人造器官，如人造心脏、肝脏或脾脏，或用塑胶或电子做成人体器官代替品。（当我们懂得如何使受损器官或切除的器官重新恢复，正如壁虎生出新尾巴时，这些代替品都将成为过时之物。）

当需求迫切时，人类会为衰弱的病人制造器官代替品。莱德伯格说："制造一种经济、划算的人工心脏，只需再试验几次便会成功。"美国有几万名心脏病患者，包括一位联邦最高法院法官在内，他们的体内都装上了小型的心脏起搏器以维持生命。

另外，还有数万名的病人已在身上安装由涤纶网制成的人造心瓣。此外，可以用于移植的人造肾、动脉、髋关节、肺、眼窝和人体其他部分，也都在不同的程度上开始初步发展。在几十年后，一种可移植于人体上用来测量血压、脉搏、呼吸和其他功能的感应器将会问世。该感应器附有一个小型传输机，以便在任何器官失调时能够及时发出信号，这种信号可以输入庞大的病理电脑中心，这将是未来医学的基础。此外，我们还可以在脊椎上装一小块铂片和一个硬币大小的刺激器。这个小型的“收音机”一经开启之后，便能促使刺激器活动而消除疼痛。目前，凯斯理工学院已着手进行这项止痛机器的研发工作，一种按钮式止痛器已经为部分心脏病人安装并使用。

这种发展将导致庞大而崭新的生物工程学建立一连串的医学电器修理站和新的技术专业，并使整个卫生系统进行重组，同时会延长人类的寿命，彻底改变人类的生活形态。现在，人们不再畏惧器官移植手术，而人类的身体将变成一种“组合性”的有机体。借着这种“组合性”原则的应用，临时性器官经过不断地更新便可以维持人体的存活，这时人类的平均寿命将提高20~30年。除非我们对大脑有更深入的认识，否则未来的人体会闹出许多笑话。牛津大学教授乔治·皮克林（George Pickering）提出警告说：“年迈的头脑，在地球人口中势必有增无减。”他面带戚容感叹道：“这是一个可怕的景象。”

目前，我们努力制造的人造心瓣和人造血管，都是按照原来的器官仿制而成，我们设法使其具有原来的功能。一旦我们摸清若干脉络之后，就不会再因原来的大动脉失灵而仅在人体内装上塑胶材料的大动脉。我们会装上特制的、比原来器官性能优越的替代品，然后继续安装另外一些组件，由此使用者可获得原先未有的能力。正如遗传工程学计划生产“超级人”一样，器官技术使我们能制造心肺功能超强的田径运动员，甚至能为情侣提供一种加强性欲的神经感应器。总之，我们不只是为了保存生命而移植器官，也为了提高生命机能而移植器官。未来，人类的情绪、人体状况和兴奋程度都将超越目前的状态。

在这种情况下，自古以来对“人性”所下的定义将发生怎样的改变？人类对于“一半细胞质”和“一半电导体”的身体有什么感受？在工作、游戏、性交以及理性或感性的反应上又会受什么限制？身体既然发生了改变，那么心灵会有什么变化？类似的问题已不容我们再耽搁下去。人与机器的高度结合：体外器官已经近在眼前了。

体外器官

目前，即使装有心脏起搏器或是塑胶大动脉的人仍可辨认出是人。与人格、感知比较起来，身体内那些无生命部分仍不能凸显其重要性。但是，一旦机器在人体中所占分量日益增加时，那么自我知觉与内心体验将会有什么改变？假设头脑是知觉与智慧的主宰中心，而身体的其他部分对人格或自我均无多大的影响力，那么我们便可设想一种体外“大脑”：没有手脚、脊椎，也没有其他装置，正如一个自我、一个人格或一个感知的集合体。由此看来，我们很可能把人脑附加在一套接收器、传感器和效应器组合成的器官上，这种电线与塑胶的结合体便可称为“人类”了。

这种构想，与中世纪关于有多少个天使能在针尖上跳舞的神话颇有异曲同工之妙。然而，在人类与机器的“共生形式”上，我们已经略有进展。这样做的并不是一个疯狂的科学家，而是数以千计的、经过高度训练的工程师、数学家、生物学家、外科医生、化学家、神经学家和通信专家。

沃尔特（Walter）发明的机器乌龟在活动表现上似乎能显出其心理状态，由此衍生出来的机器人便是一个能够记忆、能够感知的“知觉者”。而后，“漫游者”也发展起来，它能够对某一地区进行探测，并在其记忆中建立该地的“影像”，甚至能够从事“沉思”及“幻想”之类的活动。康奈尔大学应用数学教授 H. D. 布洛克（H. D. Block）说：“你能够说出来的事，原则上机器绝对办得到。倘若你能界定出一项人类能做的事，那么至少从理论上来说，机器同样能做得到，但反过来说，便不尽然了。”很明显，智力和创造能力并不是人类的专利品。

机器人设计师，不顾任何困难及挫折勇往直前，他们虽然饱受冷嘲热讽，但仍不灰心。兰德公司的电脑专家休伯特·德赖弗斯（Hubert L. Dreyfus）曾对这种机器的攻击尤其不遗余力。他坚称，电脑在智力上永远无法与人类相比，“围棋电脑程序，甚至连参加业余比赛的资格都没有”。但不出两年，麻省理工学院一位叫理查德·格林布赖特（Richard Greenblatt）的研究生完成一套下棋电脑程序，向德赖弗斯挑战对弈。结果电脑击败了德赖弗斯，许多电脑研究者都大喜过望。

“机器人学”（robotology），在另外一个完全不同的领域上，也有长足的进步。迪士尼乐园的技术人员发明一种用电脑控制的“假人”。这种由透明塑料制成的“假人”能够比手画脚、皱眉、微笑、瞪眼，并能做出害怕、高兴等种种表情。一位记者说：“除了流血以外，几乎所有事情它都会做。”这种机器人能够追女孩子、演奏音乐、开枪，因为它举手投足与人类颇为相似，常使游客惊慌失措、尖叫不已，另外一些游客则把它当作“真人”来接触。这种机器人虽仅供娱乐之用，但所依据的技术十分复杂。

原则上，我们没有必要因为这些精巧的“机器人”能表现各种表情，能犯“人类”的“错误”，能做出种种选择或在其他各方面皆与真正的人类相似，就阻止其发展。在这种情况下，我们将面临一种新奇的感觉：航空公司值机柜台后那位微笑着的“小姐”，到底是位漂亮的女孩子还是精密特制的电动机器人？这将使我们真伪难辨。

当我们与机器的关系日趋密切时，人类与机器之间的“共生”形式便随之加强。目前，为了加强人类与电脑的“相互作用”，人们正在进行大量的宣传。除此之外，国际上的科学家也正在进行侦测器的安装或移植实验，这种侦测器能从手术切除过的肢体残余部分接受神经末梢的信号。这些信号一经放大之后，便能由人类的神经系统来控制、支配人造肢体。因此，使用者不用“去想”自身的欲求，因为连自发性的冲动都能传导。这种机器的反应行为，正如人的手、眼、脚的行动一样，是自动的。

小说家、诗人、先驱飞行者的安东尼·德·圣–埃克苏佩里（Antoine de Saint-Exupéry）在《飞往阿拉斯》（*Flight to Arras*）一书中描写在“二战”期间自己被扣在一架战斗机座位上的经历。“所有的氧气管、防热设备和通话管都环绕在机上工作人员间，我借着口罩呼吸，借着一条像脐带般的橡皮管保持和这架飞机的联系；我的身体好像附上了某些器官，这些器官又是介于我和心脏之间的第三者……”目前，我们在这种情况的基础上又向前跨进一大步了。

空间生物学正在不断向前迈进，宇航员不再是只用皮带将自己紧系在太空船中，而是将以“共生形式”使自己变成太空船的一部分。

太空船本身成为一个完全自给自足的“世界”。在这种情况下，养殖的海藻可变为主要食物，体内排出的废物可还原为水分，而尿液里的氨气在大气中将由空气循环而得以清除。在这种完全封闭的“再生”世界中，人类变成广漠太空中微观生态循环过程的一个不可或缺的部分。人体的功能逐渐与太空船中机器的功能相互结合，然后逐渐依赖它，终于成为太空船的一部分。

这项研究工作的最终成果不仅应用于空间探测领域，它也将成为人们日常生活的一部分，而这就是人脑与电脑的结合。实际上，未来超级电脑的生物组合可能就是组合性的人脑，将人类与机器以有机的方法联结起来，将大大提高人类（及机器）的智力。华盛顿海军研究实验室主任佩奇（R. M. Page）曾主张建立一个能将人类思想自动注入电脑的贮藏单位，以形成以机器为决策基础的系统。数十年前，在兰德公司的一项研讨会中，许多与会者都被问到这种系统什么时候可以发展完成。当时与会者的意见颇不一致，大多数人都认为最快是在1990年以前可能实现，或者“永远不可能”。但折中的日期是在2020年左右，今天的人们将有幸可以亲临其境。

来自各方面的研究都有助于这种“共生形式”的发展。克利夫兰市综合医院神经外科主任罗伯特·怀特（Robert White）曾证明，大脑可与身体分离，而且在其他器官宣告死亡之后，大脑仍可继续生存。奥里恩纳·法拉西（Oriana Fallaci）在一篇出色的论文中曾记载这样一个实验：一位神经外科医生切下“恒河猴”的脑袋，丢弃他的身体，然后把脑的颈动脉接进另一只猴子身上，而由另一只猴子的血液继续滋润这个已经脱离肉体的器官，使其继续运转。

进行那次实验的医生中有位叫利奥·马索普斯特（Leo Massopust）的神经生理学家指出："脱离肉体的大脑，其活力远胜于猴子原来的大脑……我甚至认为，要是没有感官的话，大脑可能思索得更为敏捷。至于是何种思想，那就不得而知了。我想它的主要功能是记忆，也就是一种储存知识的储藏器。由于猴脑不再得到经验的润养，再也不能进一步发展，然而这也不失为一种新的经验。"

脱离肉体的猴脑继续存活了 5 个小时，倘若它要被继续研究下去，可能活得更久些。怀特成功试验出一种可以使猴脑继续活上数日的方法，他利用机器而非利用活猴来促进对大脑的供血。他告诉法拉西说："目前，我们还无法把人变为机器人或温驯的绵羊，但这并非不可能……我们已经能够把甲的头移到乙的身体上，把大脑由人身上分离出来，使它不用借助身体也能照常发挥功能。在我看来，科学与科幻小说没有任何区别。我们能使爱因斯坦的大脑继续活下去，而且照常运转。"

怀特认为，我们不仅能把一个人的大脑移植到另一个人的脖子上，能够使"头"与"脑"保持生存、发挥功能，我们还能使人的大脑与现代技术配合运用。事实上，他说："日本人也许会最先办到这一点，美国人则不会。我仍有一个尚未解决的两难困境，那就是做这件事到底对不对？"作为虔诚的天主教徒，怀特为自身工作所牵涉的伦理与道德问题感到深深的困扰。

由于脑外科医生及神经学专家深入探究，生物工程师、数学家、通信专家、机器人制造专家等变得越来越老练，太空人与航天器日渐成为一个整体，机器开始安装上生物性组件，人也装上了传感器与机械器官，因此“人机共生”的结果势必来临。但最令人惊讶的事实，并非器官移植或“共生形式”，也非水底工程学、技术学或科学本身。

最危险的是，人类对适应过去的能力感到自鸣得意而不愿意面对当前加速变革的事实。人类忙不迭地奔向未经探索的宇宙，进入一个全然陌生的经济技术发展阶段，却仍顽固地坚持着“人性是亘古不变”或“稳定即将重现”的信念。我们已经步入有史以来最猛烈的变革浪潮中。借用一个虽颇负盛名却短视的社会学家所说的话：“现代化的进程，多少已经‘完成’了。”他拒绝去想象未来。

否认变化

1865 年，有位新闻编辑告诉读者：“有消息灵通的人士透露，我们无法借助电线来传播声音，即使有这可能的话，它也毫无实用价值。”然而，不出 10 年，电话便出现在贝尔先生的实验室，改变了整个世界。

莱特兄弟首次进行飞行试验的那一天，许多报纸不愿刊登这件事，只因那些严谨而脚踏实地的记者不敢相信这是事实。而在此之前美国著名的天文学家西蒙·纽科姆（Simon Newcomb）曾郑重宣布：“已知的物质、已知的机器形式和已知的动力形式，无论如何组合，都无法制造出一架可以让人长距离飞行的机器。”

曾有一位专家公然指出："只有心智衰弱的人才会期望没有马而能拉动的车子。"6 年之后，福特发明的汽车开始投放市场。伟大的卢瑟福（Rutherford）发现了原子，而他本人却在 1933 年说："原子核中所蕴含的能量，是绝不可能被释放出来的。"但 9 年以后，第一次原子核裂变链式反应发生了。

包括一流的科学家在内，人类的大脑往往无视于未来新奇的可能性，而把自己所关注的范围不断缩小以获取短暂性的信心，他们这种信心只有受到加速推动力的冲击才会动摇。但这并不意味着目前所讨论的一切科学及技术进步都可以获得实现，也不代表这些将在现在发生。无疑的是，有些尝试将胎死腹中，有些步入死巷，有些可能在实验室中获取成功却没有任何实用价值。然而，这一切都是无关紧要的，因为倘若这些尝试都无从发生的话，其他的尝试，即使是更不确定的尝试，也真的有可能发生。

我们几乎很少提及计算机的革命及其所带来的影响，也很少提及向空间探测领域发展的意义。这是一种新的探险，它对现在的生活和人们的态度产生了一种难以预料的影响。（倘若宇航员或航天器，带回某些快速繁殖且能致人死亡的微生物，其后果将如何？）我们也没有提过激光、犯罪和侦探的新技术，运输和建筑的新方法，生化武器所带来的恐怖前景、太阳能的利用、试管婴儿、教学上的新设备和新技术以及其他足以引起极大变革的领域。

在未来的几十年内，各方面的进展都将突飞猛进地出现，将如火箭般把我们带离"过去"，使我们深陷于新的社会。而这个新社会将无法迅速进入稳定状态，因为它也饱受极速的变革而无助地摇摆、崩溃及呐喊。对于想要生存在自己的时代却成为未来一分子的个人而言，超工业革命的变革是永无止境的，我们不会再回到熟悉的过去，未来只能提供我们短暂性和新奇性的高度易燃混合物。

加速化及新奇性大量投入社会结构之后，不仅迫使我们尽快面对一般情况、事件以及道德上的难题，同时迫使我们以更快的速度去应对陌生的环境和其他许多奇怪、反常而难以预测的情况。

这些都会显著改变人们日常生活中的寻常及反常因素、惯性及非惯性、可预见性及不可预见性之间的必要平衡状态。这两个方面的日常生活因素之间的关系，可称为社会“新奇性比例”。当新奇性的事物越来越多时，常规的应对方式越来越无法奏效。人类将日渐疲惫，日益悲观，主宰能力也逐渐下降。环境越来越混乱，直到最后人类将完全失去控制力。

在加速化和新奇性两股势力的汇聚之下，短暂性往往因新奇性的提高而增强，带来了更大的潜在性危机。

第十章　制造体验的人

我们已经生活在新世纪，但世界经济学家在饱受经济大萧条时期的历史性创痛之后，仍然思想僵化、停步不前。经济学家，包括高谈经济革命的经济学家在内，都是古怪的保守分子。倘若我们能看到他们对 2025 年的预测的话，我们很可能发现他们的头脑仍停留在 20 世纪 70 年代，或者最多往后推几年而已。

一般经济学家仅习惯于直线思考方式，因此他们认为大规模组织的成长只不过是老式等级组织的延伸而已。他们把技术的进步视为已知事物的单纯的非革命性的拓展。他们出生于物资匮乏的年代，而又经常以有限的资源为思考对象，因此他们几乎无法想象出一个物资丰饶、人人皆有所依的社会。

他们缺乏想象的一个原因，就是当他们想到技术进步时，便完全把注意力集中于经济手段上。但是，超工业革命也同样注重目的；它不仅要改变“如何”生产，并且也要改变“为何”生产。总之，超工业革命将转变经济活动的特定目的。

在这种变革的震荡下，今天的经济学家即使运用最精巧的工具也无济于事。投入—产出表、计量经济学模型等经济学家用于分析的全套必备工具，已经无法控制政治、社会、伦理等外在力量。而这些外在力量将在未来数十年里改变我们的经济生活。在一个重视心理满足的社会中，“生产力”与“效率”有何意义？当整个财产观念即将变得没有任何意义时，经济措施将有什么改变？当超级国民经济计划、税收和规章制定机构的兴起，或家庭生产以最先进的控制技术为基础而以某种辩证形式出现时，经济组织将有什么变化？最重要的是，当“无增产”取代“增产”而成为经济目标，国民生产总值不再成为“圣杯”时，会出现什么情况？

只有走出传统经济思想的束缚，重新考察上述各种可能性，我们才有可能为明天做好准备。超工业革命的中心问题是价值观的转变。在物资匮乏的环境下，一般人往往为了眼前的物质需求而奋斗。但在富裕情况下，我们往往为了要满足人类的新需要，而重新组织经济。我们既然已经拥有满足物质需要的系统，便开始建立能够满足心灵需要的新经济体系。这种心理化过程，正是超工业革命的中心论题之一，却几乎完全被经济学家忽视。

这种心理化过程将造成一种前所未有的、新奇的经济结构，而所引起的争论将会使资本主义与共产主义间的冲突不再那么受关注。因为这些争论会跳出一切政治或经济教条，使我们清晰地看出想象与现实之间的差别所在。

心理的原料

当社会的发展使我们将精力转到服务性生产时，许多人将感到兴奋无比。在这个发展阶段，生产能力将由物质生产转变为服务性的生产。许多技术专家认为，所有工业国家的制造业将被服务业超越，这种预言已经得到实现。然而，经济学家忽略了一些明显的问题，例如经济会走上什么发展道路？服务业之后，又将是什么？

在未来，技术发达的国家必定将广大的资源运用于物质环境的恢复和改善生活质量。他们将把全部心血用来解决污染、美感贫乏、人口拥挤、噪声和垃圾等问题。但是，除了这些公益事业的改善之外，我们也期望在私人用品的生产方面能有一番改革。

服务业的蓬勃发展所带来的兴奋，使我们忽视另一个对未来生产及服务业有重大影响的变化。这个变化将导致经济的进一步发展，建立起所谓的“体验工业”为基础的奇特新兴部门。要了解这种新的服务经济，我们必先弄明白一切生产的“心理化”趋势。

工业社会（尤其是指美国）有一个令人惊奇的现象，就是商品设计已逐渐注重消费者的心理需求。制造商已开始把心理因素注入基本产品，而一般顾客也非常乐意为这种看不见的利益付出代价。

最典型的例子就是一般机械或汽车的制造厂商将一些似乎无关紧要的按钮、把手或指针安装在控制板或仪表板上。厂商已经知道，附加一些零件，在某种程度上，能使驾驶员感到自身正操纵着一种更复杂的机器，从而增强控制感。由此看来，产品设计已经开始看重心理因素。

因此，一般厂商便尽量避免剥夺消费者的“既有心理利益”。美国的一家大型食品公司曾推出一种省时的、开水一冲即可的蛋糕粉，却不受家庭主妇的欢迎。她们宁愿选用较为费力的蛋糕粉：除了加水外，还要加鸡蛋。由于食品公司过度减轻家庭主妇的负担，在制造时加入了磨成粉末的鸡蛋，却剥夺了主妇在蛋糕焙制过程中创造力的发挥。所以，食品公司将研成粉末的蛋立即从配方中取消，而主妇又可以满怀欣喜地打鸡蛋了。产品为了满足消费者心理利益，不得不重新修正。

诸如此类的例子在各种主要工业生产中，如肥皂、香烟、洗碗机上都可发现。伊曼纽尔·登比（Emanuel Demby）博士是动机计划股份有限公司的总经理，他指出："将心理因素列入成品设计的构想，是未来产品的新特征；不仅消费品如此，即使是一般工业机械也是如此。"

即使目前所造的大型起重机、动臂起重机也遵循这个原则。他们的操作室设计精巧，还是流线型的。这些大型机械并非因为操作室设计得美轮美奂便能掘土举重，但承包商、驾驶员和承包商的顾客都比较喜欢这种设计，甚至连挖掘机的制造商也对这种非实用性的心理因素另眼相看。

除此之外，登比指出，制造厂商正致力于舒缓消费者使用某些产品时所产生的紧张情绪。以卫生巾生产厂家为例，他们了解主妇在处理卫生巾时，常担心会把马桶堵住，所以"一种遇水即溶的新产品已经问世。这种新产品除此特点之外其他作用不变，但可以消除使用产品给消费者造成的紧张"，而这也是前所未有的心理工程学。

富裕的消费者有能力为这种"毫末之别"付费。随着收入增加，他们越来越不在乎价格，越来越坚持所谓的"品质"。对许多产品而言，传统的性能和品质如工艺、耐用性和材质仍然可作为衡量标准，但对新奇的产品而言，性能和品质却无法分辨。在这种混淆的情况下，消费者仍在不时地争论着孰优孰劣。

但当我们考虑到产品的心理因素时，这种困难便可迎刃而解。因为即使产品品质完全相同，其心理因素仍会有所差别。广告商力求每一个产品拥有独特的形象，以满足顾客的部分需求。这种需求是心理性的，而非实用性的。由此我们可以发现，“品质”一词，已经逐渐开始指气氛、地位的联想，实际上这就是产品的心理内涵。

当消费者的基本物质需求得到更大的满足之后，我们便把经济能力集中于消费者在美感、气质、个性及感官上的各种需求。一般制造厂商投入更多的资本，进行心理区别及心理满足的刻意设计。在这种情形下，商品设计的心理因素越来越重要。

空中侍女

商品设计上的心理因素只是迈向经济心理化的第一步，下一步将是服务性心理因素的扩张。

目前，航空旅行的发展并不出乎我们的预料，只要稍加注意便会发现，从前的航空旅行，只不过是由此地到彼地，后来航空公司便以漂亮的空中小姐、食物、豪华的设备及空中电影等为吸引乘客的竞争手段。环球航空公司曾经在美国主要城市提供所谓“异国情调”的航行。

环球航空公司的旅客可以搭乘客机，飞机上的食物、音乐、杂志、电影都是法国制造的，空姐也是法国人。旅客也可以选择一种

“罗马式”的航班，空姐全部穿着古罗马式的宽长袍。旅客还可以选择“曼哈顿小屋式”的航班，或选择机上有所谓“侍女”及虚构的旧式英国客栈的“古英伦式”航行。

显而易见，环球航空公司的飞机不再像以前一样只提供简单的客运服务了，它已是一种精心设计的“心理旅程”。各家航空公司在不久的将来还会充分利用灯光和多功能投影，营造一种整体的、短暂性的环境，使旅客获得一种“身临剧院”的感觉。

事实上，这种剧院式体验的重要性可能马上就可超过原本的剧院了。英国航空公司曾宣布一个计划，准备在伦敦为美国未婚男性旅客提供通过电脑安排的约会。假如在电脑选择的时间内无法赴约，英国航空公司会提供其他机会。这家航空公司还将安排宴会，邀请不同年龄的伦敦男女来参加。游客可以在他们的陪伴下，逛街、吃饭，绝不会有孤独的感觉。尽管这种名为“英俊的伦敦单身人士”的计划因这家国营航空公司遭受上议院的大肆抨击而宣告取消，但我们由此可以看出，许多消费服务项目（包括零售业）将会有许多多彩多姿的心理因素产生。

加利福尼亚新港有一个令人难以置信的商场，名叫新港中心。任何到此观光的旅客都对该商场设计中美感的运用及心理因素的表达效果叹为观止。高耸入云的白色拱门及柱子，喷泉、雕像、匠心独运的照明设备，充满流行艺术的广场以及一个巨大的日本风铃，一切都能为购物者营造幽雅的气氛。除了优美的景色外，商场还加上特别设计的愉快效果，使得在此购物成为一种难以忘怀的美好体验。未来零售商也会运用这种变幻多端、精心、独特的原则。我们将超越任何“实用性”的需要，而把服务业（不论是买卖、进餐，还是理发）转变为一种预先精心设计的体验。

在理发时，我们可以观看电视或聆听室内音乐，套在女人头上的烫发机将借着电波对大脑进行传导，很自然地勾起她的幻想。银行家、地产经纪人、房地产和保险公司将会采用最精致的装饰品、音乐、闭路电视、精心设计的情调氛围，并配合最先进的综合媒介设备以提高（或中和）交易中的心理效果。未来，提供给顾客一切重要的服务都需要经过行为工程师的精心设计，在达到改善心理效果的目的之后才会面世。

体验产业

当超越了目前这些单纯的杰作后，我们将可看到某些工业的革命性扩张。这些工业的主要产品不只是制造品或一般性服务，而是预先设计的“体验”。这种体验型工业势必成为超工业社会的重要一环；这种体验型工业最后将变成“后服务业经济”的基础。

当人们越来越富裕，短暂性也开始兴起，当人们就不再有旧日的占有冲动时，消费者将和过去一样收集癖般开始热烈收集“体验”。正如前文所讲的航空公司的例子一样，如今体验已被附于某些较为传统的服务业销售出去。这类体验，可以比喻为蛋糕上的糖霜。当我们迈向未来时，越来越多的体验将和实物一样，以自身品质供应给顾客。

事实上，这正是一个新兴产业的开端，通过体验生产的上升曲线便可见一斑，艺术就是重要的一例。大多数的文化产业正费尽心思地创造和表演特殊化的心理体验。今天，我们已经可以看到，以艺术为基础的体验工业开始在社会上盛行起来。此外，一般娱乐场所、教育机构和某些心理治疗机构的广泛设立，都可称为“体验产品”。

地中海俱乐部出售着一种“一揽子假期”，可以将一个年轻的法国女秘书送到塔希提岛或以色列，使她在那儿享受一两周时间的阳光和性的满足。地中海俱乐部在《纽约时报》(*New York Times*)长达两页的广告中曾以此为标题,“带上300名男男女女，滞居孤岛，恣情纵欲，乐享自由”。创建于法国的地中海俱乐部，目前已在全世界34个地区经营“度假村”。

“团体治疗法”和“灵感训练”属于一种“一揽子”体验，而在其他课程训练中也有类似的体验。同样，当我们走入舞蹈室学习最新的舞步时，不但能让我们掌握跳舞的技巧，也可以给我们提供一种“即时”的快乐体验。这种体验本身就是吸引顾客的主要力量。然而，对于未来体验产业和领导体验产业的众多消费者心理分析企业而言，以上所述仅是凤毛麟角。

模拟的环境

体验产业中有一种重要的产品将建立在一种虚拟环境中。在这种虚拟环境中，顾客不必冒着生命或名誉的危险就能获得冒险、患难、性欲的快感或其他乐趣。因此，有些计算机专家、机器人工程师、设计师、历史学家和博物馆专家联合起来，共同创造一个虚拟世界的体验小天地，以最精良的技术，重新缔造辉煌的古罗马、华丽的白金汉宫、具有异国风味的18世纪日本艺伎馆等。顾客进入这种“快乐宫”做客时，便将日常的服饰和杂务抛在一旁，换上戏装，尽情嬉戏于一个苦心设计出来的活动广场。在虚拟世界里，他们将可享受身临其境的感觉，还可以畅游在逝去的时代，甚至是未来的时代。

这种体验式的产品，比我们所预期出现的时间更快。很明显，在艺术方面提倡观众参与就是一个先兆。事实上，观众参与可被视为向未来模拟环境发展的试探性起步，尽管还有待完善。纽约在上演《1969 年的狄俄尼索斯》（*Dionysus in 69*）时，一位批评家总结此剧之作者理查德·斯切奇纳（Richard Schechner）的创作理论时说：“传统的戏剧总是对观众说‘坐下来，听我说说故事’，但为什么不改口说‘站起来让我们玩个游戏吧’？”斯切奇纳的戏剧是根据希腊悲剧家欧里庇得斯（Euripides）的作品而著成，剧中正好有这句话。观众在该剧进行中曾被邀请加入跳舞的行列，庆祝酒神的祭典。

艺术家也开始创造完整的“环境”：这是一种艺术杰作，观众可以自由地出入其中。瑞典的现代艺术馆曾展览一个巨大的混凝纸制的贵妇，称为“鸿”（Hon，意为“她”），观众可由其“下体”入口处进入，继续往内走，可以进入“五脏”，身临其境，观众便可看到一些坡路、楼梯、闪光，可以听到怪叫声和一种叫“碎瓶机”的东西。美国和欧洲曾有许多博物院及画廊展示这类作品。《时代周刊》的艺术评论家指出，这类作品企图以疯狂的景象、奇妙的音响和种种世外桃源式感受使观众进入一种目不暇接、欣喜若狂，甚至“飘飘欲仙”的状态。制造这些环境的艺术家，才是真正的体验工程师。

在曼哈顿一条工厂和批发店林立的街道上，有一家装扮得破烂不堪的店，我走进店内参观了一种名叫西勒布伦的“直接参与的电子研究室”。顾客缴纳钟点费之后，就可以走入一间令人惊心动魄的白色高顶屋子。在屋里，他们脱下衣服，换上半透明的袍子，舒适地爬在又厚又软的白色台阶上。迷人的男女“导游”也同样身着薄纱，胴体毕现。他们发给每位游客一副有立体音响效果的耳机、一张面具，并不时地向游客提供一些气球、万花筒、小手鼓、塑胶枕、镜子、水晶、幻灯片和放映机。这时，民谣或摇滚乐掺杂着电视广告片段、街头上的噪声、马歇尔·麦克卢汉的演讲，或别人借此发挥的演讲充斥于耳，音乐越放越令人兴奋，游客与导游开始在白色的过道上跳起舞来，彩色的泡泡从天花板上纷纷飘落。女导游飘然而过，散发出各种香味。游客与导游置身于五光十色、满脑奇思妙想的情境中。周围先是冷酷的气氛，后来渐渐变得温暖、友善，最后却带有几分色情的气息。

西勒布伦在艺术和技术运用上仍十分简陋，却是超级环境娱乐综合馆的前身，目前许多设计师正在策划一个价值 2 500 万美元的新建筑。这种试探性的建筑意味着，未来更精巧的“世外桃源”建筑终将实现。年轻的艺术工作者和企业家正携手研究与发展这种未来的体验型企业。

栩栩如生的环境

这些通过研究获得的知识可以建造一个瑰丽万千的虚拟环境，

也可以建造一个可供顾客冒险和娱乐的生活环境。非洲的狩猎远征队已不足为奇了。未来的体验设计师将发明一种赌博俱乐部。该俱乐部的顾客不是为了赢钱而赌博，而是为了获得另一种体验；赌赢的话，他们就可跟多情而又可爱的女孩儿约会，输了的话，将被监禁一天。当然，如果赌注增加的话，奖惩措施的设计将更富有想象力。

一位赌场失意者，可能会因赌前自愿签订的合同而俯首帖耳地为赢家当几天佣人，而赢家或许可以获得 10 分钟免费的娱乐性脑电波刺激。赌徒可能冒着皮肉之苦或心理上类似痛苦的风险，加入为期一天的活动。在这一天内赢家可以对输家肆意嘲笑、咆哮，以发泄敌意和仇恨。

未来，手气好的人可能会赌赢一次免费的心脏移植或肺移植手术，而输家可能会输掉一个肾。未来，类似的赌注将花样百出。着重这种体验的赌城如雨后春笋般兴起，使拉斯韦加斯和德维尔为之逊色，而在一地之内，迪士尼乐园、世界博览会、肯尼迪角和澳门夜总会等一切特色也会尽入眼帘。

现在的这种发展也预示着未来的情景。美国有些电视节目，如相亲节目《约会游戏》之类开始以“体验型奖品”奖励给参加者，这正和瑞典国会一项饱受争议的竞赛如出一辙。在该项竞赛中，一家色情杂志社送给读者一份礼物：与该社的裸体模特儿共度一周。一位卫道士认为这件事有失体统，但经过财政部部长保证这项交易会课税之后，他的态度便缓和下来。

未来，大型体验型企业将不只出售个别体验而已；公司将进一步提供组合性的体验，可使个别的经历串联起来，直接提供生活中没有的感受、和谐和色调。美丽、兴奋、危险和赏心悦目的快感将同时被安排在体验中，以增强相互效果。提供这种体验连锁或体验系列的心理公司（必须与社区心理健康中心保持联络），将为生活过分杂乱无章的人设计一部分生活。他们会说："让我们来规划你的（部分）生活吧。"在未来变化无常的短暂性世界中，这种提议势必获得许多人的热烈支持。

未来所提供的"一揽子"体验将令消费者感到匪夷所思。各个公司将争相创造最奇特、最令人心满意足的体验。实际上，这些体验中的某一些，如瑞典的裸体模特儿，即使在未来的社会恐怕也难以接受。它们可能会通过未经许可的地下场所提供给大众，更使体验本身增添了某种非法的刺激感。

将各式各样新奇经历陈列在消费者面前，就是体验设计师的工作。这些体验设计师，将从社会中最具创造性的阶层中被发掘出来。他们的工作座右铭将是："假如你无法供应一个'真'的体验，那就寻找一个代替品；倘若你手法高明，顾客就永远无法分辨真伪。"这种以假乱真、真伪难辨的情形将使社会面临严重的问题，但我们并不会因此而阻止或延缓"心理服务产业"及"体验型公司"的创建。

由此，我们对未来的后服务经济，即超工业经济，将可以勾勒一个模糊的轮廓。农业和产品制造业将变成经济的荒僻地带，所雇用的工人将越来越少。由于工业高度的自动化，产品的制造及生产将被简化。而新产品的设计及赋予这些产品更强烈、更鲜明、更具情感的心理内涵的过程，将为未来最具才能和资金最雄厚的企业家提供一展身手的好机会。

从今天的情形看来，服务业方面大幅扩张，而产品的心理效应设计将再度占据企业更多的精力、人力和物力。像互助基金会那样投资企业，可以采用体验赌博的方式使股东获得额外的兴奋和非经济性的回报。

保险公司不仅支付死亡赔偿费，在死者去世后的数月间，保险公司也将照顾其家人的生活，提供保姆、心理咨询和其他种种协助。此外，保险公司将根据资料库中顾客的详细资料，提供网上择偶服务，以协助未亡人选择新的生活伴侣。总之，未来的保险事业将提供面面俱到的服务。产品每个步骤的心理寓意，将格外受到重视。

最后，我们将看到各种体验公司，各种营利性和非营利性的全新企业的产生，在设计、包装和分配设计好的体验。艺术将逐渐扩展，形成如同罗斯金（Ruskin）或莫里斯（Morris）所说的“工业侍女”。心理公司和其他行业将雇佣大量的影星、导演、音乐家和设计家。娱乐业将因在娱乐活动中渗入体验色彩而更加发达。规模日渐庞大的教育行业，将因采用体验技术把知识及价值灌输给学生，而变成主要的体验产业之一。在体验产品方面，通信设备和计算机行业也将开辟一个大的体验市场。总之，与行为技术有所关联，不再生产一般物品和提供传统性服务的行业将以最快的速度扩张。

最后，体验制造者将形成经济的一个基本组成部分，而心理化的过程至此便完成了。

健全的经济学

斯坦福国际咨询研究所的长期计划服务部在一篇报告中宣称："未来的经济本质将看重个人及群体的内在需求和物质需求。"该研究所指出，这种新的目标是基于消费者的要求和经济自身发展的要求。"当一个国家的主要物质需求仅凭借着 3/4 或 1/2 的生产力即可完成时，其经济体制必须从根本上做出调整，这样才能维持经济的健康发展。"

这种来自消费者的压力和维持经济持续发展的压力，将使技术社会朝着未来的体验生产方向前进。

这方面的发展也可能会遇到阻碍。当少数天之骄子在心理上自我满足时，广大的贫穷群众将无法坐视不理。当大部分人仍生活于赤贫或饥饿之中时，少数人却在追求新奇和稀罕的享受，这在道德上着实说不过去。工业社会应当延缓体验主义的来临，应当暂时维持一种比较传统的经济发展模式，使传统生产的财富极大化，并把资源转移到环境保护上，然后开始大幅推动反贫穷及援外计划。

去除"过度"的生产力（事实上是放弃这些生产力）之后，工厂仍能继续维持生产，农业剩余产品仍能继续消耗，而社会生产目标便能继续集中于满足物质需求上。举例来说，一场为期 50 年的消除贫穷的运动，不仅可以产生极佳的道德感，也可以缓和工业社会的经济推动力，平稳地走向未来的经济体制。

在这段缓冲时期，使我们能够从容地考虑经济生产的哲学影响及心理影响。倘若消费者无法分辨真实的事物与虚拟的事物，倘若一个人的一生都可以进行商业安排，我们将面临许多复杂的心理和经济难题。这些难题不仅威胁我们在民主及经济方面的基本信念，甚至会威胁关于理性及理智的基本信念。

此外，我们忽略了生活中间接体验和非间接体验之间的平衡问题。过去，人类所面临的间接体验还不到现在的1/10。但是，对这种影响人格的巨大转变，迄今为止没有人提出真正的诠释。今天，青少年的生理成熟比以前变得早，女孩初潮的平均年龄每10年便提早4~6个月，而人的身材也长得更高大。很明显，年轻人当中，有许多人由于电视的影响及过早接受信息的冲击也在智力上变得早熟。然而，随着间接体验比重增加、直接体验比重下降时，我们的情感发展将会受到什么影响？间接体验的增加是否有助于情感的成熟？或者，事实上反而延缓其成熟？

当经济为了寻找新出路而从事生产体验产品，制造真假难辨的体验，将导致什么后果？心智健全的各种指标中，有一项是分辨真伪的能力，针对这一点，我们是否该给它另下一个定义呢？

我们必须正视这些问题并加以考虑，因为除非我们去正视这种问题，否则服务型产品将胜过制造品，而体验型产品也将胜过服务型产品。体验型产品的兴起，是人类富裕的必然结果。因为个人基本物质需要满足之后，势必会去寻求更新、更精致的满足感。我们正由“肚皮”的经济转变为“心理”的经济，因为我们所需填饱的肚子并不是很大。

除此之外，我们也正迅速地迈向一个事、物、物体结构极具短暂性的社会。在这种社会中，不仅物品与人的关系极为短暂，甚至物品与物品之间的关系也极为短暂。在这种社会中，体验可能是顾客唯一不能用完即弃的产品。

对于日本古代的贵族而言，每一朵花、每一只碗或每一条宽腰带都具有一种超越物质本身的意义；每一件东西都具有特别的象征性含义和礼仪性含义。制造品的心理化运动正把我们带向这个方向。但是，这种趋向与短暂性的强大推动力格格不入。因此我们发现，赋予服务某种象征意义要比赋予产品象征意义还容易些。我们将超越服务的经济，超越当今经济学家的想象；我们的文化特性将是历史上首次应用先进技术，制造出最短暂而最富生命力的体验型产品。

第十一章　破裂的家庭

即将冲击我们的新奇事物的洪流，将由大学和研究所蔓延至工厂和办公室，通过市场及大众传播媒介，进入我们的社会关系，并由公共生活涌入家庭。这股洪流以前所未见的压力加诸家庭本身，深深侵入私人生活。家庭，曾被称为社会的“缓冲器”，是个人避风的港湾，是急流汹涌的环境中个人最坚实的据点。而当超工业革命展开之际，“缓冲器”本身也将遭受某些冲击。

社会评论家纷纷探讨家庭的前途，并对此争论不休。《行将到来的世界改革》（*The Coming World Transformation*）一书的作者菲迪南德·伦德伯格（Ferdinand Lundberg）指出，家庭“正濒于灭亡的边缘”。心理分析学家威廉·沃尔夫（William Wolf）也认为：“除了照顾出生一两年的婴孩之外，家庭已经名存实亡。”悲观论者告诉我们，家庭制度已日薄西山，但他们无法说出家庭的代替品。

持乐观论调的人却以为，经久不衰的家庭制度将继续维持下去。他们指出，闲暇时间增加时，家人将有更多的时间共聚，会在共同的活动中获得更大的满足，“一同嬉戏，一同休息”的家庭将与日俱增。

还有一种更为异想天开的看法是，未来的混乱局面，将使一般人更乐于蛰居家中。医学院心理治疗教授欧文·格林伯格（Irwin Greenberg）说："一般人都是为了获得稳定而结婚。"这种看法使家庭变成了"随身携带的根"，个人在暴风雨中的栖息之所。总之，我们周围的环境越具有短暂性及新奇性，家庭就越能显现其重要性。

然而，很可能他们都错了，因为未来将比我们想象的更加开放。家庭，这个概念可能既不会消失，也不会走入另一个黄金时代。家庭极可能经过一场分崩离析之后，再以一种新奇的形态出现。

母性的奥妙

在未来的10年中，对家庭冲击最大的力量是新的生产技术。"预定"婴儿的性别，甚或预先"安排"婴儿的智商、容貌、人格特征等诸多能力已经成为可能。而受精卵移植、试管婴儿，服药即可保证生下双胞胎、三胞胎，甚至走进"婴儿院"即可买到受精卵等，所有这些在现在已经远远超过过去人类的经验。我们必须以诗人或画家的眼光看待未来，而不能再以传统的哲学家或社会学家的角度判断未来。

科学与技术的进步，或者仅仅生物学的进步，足以在极短时间内打破一切有关家庭及其种种责任的传统观念。当生命在试管中产生时，母性这个概念将有什么变化？自从有了人类以后，女人的首要任务一直是传宗接代、繁衍种族。而今天，技术的进步会使女性在其社会中的自我形象产生什么变化?

社会科学家中关注这类问题的人仍寥寥无几，纽约综合医院的精神病医师海曼·韦策恩（Hyman G.Weitzen）就是其中之一。他指出，生育期间能够“满足大部分女人的创造欲……大多数女人均以能生孩子为荣。在东西方的文学和艺术作品中，均弥漫歌颂孕妇的旋律……”

韦策恩问道：“假设孩子不是男女结合受孕，而是由一个在遗传上更具优越品质的受精卵植入女性子宫的话，那么我们当今社会的母性将会发生什么变化？”他表示，若这时讨论女人的重要性，那一定不再是因为她能够生育；倘若妇女除此而外一无所长，母性的奥秘必将荡然无存。

不仅是母性，甚至是父母的身份、地位、权力等概念本身也可能引发根本性改变。事实上，当一个小孩拥有两个以上的生理父母（biological parents）时，这些观念的变化便已开始了。费城癌症研究所的发育生物学家比阿特里斯·明茨（Beatrice Mintz）养了一只即将公之于世的“多种老鼠”（multi-mice），也就是每只老鼠的父母都超出两只。这种老鼠的卵细胞是从两只怀孕的母老鼠身上分别取出来的。然后将它们置于培养皿中，等到形成近于胚胎发展中的小老鼠后，再移植入第三只母鼠子宫内，因此一只小老鼠生下以后，便拥有得天独厚的遗传特征。因此，一只由两对儿以上的父母所生下的典型“多种老鼠”，脸上的一边长着白毛须，另一边则长着黑毛须，身上则是黑白相间的花纹。利用这种方式培育出来的700多只“多种老鼠”已经产出超过35 000只后代。既然已有了“多种老鼠”，那么，“多种人类”离我们还会远吗？

如此一来，谁是人类的父母？父母是什么？一个女人的子宫内，假如怀着别人的卵巢孕育出来的受精卵，应该由谁当父母？谁才是真正的父亲？

假如一对夫妇能够买到受精卵，那么亲子关系就不再是生物学上的关系，而变成法律关系了。除非我们能够严格控制交易，否则会闹出许多荒诞不经的事。例如，一对夫妇买了一颗受精卵，在试管中培育，然后再以该受精卵的名义买另一颗受精卵，就像购买信用债券一样。因此，当第一个小孩刚处于青少年阶段时，这对夫妇便有资格成为合法的祖父母了。这时我们可能需要另寻一个新词来表达这种亲属关系。

再者，假如胚胎可以出售，那么企业能否购买？能否购买10 000颗？能否转手出售？如果不是公司，而是一所非商业性的研究实验室，这种事会有什么后果？假如我们能任意买卖这种活生生的受精卵的话，是不是会创造一种新的奴隶制度？这类令人不寒而栗的问题，将成为社会争论的议题。

面对急流汹涌的社会变革以及科学革命令人震惊的进展速度，超工业社会中的人可能为时代所迫而尝试新奇的家庭模式。少数特别具有创造力的研究人员，将试验出一种多彩多姿的家庭制度。为此，他们可能改革现存的家庭模式。

流线型的家庭

典型的旧工业社会家庭不但抚养许多小孩，还要养活一群亲属，如祖父母、叔叔、舅舅以及表亲等。这种“扩张化”家庭颇适合步调缓慢的农业社会。这类家庭都难以迁移，不易改变其结构或位置。

工业社会需要大批工人，这些工人必须随时迁移，四处寻找工作，若有必要又得一再迁移，因此扩张化的家庭便逐渐摆脱沉重的包袱，逐渐被所谓“原子核”式的家庭取代。这时一种了无牵挂又能漂泊四方的家庭单位成员仅包括父母和少数几个小孩，这种新式家庭的流动性远胜于传统的扩张化家庭。在所有工业国家中，这已经成为标准的家庭模式。

然而，生态技术发展的下一阶段需要一种更强的流动性。因此，我们可能期望未来的一批人，再将这种现代化过程推进一步，也就是说未来家庭不再生儿育女，且家庭的组成单位将缩减至最基本的成分：一男一女。一对无儿女的夫妇在接受教育、应对困境、改行或迁徙时，将比一般有儿女的家庭更能驾轻就熟。人类学家玛格丽特·米德（Margaret Mead）指出，我们可能已迈向一种新的制度。在这种制度下，“亲情只存于一小部分的家庭，而这些家庭的主要功能仍是抚养小孩”，而其他人“就像单一个人般行动自如，这将是有史以来的创举”。

在这种情况下，两全其美的方法是以“晚年养子”来代替膝下无子。时下，一般夫妻常因为一面要工作一面要养育子女而感到分身乏术、焦头烂额。未来，许多夫妇将先把生儿育女之事搁在一旁，等到退休之后，再专心为之。

现在的人对这种方法可能会啧啧称奇，而一旦生儿育女脱离生物基础之后，能够说服我们早生贵子的便只有传统理由了。既然如此，何不耐心等到颐养天年的时候，才来购买自己的受精卵呢？在这种情况下，膝下无子势必成为年轻及中年夫妇间的普遍现象，而60多岁的人才开始抚养幼儿也不足为奇。退休后方成立家庭也将变成一个众所公认的社会制度。

亲生父母与职业父母

如果生儿育女的家庭在数量上微乎其微，那么何必一定养自己亲生的呢？何不设立一种“育儿职业”的制度为其他人担负养儿育女的职责？

毕竟，生儿育女所需的技巧并不是所有人都具备的，我们不会愿意让泛泛之辈来做脑外科手术或销售股票及公债。在我们的社会，即使是最底层的公务员，也需经过一番严格考验才可以被任用。在生儿育女方面，我们却毫不考虑父母的心智、品行是否健全、是否合格。只要孩子是他们亲生的，便任由他们去抚养。

虽然这种抚育工作的复杂性已日益增加，但一般父母仍在从事这个业余职业。现存制度已逐渐解体，超工业革命不断冲击而来，少年犯罪人数有增无减，成千上万的年轻人离家出走，大学生群起攻击一切技术社会。在这种种的混乱声中，业余父母制度势必将逐渐被更替。

对于青少年问题，可能仍有其他更好的解决方法，但在社会全面推进专业化的趋势下，假使“职业父母”能与这种趋势不谋而合的话，还是特别值得推荐的。对于这种新的社会要求，目前已经存在着一股压抑很久的力量。假使有机会的话，成千上万的父母必然非常乐意放弃为人父母的责任。这并不完全因为他们不肯负责或缺乏慈爱的缘故，而是因为在饱经挫折之后，他们已经渐渐了解自己对抚育子女的工作无法胜任。假如社会上出现经济富裕、经验丰富并经过许可登记的职业父母，那么当下许多家长不仅乐意把孩子交给这些人抚养，还会将这视为一种慈爱的行为，而非抛子弃女。

这些专门育儿的人，并非主治医师，而是身负育儿的责任并由此获得较高报酬的真正的家庭单位。这类家庭在设计上如同旧式的农庄家园一样，是“三世同堂”式的，而且能提供各种成人的典范，以便让儿童有观察和学习的机会。亲生父母只要能为此支付金钱，便能毫无顾虑为自己的工作需要而到处奔波。当孩子被养育至某种程度“毕业”后，这种家庭又重新招收新的寄养儿童，从而缩小孩子们的年龄差距。

因此，未来的报纸将为新婚夫妇刊载这类的广告：“何必为父母的任务而疲于奔命？让我们代你抚养婴儿，使之成为有责任心、有成就的年轻人吧！一级养育家庭介绍：39 岁的父亲、36 岁的母亲、67 岁的祖母外加 30 岁的叔叔婶婶等，共享天伦之乐。4 个儿童的名额，尚有一席空缺，诚征一位年龄 6~8 岁的儿童加入，三餐供应优于政府规定标准。所有大人在儿童培养与管理方面均拥有合格证书，亲生父母可随时来访、互通电话。孩子可在暑假期间陪同亲生父母，寄养家庭将安排教授宗教、艺术、音乐等课程。合约最低年限 5 年，欲知详情请联络。”

根据广告所示，“真实父母”或“亲生父母”势必会由目前“职业父母”所扮演的角色所取代，而成为友善且有益的局外人。在这种方式下，社会仍能培养出各式各样的遗传形式，但育儿的责任将移交给在智力上及情感上都更能胜任这种工作的父母。

社群家庭及同性恋父亲

另外一种完全不同的方式，是组织一种社群家庭。当短暂性增强使人们感到孤独和相互疏远时，我们便可以尝试各式各样的集体婚姻。

由数位大人与小孩共聚一堂组成单纯的家庭，可以使每个人都获得一种避免孤独的保证。即使有一两个家人远走他乡，其他人仍可以相互慰藉。于是，行为心理学家 B. F. 斯金纳（B. F. Skinner）及小说家罗伯特·里默（Robert Rimmer）在《哈拉德试验和第31项建议》（*The Harrad Experiment and Proposition 31*）中曾描述的社群家庭将逐渐兴起。里默极力鼓吹一种“共同家庭”（corporate family）的合法化，这种家庭由3~6人共用一个姓氏，共同生活和养育小孩，并以共同获得某种经济和税务利益的关系而合法结合在一起。

据某些人观察，目前至少有数百个公开或隐匿的类似共同家庭分布在美国本土，不一定都是年轻人或嬉皮士组成的。有些是基于某种特殊目的而组建的，如由东海岸的三所大学所资助的一个社群，其主要功能是辅导大学新生，让他们对大学生活有正确看法。他们的目标或是社会性、宗教性，甚或是娱乐性的。因此，我们即将大开眼界，看到一种由冲浪者所组成的共同家庭，遍布于加利福尼亚和法国南部的沿海。我们也将目睹由共同政见和宗教信仰所组成的社团兴起。在丹麦，群婚合法化提案已被列入国会讨论，虽然这一提案获得通过仍为时甚远，但提出这一提案的行为本身已经代表一种意味深长的变革象征了。

在芝加哥，已有250位男女老少加入“家庭式修道院制度”而共同生活。这种制度是由一种新兴的、规模日益扩大的宗教组织基督教联合会赞助而成立。成员都共同在同一寓所居住，共同烹饪，共同进餐，共同做礼拜，共同看护小孩，经济共享。估计至少已有60 000个人加入这种生活方式，而且类似的家庭社群正在亚特兰大、波士顿、洛杉矶和其他城市相继兴起。世界基督教会联合会的约瑟夫·马修斯（Joseph W. Mathews）教授说：“一个崭新的世界即将出现，但一般人仍旧依照过去的传统方式生活，我们设法对这些人再教育，使他们有能力建立新的社会组织。”

有一种新型的家庭单位在未来也可能会盛行起来。这种家庭单位叫“老年人家庭社群”，是由一群年事已高的老年人聚集在一起，共同寻求生活伴侣及精神支柱而组成的团体。他们既已退出生产阵容，又无须为生活奔波，所以他们共同安居于某一处所，同心协力，设置联合基金，集体雇用家政与看护，颐养天年。

在迈向超工业社会之际，地域性及社会性的流动压力势必日渐增强，而社群主义（Communalism）却与这种压力相反。它的第一个要求是“保持不变”。因此，家庭社群的各种试验必定先在某些不受工业教条束缚的社会阶层展开：退休人员、青少年、愤世嫉俗者、学生、自由职业人员及技术人员等。之后，当技术及信息系统再向前一步，使大部分社会工作可由电脑和通信线路实现远程办公时，社群主义将可获得更大的推广。

此外，仅由一个单身成年人和一个或几个孩子组成的家庭单位将越来越多，而这些成年人将未必都是女人。有些地方，未婚男人也开始领养子女了。例如1965年，俄勒冈州有位38岁的音乐家名叫托尼·皮亚扎（Tony Piazza），成为全州或许是全美第一位获准婴儿收养权的未婚男子。法院对离婚父亲也加以保护，给予他们监护权。伦敦一位摄影师迈克尔·库珀（Michael Cooper）在20岁结婚之后随即离婚并获得抚养权。他既无意再婚，又非常喜爱小孩，便想："我希望我们可以找个漂亮的女子或我们喜欢的姑娘，或我们欣赏的女人来为我们生儿育女。我的理想是拥有一群有不同的肤色、面貌、身材的儿子。"荒诞不经？不合伦理？也许是吧。但类似的态度，在未来势必为男士普遍接受。

甚至目前，就有两种压力正在软化我们的文化，使男子生儿育女的愿望为文化所接受。第一种压力是，有些地方可收养的小孩供不应求，因此在加利福尼亚播放歌曲节目的播音员往往播出这样的广告："我们有许多很棒的婴儿，来自不同国家、不同种族，他们将爱和快乐带入你的家庭……请电话联络洛杉矶地方收养所。"同时，大众传播以一种别出心裁的方式断言，养育儿女的男人将被公众欢迎。受大众欢迎的电视节目尽是讲述一些没有女性的家庭的电视剧。在剧中，男人擦地板、煮饭，而且最有趣的是男人养育小孩。《我的三个儿子》（*My Three Sons*）、《步兵》（*The Rifleman*）、《致富之源》（*Bonanza*）和《未婚父亲》（*Bachelor Father*）便是鲜活的例子。

同性恋渐渐被社会所接受，同性恋者收养子女、组建家庭也早已兴起。在技术社会中同性恋者的地位日益受到尊重，也足以显示出这个趋向。20 世纪 60 年代末，荷兰一位天主教神父为两位同性恋者证婚，对于打击他的人士，他说："这两个人是信仰最虔诚而得到救赎的人。"英国早已修改有关同性恋的立法，若有两位成人同意其二人之间的同性恋关系，在法律上再也不足以构成犯法。同时，在美国循道宗教会的一次集会中，牧师说，在某种情况下，同性恋是件"好事"。因此，法庭宣判一对性情稳定、拥有高等教育背景的同性恋者成为合法"父母"这件事也是情理之中。

目前，一夫多妻制的禁令也在日益松弛，甚至现在存在的一夫多妻家庭的数量也比一般人想象的还要多。犹他州摩门教的某些激进主义者仍然将一夫多妻制视为重要的社会制度。作家本 · 默森（Ben Merson）在拜访过该地的许多家庭后，估计出在美国约有三万人生活在这种秘密的家庭单位之中。性的态度既已开放，且在日益富裕的社会之中，财产又不如以前那样被人们重视。因此，社会对一夫多妻制的压制将变成一种不可理喻的行为。再者，由于社会的流动性迫使人们时常离家，放松一夫多妻制的压制也将成为定局。《船长的天堂》（*Captain's Paradise*）中的老头子的幻想，对某些人而言可能就要实现了；空守闺房的太太也不甘示弱，她们很可能要求超越婚姻范围的性权利。过去的"船长"或许难以想象这种事情发生的可能性，但未来的船长也许就不会这样想了。

丁克家族、职业父母、退休之后养儿育女、集体家庭、社群家庭、老人集体婚姻，同性恋家庭、一夫多妻制……这些都只是少数喜欢求新的人在未来数十年内即将试验出来的一小部分的家庭模式和做法。然而，在我们之中并非每个人都愿意加入这种家庭实验，何况是大多数的人呢?

爱情的不利因素

少数人献身于这种实验，大多数人仍然承袭传统。我们可以断定，有一大部分人将拒绝放弃婚姻的约定俗成的观念，或者拒绝放弃熟悉的婚姻形式。毫无疑问，他们将在正统规范下继续追求婚姻的幸福。即使这批人最后将被迫变通，因为在时势所迫的情况下，他们已无法沿袭过去的传统。

正统规范的前提是，两个年轻人为“追寻”另一半而互相结合。之后的另一个前提是，这两个人必须互相满足彼此心里的某些要求，两个人的个性在共同生活期间不断发展，或夫唱妇随，或妇唱夫随，能继续满足彼此的需求。最后，正统规范还要求这两个人必须永浴爱河、形影不离。

这种期望曾深入我们的文化之中，但如今已今非昔比了，因为在今天，毫无感情成分的婚姻已不再受人尊敬。“爱”已由一种对家庭表面上的关怀转成“为爱而爱”了。的确，对若干人而言，由家庭生活获取某种爱情已经成为这些人生活的目的。

然而，爱的定义建立在彼此“共同成长”的概念上。它是一个相辅相成的结合体，彼此交流，互取所需；满足了互爱双方的要求，使彼此获得一些温情、柔情以及忠诚。一般认为婚姻不美满的丈夫，总是埋怨妻子在社交、教育和智力方面的不尽如人意，使他们不得不抛弃妻室。婚姻成功的夫妻则被一般人视为“共同成长”的一对儿。

这种“平行发展”的爱情理论得到婚姻顾问和心理学家的大力支持。因此有位专门研究家庭问题的社会学家尼尔逊·富特（Nelson Foote）称，夫妻间的关系是由“个别的，但仍然可以互相比较发展的配合程度”而定。但是，假设爱情是共同成长的产物，而我们又要以双方平行发展的程度来衡量婚姻成功与否，那么我们便有可能对于未来做一种有力却不祥的预测。

堆积如山的资料足以证明，即使处于一个较为停滞的社会，夫妻之间也无法实现共同成长的理想。在突飞猛进的社会中，丈夫随着经济和社会的发展而飘荡，家庭的住址不断远离家乡，每个人远离自己的双亲、远离原来信仰的宗教、远离传统的价值观念。在这种多变的情况下，夫妻二人是无法以同等速度来发展事业的。

同时，倘若一般人的婚姻持续时间由 50 年增加到 70 年，而且要维持这种如特技表演式的“平行发展”的话，其成功的可能性将微乎其微。因此，富特悲观地指出：“在现代环境下，要求一个能白头偕老的婚姻实在是有点儿奢望。”要求能够永浴爱河更是个奢望，短暂性及新奇性正逐渐在摧毁这种可能性。

临时婚姻

爱情维持长久的可能性在逐渐下降，也证实了大部分技术社会中较高的离婚率和分居率的事实。变革越是加快，寿命越是延长，这种可能性就越是降低。

当然，事实上有些东西已经破坏无余，如昔日对永恒性的执着。目前，千千万万的男女仍然接受一些在他们眼中看来极为明智的保守策略。他们不选择一些稀奇古怪的家庭，而是仍然郑重其事地选择结婚。若两人出现意见分歧，无法再共同继续生活下去，便劳燕分飞。之后大部分人仍继续寻求能符合其发展阶段的新伴侣。

当人际关系更具短暂性和组合性时，个人对爱的追求将越发疯狂。而一般人对时间的观念已经改变。传统意义上的婚姻，既然已证明无法使夫妻天长地久，因此开明的大众便开始接受短暂性的婚姻，婚姻关系已不再是“死而后已”。他们知道，当彼此意见相左，或是当彼此发展阶段不能相互协调时，他们之间的关系便破裂了。他们既不惊恐，亦不尴尬，或许连时下离婚的人所拥有的那种悲愁之情也没有。不久之后，他们各自又找到了新对象，他们将再度结婚，如此一次又一次，反复不已。

连续婚姻是一种接二连三的临时婚姻形式。在短暂性时代中，因人与人、环境之间关系的短暂化，这种婚姻形式将大为盛行，而这也是汽车租赁、洋娃娃以旧换新及用完即弃社会的必然发展趋势。未来，这种婚姻必然成为主要的婚姻形态。

在某种意义上，连续婚姻在发达社会已成为维持家庭的最佳秘诀。享誉国际的家庭社会学家杰西·伯纳德（Jessie Bernard）指出：“在我们当前的社会中，数次结婚比一夫多妻制更为普遍。这两种婚姻形式的主要区别在于，数次结婚是逐次或分次进行的，而一夫多妻是同时进行的。”再婚，目前已十分普遍，几乎每4位新娘中，便有一位是重披婚纱。一位IBM（国际商用机器公司）的工作人员曾道出一件令人心酸的故事：有位离异的妇女正在填写职业申请书，当她填到婚姻状态一栏时，突然咬住铅笔，犹豫了老半天，终于写下：未再婚。

短暂性的兴起影响了人们面对新情况对“持续时间预见性”的看法。一般人虽仍渴求永久性的关系，但他们心里明白，在今天的社会状况下，这种愿望已成奢望了。甚至最热情的年轻人虽希望有更多、更持久的联系，但也不得不承认，短暂性的推动力无可阻挡。担任人权工作的一位美国黑种人女青年曾对时间及婚姻表达她个人的态度。“在白种人的世界，结婚总被人视为最终的结局，宛如好莱坞的电影所演的一般。我不喜欢这样的婚姻，我实在不敢想象自己在那种婚姻下会变成什么样。目前，也许我想结婚，但明年呢？这并非是对婚姻制度的不敬，相反，这是对这一制度的最高崇敬。在人权运动之下，你必须对‘临时’有所感情，在婚姻能够持续的每时每刻，我们都必须力促其完美。在传统的关系下，时间无疑是一座监牢。”

这种态度不仅限于少数人、年轻人或热心政治的人。当新奇性的急流冲入社会时，这种态度势必影响所有人；当临时性的事务日渐增多时，这种态度将更显得如火如荼。临时婚姻及连续婚姻的现象将更加普遍。

一家瑞典杂志曾经邀请该国首屈一指的社会学家、立法专家等共同讨论未来两性关系的问题。最后，他们以 5 张照片来表达结论。照片中，同一位新娘 5 次被带入洞房，却由 5 位不同的新郎作陪。

婚姻的轨道

连续婚姻日趋普遍后，我们不再以现在的婚姻状况描述某人，而开始以婚姻生涯或婚姻轨道来刻画某人。这种轨道，是由人们在他们生命中对某些重要转折点的决定组成的。

对大部分人而言，第一次的这种转折点发生在少年时期。在此时，他们步入“试婚时期”。目前美国及欧洲的许多年轻人已经进行试婚。美国有些著名的大学对男女同居早已采取不干涉态度，试婚也渐被一些宗教哲学家所接受。德国神学家西格弗里德·凯尔（Siegfried Keil）曾极力主张一种“公认的婚前婚姻制”。加拿大的雅克·拉热尔神父（Jacques Lazure）也公开建议，每个人都应该有3~18个月的“实习婚姻”。过去由于社会压力及经济状况，试婚只限于少数人。但在未来，这些限制将云消雾散，试婚将成为连续婚姻“生涯”的第一步。

试婚结束后，未来的人随即展开第二个决定性的生活时期。这时，有些试婚夫妇可能继续维持原来的关系而相守至下一阶段，还有些则中止夫妻关系而另结新欢。任何一种情形都要面临许多选择，他们可能希望膝下无子或收养一个或几个小孩。他们还要决定亲自抚养或是交给职业父母抚养，这些决定大约在20多岁便能完成，而到那时许多年轻人已经进入第二段婚姻生活了。

和现在一样，孩子长大便要离家外出谋生，并在此时开始婚姻生活中第三个饶有趣味的转折点。对许多人而言，亲子关系的中止是件令人痛心疾首之事，尤其女人，一旦儿子离去，便无法找到自己生存的理由。在现在已有一些人，由于无法适应婚姻生活中的这种不愉快的事情，而导致离婚。

在未来，一般较为传统的夫妻仍会以传统方式教育子女，对他们而言，孩子离开后的时期将十分痛苦，而且这种时期会提早来临。事实上，现在的年轻人离家外出的年龄已比上一代人提早很多。而在未来，他们会更早就出外谋生。未来大批年轻人，不管试婚与否，都将在十五六岁时纷纷离家外出。因此，我们可以预测35~40岁这个年龄段，可能就是成千上万的人婚姻破裂的另一个高峰时期，许多人将在此时第三次结婚。

第三次婚姻为时最久，大约将从近40岁开始一直到双方中一人过世时为止。事实上，只有这次才能算是“真正”的婚姻，算是唯一真实又持久的婚姻。此时，两个成熟的人如果兴趣相投，心理上又能互相满足，在人格发展上，彼此都能感到和谐的话，双方的婚姻关系将更为持久。

然而，并非第三次婚姻中的所有夫妻都会至死不渝，因为家庭仍会面临第四个难关。这个难关目前是许多退休父母，或退休父母中的一人所面临的。由于退休给他们日常生活带来一种突然的变化，导致夫妻间关系的极度紧张。有些夫妻仍然继续过着退休后的家庭生活，并且开始进行抚养子女的工作。这种工作对一般夫妻的婚姻生活有很大好处，可以使他们在结束职业生涯之后填补面临的空虚。时下，有许多妇女在完成抚育子女的责任后才外出谋生，未来这种情况便颠倒过来，在工作后才开始考虑到儿童的抚育工作。有些夫妻则以其他方法克服退休后的难关，他们可能共同发展新的生活习惯、兴趣爱好等。另外，有些人自知难以渡过这个难关，便干脆切断这种关系，暂时加入单身行列，等待再婚。

当然也有些人，由于好运当前，而处理人际关系的能力又十分娴熟，聪慧过人，他们会发现某种能促使一夫一妻制继续长存下去的好方法。正如现在的某些人，仍能成功维持夫妻间一辈子的恩爱生活，但还有些人即使多次结婚，也无法持续一段较长的婚姻生活。这些人，即使在最后这一阶段的婚姻上，仍然要更换两三个对象。在这种情况下，人均结婚次数将缓慢却无情地被提高。

大部分人可能沿着这种方向一次又一次地选择临时婚姻。但是，家庭试验在社会上一经推广后，许多大胆的人便会出现。他们会选择社群家庭，或选择单身成年人与小孩共同生活的方式。结果，婚姻的类型将更加多样化，人们将有更多的生活方式、更多的新奇性体验可供选择，某些形式将更为普遍。而在未来的家庭生活中，临时性的婚姻将成为标准形式，也可能成为一种主流形式。

自由的要求

一个婚姻是临时的而非永久的，家庭安排是变化多端、多彩多姿的，同性恋者可为人父母，退休的人才开始步入生儿育女的阶段。这些与我们当前的世界截然不同。现在的人们都在寻求一个能够长相厮守的伴侣，而在未来的世界，单身生活将屡见不鲜。夫妻已不必像现在这样，即使婚姻触礁，还得因维持婚姻而被迫同床异梦。未来，他们只要对小孩尽职尽责便可劳燕分飞。事实上，既然有职业父母出现，亲生父母无须再因履行养育责任而必须待在一个充满仇恨的婚姻牢笼中，这样将更能助长成人自由离婚的风气。外在的压力既已不复存在，夫妻的共同生活将完全出于内心的共鸣。对他们而言，婚姻是主动完成的，是基于彼此相亲相爱而建立的。

在这种解放观念之下，我们将可能看到各种各样的家庭制度，以及由各种不同年龄的伴侣所形成的婚姻。鹤发童颜或是老妻少夫将日益普遍。重要不在双方年纪的大小，而在其价值、兴趣，尤其是人格发展方面的相辅相成。换句话说，伴侣将不求年龄的相当，而求其人生阶段的相符。

在超工业社会，儿童的生活圈越来越大，这种生活圈可称为"半同胞世界"：他们是由双方先后多次结婚而孕育出来的大群男孩、女孩。这种半同胞的重组家庭将是一个多彩多姿的世界。他们在必要时，都能互相帮助，但这也将带给社会种种新奇的问题。例如，半同胞者之间能否结婚？

当然，家庭与儿童的关系将有戏剧性的改观。也许除了少数群婚家庭没有丝毫变化之外，家庭将社会准则传递给年青一代的那股力量将荡然无存。然而，这将使家庭变化的步调日益加快，随之而来的问题也将日趋严重。

有件更为微妙的事情正隐约浮现在这些变化之上，将破坏变化的意义。人类事务往往潜藏着某种节奏性，但这种节奏性很少被人注意。到目前为止，这一直是稳定社会的主要力量，这种节奏就是家庭循环。

我们从童年开始，然后长大、成熟，离家，生儿育女，然后孩子长大、离家，再重复全部的过程。这种循环自古就有，一直以一种不变的规律进行，因此一般人往往将它视为理所当然。在青春期以前，孩子们已经懂得他们未来在维持循环时自己所应扮演的角色。家庭大事的可预知的连续性已经使无论属于什么部族和社会的所有人，都建立了代代相传的观念。家庭循环是使人类生存维持未定发展的不变事物之一。

今天，这种循环日益加快，我们更快地成长、更早地离家、更早地生儿育女，每件事安排得更加紧凑，而我们也将加快完成为人父母的任务。据芝加哥大学家庭发展学专家伯尼斯·诺嘉顿（Bernice Neugarten）博士所称："这种趋势将通过大部分的家庭循环，加快事情推进的节奏。"

倘若工业社会以更快的生活节奏加速家庭的循环，那么现在的超工业主义将迫使这种家庭循环趋于瓦解。由于生育科学的幻想已逐步实现，多样的家庭模式即将问世，职业父母制度已近在眼前，而临时婚姻和连续婚姻又日益兴起。在这种新潮流的冲击下，我们不仅会加速循环，也会把一连串的反常现象、暧昧状态及种种新奇的事件带入以往确定而规律的世界。

当母亲能够使生育的过程浓缩到去一次受精卵商场即可，又能由自己的子宫转移到另一个子宫时，怀胎时期的原始确定性将被破坏。孩子们在长大后将步入一个新的世界。过去，这个世界的家庭循环是如此完整和确定，而此时却显得突然且缺乏节奏。旧有秩序的没落，将使一种极具威力的稳定器丧失作用，一种健全的支柱濒临崩塌。

当然，上述发展趋势并非不可避免，我们仍有力量控制这种变革。我们可以选择以此未来代替彼未来，但我们不能死守过去。家庭模式正如经济、科学、技术及社会关系一样，将被迫去面对新的情况。

超工业革命将使我们摆脱过去及现在的不自由和毫无选择余地的家庭模式。但它提供的自由程度，目前还无法确知。这种自由将使我们付出极大的代价。

当我们迈向未来时，千千万万个平凡男女将面临许多颇费心思的选择机会，过去的体验将无济于事。他们的家庭关系中，将不仅要被迫去应付短暂性，还要面对许多日益增加的新奇性。

因此，不管事情大小，无论是公开的冲突还是私人的情况、常规性事务及非常规性事务、可预测性及不可预测性、已知及未知之间的平衡都将因此而改变，新奇性将大为增加。

在这种加速变革的陌生环境下，我们将被迫在有生之年，从各种各样的选择机会中做出个人选择，而这就是未来社会的第三个特征：多样性。这是短暂性、新奇性及多样性的最后集中点，三者结合起来将为历史性地适应危机揭开序幕，而这种历史性的危机就是本书的主题：未来的冲击。

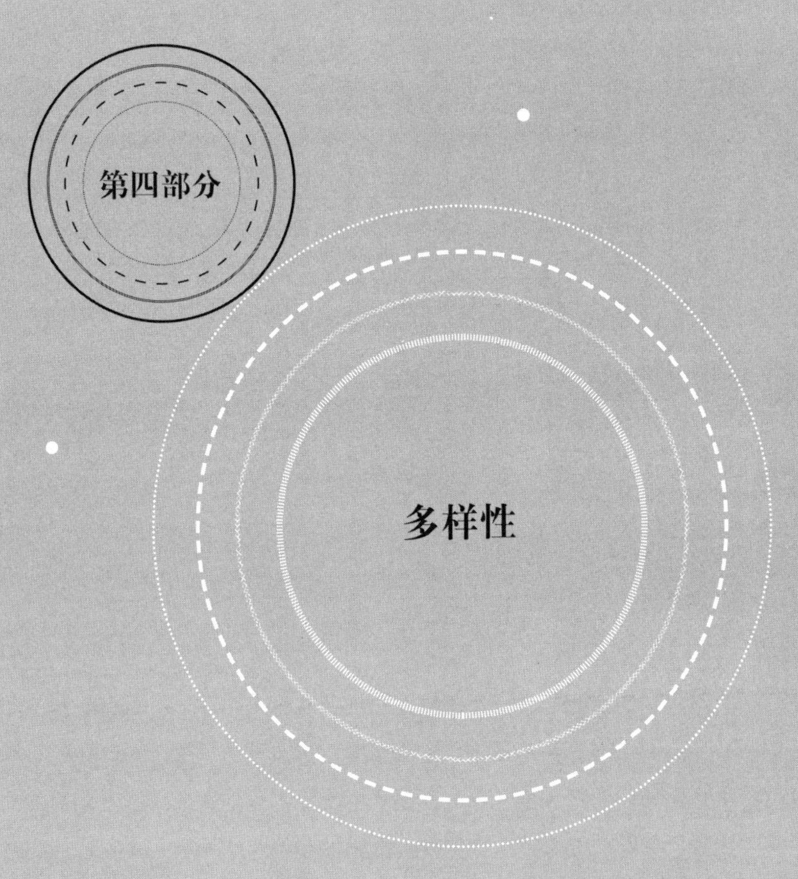

第四部分

多样性

第十二章　选择余地过大的由来

超工业革命的来临，将暴露我们对民主和人类未来选择问题的无知。在今天的技术社会，大部分人都认为，最大限度的个人选择权是民主的理想所在。但是，大部分作家预言，人们已经越来越远离这个理想。他们对未来持有悲观的看法，认为未来世界的人将变成没头没脑的消费者，接受划一性的教育，吸收划一性的大众文化，并被迫适应划一性的生活方式。

这种预言曾激发许多人憎恨未来、仇视技术的感情。法国的宗教神秘主义者雅克·埃吕尔（Jacques Ellul）便是最极端的偏激分子之一，他的书曾在大学校园里风靡一时。埃吕尔指出，过去的人比现在的人自由多了，因为当时对个人而言，“选择是一种真正的可能性”。现在，“人类已不再是选择的行为者”，而明天“人类将明显担任记录机的角色”。被剥夺选择权之后，人类将被迫行动，丧失其主动性。埃吕尔提出警告说，未来的人类将生活在一个身着天鹅绒装的盖世太保极权统治的国度里。

阿诺德·汤因比（Arnold Toynbee）的著作也强调同样的主题：

选择权的丧失。从嬉皮士一直到最高法院法官，从报纸编辑一直到存在主义哲学家也都重复这种观点。简单地说，选择权丧失的理论可以用三段论来表示：科学及技术导致标准化，科学及技术的继续发展将使未来变得更为标准化，人类将逐步丧失选择的自由。

倘若我们能够不盲信这种三段论，冷静下来分析，我们将会发现这种论调不仅逻辑错误，连整个理论所依据的前提也充分表露他们对超工业革命的本质、方向及意义的无知。

意外的是，令未来的人所感到头痛的不是选择权的丧失，而是选择权过多。

风格化产品

凡是到过美国或欧洲的人，对各个加油站和机场在建筑样式上的相似性都会留下深刻的印象。喝过可口可乐的人也都知道，每一瓶可口可乐都是一样的。很明显，这是大规模生产技术发展的结果。长久以来，我们物质生活的千篇一律已经激怒了知识分子：有些人指责酒店的希尔顿化，有些人攻击我们对整个人类搞平均主义。

当然，我们不能否认工业化具有“均质化”的影响力。而事实上，生产大量相同的物品也是工业时代的辉煌成果。因此，知识分子对物品相似性的感叹，正足以反映工业化的成果。

但是，他们暴露了自身对超工业特点的极端无知。他们只注意过去的社会状况，而忽视社会的激烈变革。未来社会提供给我们的不是有限的标准性产品，而是过去任何社会都无法提供的非标准性产品及多样性服务。我们所迈向的新世界不是物质标准化的领域，而是完全不同的世界。

标准化世界的末期已近在眼前，而它的前进节奏往往因不同的国度、不同的工业化程度而有所差异。欧洲的标准化趋向尚未达到顶峰（可能还要等待 20 年或 30 年）。但在美国，历史的车轮已明显转向了。

例如，美国市场专家肯尼思·施瓦茨（Kenneth Schwartz）曾有一个惊人的发现："最近 5 年来，美国的大众消费市场经历了革命性的转变。美国的大众市场已从单一性、类型相同的单元迸裂成许多不同类型的市场，每个市场都有独特的需求特点和经营方式。"这种趋势已经开始改变美国的企业界，结果将使消费者所使用的商品有惊人的改变。

菲利普·莫里斯公司曾有一段时间仅卖一种香烟。1954 年后，菲利普·莫里斯公司推出了 6 种新型香烟，消费者可以随意选择自己喜爱的类型，如香烟有无滤嘴，是否有薄荷味，哪种包装自己更喜欢。这个例子可能太微不足道。以汽油为例，几年前，美国供给的汽油只有高级汽油和普通汽油两种。而现在，美国有 8 种不同的混合汽油任顾客选择。1950—1963 年，美国杂货店所供给的肥皂及清洁剂，从 65 种增加到 200 种。冷冻食物则由 121 种增加到 350 种，连宠物食品也从 58 种增加到 81 种。

在办公室的装饰品及家具方面也有类似的情形。"过去 10 年，家具的新样式及新色调出现了 10 次，"家具制造公司的总裁约翰·桑德斯（John A. Saunders）说，"几乎每一个设计师都要表现自己的风格。”换言之，企业界已发现消费者需要的多样性，也改变了企业的生产方针，以适应他们。导致这种趋势的可能有两种经济因素：首先，消费者拥有更多的金钱花费在特殊需要上；其次，却是更重要的，当技术变得更精巧之后，多样性产品的成本随之下降。而这一点正是我们的社会评论家无法了解的，原始技术才会造成标准化，自动化技术反而可以提供无限的、令人眼花缭乱的产品多样性。

技术工程师鲍里斯·亚维茨（Boris Yavitz）说：“传统大量生产的标准化和千篇一律的产品特色已日渐衰落，全自动的机器，只要稍微改变制造程序，便可以改变产品的形状或大小。”哥伦比亚大学商业研究所梵·考特·海尔（Van Court Hare Jr.）教授指出：“自动化设备可用几乎相同的成本生产更为广泛的、多样的产品。”许多工程师及企业专家都预言，有一天多样性产品的成本一定不会超过标准化产品。

陈旧的自动化技术会造成标准化，但先进技术能产生多样性，这一点只要看一看美国如今的超市即可明白。正像加油站和飞机场一样，不管超市是在米兰或密尔沃基，在整体上已经越来越相似了，但市场里所陈设的商品，其样式之多也不是小杂货店所能媲美的。

这种对比的结论极其简单：食品及食品包装技术要比建筑业进步得多。建筑业到今天为止尚未达到大量生产的阶段，大体上仍停留在工业发展以前的技术阶段。此外，由于受到地方建筑法规及保守商会的限制，建筑业的技术进步率似乎遥遥落后于其他行业。技术越进步，则产品多样化的成本越低。因此，我们可以断言，当建筑业在技术上赶上制造业，加油站、机场、大饭店、超市等，在外形上便不会像同一个模子制造出来的。那时，标准性不得不让贤给多样性。

此外，我们也可由汽车业最近的变化来证实这种观念。20 世纪 50 年代末，美国市场大量引进欧洲及日本汽车后，客户的选择机会由 6 种增加到 50 种。但在今天看来，这种选择范围似乎仍显得过分狭窄且有限。

为了应对外来的竞争，底特律汽车工业不得不重新关注大众消费者，但不是单一的、不变的大众市场，而是由许多变化很快的小市场汇聚而成的集合体。顾客都喜欢订制汽车，因为这会让他们享受独一无二的感觉。古老的技术是无法满足现代人这种心理的，而新的电脑化集成系统不但可以满足甚至可以超越这种需求。

汽车买主和推销员都开始为选择的多样性而手忙脚乱。买主的选择问题尤其令人困扰。为了了解每一种选择，他们必须吸收更多的知识，做更多的决策及附属决定。要买汽车的人必须花费几天的时间去看车，查找有关资料，然后才能知道品牌、模型、样式以及选择中的常识问题。总之，不久之后，汽车业可以运用一种崭新的技术，廉价生产多样性的产品以供顾客选择。

我们才刚刚开始朝着物质文化的非标准性方向前进而已。马歇尔·麦克卢汉指出："今天，美国大部分的汽车已经是订制的了，汽车公司先将顾客所要求的颜色、样式及特殊要求估计好，然后将这些特点进行各种组合，这样就会制造 100 万个不同的产品。生产及消费的唯一限制是人类的想象力。”麦克卢汉的其他主张虽然惹人非议，但他在这方面的看法完全正确。未来我们所面临的真正问题将是“选择过多”，顾客虽然可以享受到多样性及独特性的好处，但是他们的选择过程将变得极为复杂。

电脑与教室

选择过多有没有什么特别的影响？有些人认为，只要我们在文化及精神方面朝着共同方向前进，物质环境的多样性并不会有什么重要的影响。他们引用一句著名的香烟广告语说：“重要的在里面。”

这种观点完全低估物品所象征的人格差异，也愚昧地否认物品的外在和内涵之间的关联性。那些害怕人类走向标准化的人，自然很热烈欢迎物品的非标准化。由于物品多样性的增加，人类生活方式改变的可能性增加了。

在任何文明社会，文化的多样性可以通过出版的图书数量表现出来。大众的趣味越单一化，出版的图书数量则越少；大众的趣味越多样化，出版的图书数量则越多。这种数字的高低与社会的文化变动方向有很大关系。

1952—1962 年，在全球 29 个国家中，约有 21 个国家在图书的多样性上大为提升。提升最快的国家是加拿大、美国和瑞典等，平均提高 50% 以上；英国、法国、日本和荷兰提高 10%—25%。另外，有 8 个国家朝更加标准化的方向发展，它们是印度、墨西哥、阿根廷、意大利、波兰、南斯拉夫、比利时、澳大利亚。总之，一个国家的技术越先进，图书的多样性也更为加强。

多样性的趋势也出现于绘画领域。再现主义、表现主义、超现实主义、抽象主义、波普艺术、动态艺术和其他100多种表现形式，几乎同时涌入社会。这其中可能有一两种暂时独霸艺术领域，却没有一个长久的、普遍的标准或风格。今天的艺术世界是一个多元性的市场。

过去，艺术是一种部落性、宗教性的活动。画家最开始为具有共同文化及历史背景的社区而工作；之后，他们为小部分贵族阶级工作，接着他们的观赏者变成无区别的普通大众。而今，画家所面对的观众分裂成许多密集的小团体。麦海尔指出：“最具划一性的文化是典型的原始社会。而现代大众文化的最主要特色是文化选择的多样性，文化包罗万象……只要粗略一看，便可发觉大众已分为许多不同的团体了。”的确，艺术家已不为普遍大众而工作了。即使他们自认是为大众服务，通常只迎合少数小团体的趣味及形式。只要市场的种类增加，艺术作品便随之多样化。

由于多样性的趋向，教育方面也出现激烈的变化。刚刚进入工业社会时，西方世界，尤其是美国的教育，已经开始走向大众化路线，以适应标准化的教育内容的要求。当新技术使多样产品的大量生产成为现实，满足消费者的多样性要求时，美国大学校园开始泛起一片反叛的浪潮。校园事件与消费市场之间的关系很少受到注意，但并非毫不相干。

学生们最大的不满是，他们并未被视为“个人”，而是集体性的划一产物、非人格化的“人才”。这些学生要像名牌轿车的顾客一样，要求拥有自己的特色。不同的是，汽车行业对消费者的要求唯命是从，而典型的教育传统对学生的要求却视而不见。（我们一方面说“顾客永远是对的”，另一方面却坚持着，老师永远是对的。）在这种情况下，学生，也就是教育中的消费者，被迫施加压力，使学校听从他们多样性的要求。

大部分大学和学院虽然大幅度增加课程的种类，但大体仍以学位、专业等形式为基础，维持复杂的标准化制度。这种制度规定了某些基本课程，要求学生按部就班地学习。学校虽然增加了许多选修课程，但这种多样性仍不能满足学生的期望。于是，一批年轻人便自行设立了“超越大学”（Para Universities），一种实验性、自由化大学。在这种新型学府中，学生可以从令人眼花缭乱的课程表上，自由选择他所希望学到的知识，从游击战术到股票市场技术，从禅学到地下电影等，都悉听尊便。

未来，包括学位、专业和学分制在内的整个老式教育结构将变成历史的陈迹。没有两个学生学的课程是完全相同的。极力争取非标准化教育的学生，在迈向超工业多样性的奋斗中，最终会赢得胜利。法国学生暴动的最主要成果之一是大学的分权管理，以照顾到地域多样性，使地方当局有权限改变课程、学生规则及行政惯例等。此外，公立学校也正在酝酿教育革命。正如伯克利的学生骚动引发世界性的学生运动热潮一样，而一开始好像也只是因为纯粹的地方性问题而引起了骚动。

纽约市的公立教育系统拥有 900 个学校，并负责美国 1/40 的公立学生教育问题，却遭遇有史以来最严重的教师罢课问题，可能也是因为学校分权管理所引起的。教师停止教学，学生家长联合抵制以及一触即发的暴动，这些状况几乎变成学校里每日的必修课程。在地方集团的支援下，黑种人家长大事声讨学校的无能，并指责存在的种族歧视，他们要求整个学校系统必须分解成为几个较小的“社区性”学校。

由于纽约黑种人无法获得种族平等及更高的教育质量，于是要求建立自己的学校，他们要求开设有关黑种人历史的课程。黑种人儿童的父母要求更多参与学校的管理，并主张废除目前等级化、僵硬化的学校管理制度。总之，他们要求独特的地位。

到目前为止，美国大都市的教育系统都具有强大的一体化影响力。他们以整个城市为基础，要求所属各学校采用同样的课程及统一化标准，通过这种方式将均一性强制输入各个学校。

今天，分权管理的压力已经扩展到底特律、华盛顿、密尔沃基以及美国其他主要城市（而且将会以不同的形式扩散到欧洲）。其目的，不仅是要改进黑种人教育，更要打破集权化的城市教育政策。他们试图使学校摆脱地方控制，以产生公立教育的多样性。这种努力在纽约市曾一度受阻，主要因为劳工组织的顽强抵抗，但这不表示反标准化的历史性力量将会永远终止下来。

当学生无法改革原来的教育系统，无法使之多样化时，便只有另谋他途，寻求其他的受教育机会。许多优秀的教育家和社会学家，包括肯尼思·克拉克（Kenneth B. Clark）和克里斯托弗·詹克斯（Christopher Jencks）在内，都主张建立新学校，与现在的公立学校一争长短。克拉克呼吁，建立地方性学校、州立学校和联邦学校，并提议由各个大学、劳动组织、公司乃至军事单位直接办校。他认为，这种学校富有竞争性，可以创造目前教育界急需的多样性。而与此同时，许多嬉皮士人群及其他团体认为目前的教育系统太平均化，于是开始自行成立各式各样的“超级学校”。

电脑可使大型学校的课程安排更富弹性，使学校当局更容易安排特殊课程，扩大课程范围，提供更多样的课外活动。更重要的是，电脑辅助教学、程序化的授课方式和其他类似的新技术，可大大加强教学多样化的可能性。电脑系统可使每个学生纯粹依照自己的进度接受教育，使他能独立自主地去获得学识，而不必受传统工业时代的严格教学方式的束缚。

在未来教育界中，经济大生产的残骸——集权化的教育组织将日渐式微。正如经济的大生产需要大量劳工聚集在工厂一样，教育的大生产也需要大量学生聚集在学校。除此之外，还要求统一的纪律，正规性的学时，经常性的考勤等，而这些都具有标准化的影响力。先进的技术在未来将把这些特点一扫而空，学生大部分的时间都可以在自己家里或宿舍里上课，时间可自由安排。此外，学生可通过网络获取大量的学习资料，还有专用的外语研究室、视听设备、语言实验室和电子系统的研究室等超工业化设备，因此学生大部分的时间不必枯坐在监狱式的教室中。

由此看来，如物质生产一样，教育界已不断远离标准化。多样性的社会推动力及个人选择机会的增加，将会强烈影响我们的心理和物质环境。

同性恋电影

在反对人类思想统一化的指控声中，被抨击得最厉害且最长久的，要算是大众媒体了。美国和欧洲的知识分子大事声讨电视行业，指责它统一了观众的言论、习惯及兴趣。他们将电视比喻为一个巨大的除草机，认为它削平了我们地域上的特色，并消磨了文化的多样性。此外，学术界也群起攻击平面媒体界及电影界。

虽然他们的指控不无道理，却忽视了一股极为重要的潮流。这股潮流带来的是多样性，而不是标准化。由于电视制作成本极高，而且频道有限，因此不得不依赖广泛的观众。对于其他大众媒体，我们却发现它们已越来越不依赖大量的观众了。“市场分化”的现象几乎到处都在上演。

上一代美国人看到的电影几乎清一色是卖座的好莱坞影片，但今天这种电影主流开始由外国电影、艺术电影和专门吸引小范围观众的特别电影所取代。由于这些产品极为专门化，因此纽约等大城市已经设有专供同性恋者观赏的电影院。同性恋者可以在专门电影院中尽情观赏同性恋者所表演的杰作。

在这种趋势下，美国和欧洲便接二连三地出现小型电影院。《经济学人》（*Economist*）杂志指出：“今日拥有 4 000 个座位的大剧场已成过时之物。过去那些一周去一次电影院的固定观众已经消失。”专门观赏特别电影的少数观众则一群一群地出现，而相应的新型电影院也正式宣告成立。仅在伦敦的某个区里，150 个座位的小电影院就出现了若干家，而经营者正计划扩大这种小型电影院的数量。

无线电广播事业虽看重大众市场，但在方针上已略有变动。有些美国广播电台只针对上层阶级或知识分子播放古典音乐，而其他电台则专门播放新闻，有的还播放摇滚乐。（摇滚乐电台也分为好几类，有些针对 18 岁以下的少年听众，有些则针对年纪较大的听众，更有些以黑种人为主要对象。）有些广播电台甚至为某一种职业（像医生等）的从业人员播音。将来可能出现工程师、会计师和律师等职业广播电台。这种市场的分化现象不仅表现在职业方面，电台也根据听众不同的社会地位、经济实力及心理状况设计不同的广播电台。

不过，非标准化现象最明显的首推出版业。在电视兴起以前，在许多大都市的大众化杂志可以说是标准化的主要缔造者；将同样的故事、同样的文章和同样的广告传递到成百万的家庭里，很快将时势、政见等新闻传播开来。而一般出版商也跟广播公司老板和电影制作人一样尽量争取最大最广的观众（及听众）。

电视业的出现曾压倒了美国许多规模较大的杂志品牌，如风靡一时的《科利尔》（*Collier's*）和《妇女家庭伴侣》（*Woman's Home Companion*）等都停刊了。许多大众杂志，为了躲避电视业的打击便转变成地方性的杂志，或将题材改为专门性报道。1959—1969 年，专业性杂志由 126 种激增到 235 种。今天美国的畅销杂志都开始为不同地方的读者提供富有地方色彩的文章，有些杂志社甚至提供了 100 种左右的地方性杂志。有些专业性增刊是为专职人员或其他团体提供的。《时代周刊》每周都为医药界的长期订阅用户赠送医药增刊。同样，教师及大学生所收到的增刊，内容也与教师和学生的身份和需求有关。这种专业性增刊的内容已越来越讲究，越来越专业了。总之，大众杂志的发行人像汽车行业一样，正力求使杂志的内容具有多样性，尽量避免题材的标准化。

新杂志的增加率也直线上升。根据杂志发行人协会统计，过去10年来，每倒闭一家杂志社便有4家杂志社诞生。每周几乎都可以看到一种新杂志出现在报刊亭，这些杂志都以小众读者群为主要销售对象。此外，各种各样的少年杂志也如雨后春笋般出现。而最近我们甚至看到一种群众社会专家在几年以前所不敢预言的现象：地方月刊再度出现。最近美国几十个大城市，像费城、圣迭戈、亚特兰大等地都出现了地方性的新杂志。由此可见，我们在杂志方面的选择机会也增加了许多。

图书的出版量也在每年剧增，一位家住郊区的家庭主妇抱怨道："你几乎找不到一个跟你读同一本书的朋友，真不知如何谈论有关图书的话题。"也许她讲得太夸张了，但调查发现，要从许多兴趣不同的读者所喜爱的书籍中挑选出每月最佳书籍已经越来越困难。

大众媒体的分歧性并不仅限于商业性出版物而已，非商业性的出版物也在此之列。"地下报纸"也在欧洲和美国的几十个城市风行，这类杂志在美国有几百种以上，大多依靠大公司支付的广告费维持开销。这些杂志的主要读者大部分是嬉皮士、激进分子以及摇滚乐的爱好者，因此对一般年轻人很有号召力。这些杂志分布极广，从伦敦的《It》杂志，纽约的《又一东村》(*East Village Other*)到密西西比州杰克逊市的《库朱》(*Kudzu*)杂志等都是这种性质的杂志。这些杂志里往往附有大量插图，以彩色印刷，并穿插迷幻药的广告，甚至某些中学也出版这类杂志。看了这些出版物的广泛出现，还要谈“大众文化”或“标准化”，就未免太不识时务了。

这种多样性的推动力并不完全是受了量的激增的影响，在某些方面是由新技术所激发的。凹版印刷及复印技术的进步，大大降低出版物的成本，甚至连高中学生都可以用省下来的零用钱出版自己的地下刊物。事实上，有些办公用复印机价格便宜到花 30 美元就可买一台。难怪麦克卢汉说，现在每个人都可以自己做出版商了。在美国，复印机几乎跟计算机一样，每个人都可以拥有一部。由桌上所堆积的定期期刊看来，出版一份文字显然不是困难的事。

电影界也出现革命性的变化。新技术使成千上万的青年学生和业余摄影爱好者都拥有自己的摄像机。在这种情况下，粗糙、色彩浓艳、自成一格而又富有地方色彩的地下电影，甚至比地下报纸还风行。

新技术的发展对音乐传播也有很大的影响力。当录音机普遍化之后，每个人都成为自己的“播报员”。法国广播电视台安德烈·莫斯曼（André Moosmann）曾指出，有些著名的歌星虽然没有上过电台或电视台，但他们的歌声仍可以广泛传播。

激进分子往往抱怨通信工具为少数人所垄断。社会学家赖特·米尔斯（C. Wright Mills）曾主张，文化工作者应该接管一切通信工具。但以现在的情况来看，他的这个主张大可不必。事实上，随着通信技术的进展，通信工具早已不声不响、不费一兵一卒地使传播的垄断局面改变了。

电视业虽然仍具有使人类的价值观更为统一的影响力，但由于其他媒体已略有矫枉过正的迹象，因此它们之间的作用可以相互平衡。当技术的突破使电视制作费用降低而使频道增加时，我们便可以预期，这种媒介工具势必开始分化产品，而这将有利于消费群体的多样化。事实上，这种突破现象已经开始破坏电视的统一化影响力。录影机的发明、有线电视的推广以及卫星电视信号的出现，都使节目更具多样性。由此我们可以看出，统一的趋势只是技术发展的一个阶段而已。现在，辩证法的过程已开始转向，而我们目前正跃向史无前例的文化多样性。

今天，图书、杂志、报纸、电影以及其他传播事业，正如汽车工业一样，开始为顾客提供“自我设计”的服务。1965 年，匹兹堡大学数学、电脑专家约瑟夫 · 诺顿（Joseph Naughton）曾指出，新发明的电脑系统可储存消费者的基本资料，将有关他本人的职业和嗜好的信息存在中央电脑里。之后，这种机器便可替他浏览报纸、杂志、影片、录影带和其他资讯，可以根据个人的喜好核对有关资料，遇到相关信息，便可即时通知消费者本人。这种系统也可连接于传真机上，而将资料传到个人的居所。1969 年日本报纸《朝日新闻》（*Asahi Shimbun*）曾指出，廉价的传真新闻系统即将取代一般报纸，而在此之前，大阪的松下电器已推出一种电视报纸的新系统了。这些都是迈向未来报业的起步。在这种系统之下，大众传播将“非大众化”，将从同质文化走向异质文化了。

面对这种情况而口口声声宣称“明日的机器将会把我们变成机器人”“我们的个性和文化的多样性将消失殆尽”等，实在有点儿荒谬可笑。我们绝不能因为最初的批量生产曾造成某种标准化，就一口咬定超工业将更会如此。整个未来的推动力将把我们带离单一性的商品、公式化的艺术、无差别的教育和大众性的文化。在社会技术的发展中，我们已开始步入辩证法的转折点。这种技术不仅不会限制我们的个性，反而可以增加选择机会和自由。

人类是否警觉到这一点，从心理上做好准备，则是另一回事。目前最值得注意的问题是，如果选择的问题变得如此复杂、艰难而费事时，选择不但不能使个人变得自由，反而徒增个人烦恼。总之，当选择变成选择过多，自由变成“不”自由时，人类便会背上自由的重负。

为了深入了解其中的缘由，我们有必要把在物质选择和文化选择上的研究视野再放大，我们有必要进一步探讨社会的选择。

第十三章 小团体组织的兴盛

在纽约城北 30 英里处住着一个年轻的出租车司机，他是一名退伍军人，经常自夸身上曾留下 700 多处伤口。这些伤口并非作战所伤，也非发生意外，而是他最喜欢的娱乐项目——驯马留下的“纪念品”。

他的收入在出租车司机中属于中等，却每年至少花 1 200 美元买进一匹马，悉心照料。他定期用自己的汽车，拉着拖车，拖车上载着马到距离费城 100 英里外的牛镇。在那儿，他与一些志同道合的伙伴，开始比赛套马、斗马、驯服小野马，而他们所获得的最主要奖品是被送到医院的急诊室。

他的住处离纽约虽近，但整个纽约对他来说似乎毫无吸引力。我认识他时，他已经 23 岁，只去过纽约一两次而已。他的全部兴趣几乎都集中在驯马场上，是驯马狂热分子组成的小社团成员之一，而这个小社团在美国并不出名。社团里的成员并不靠这种复古的活动维持生活，他们并不是职业特技选手，也并不偏好西部牛仔式的长筒靴、圆边帽、厚夹克和大皮带。这群人只是失落在高度技术文明化的、复杂而庞大的世界中，他们形成了一个小型而真实的亚文化集团。

这个奇怪的社团不仅吸引这个司机的热情，还消耗他的时间和金钱，影响他的家庭、朋友和他的观念，也为他提供一种衡量自己的标准。简言之，社团就是赋予他一种许多人难以发现的东西——自我认同感。

技术社会不仅不会单调、枯燥或千篇一律，甚至还会充满种种多姿多彩的团体组织：嬉皮士、神学家、飞碟盘玩家、潜水者、跳伞者、同性恋者、素食主义者等千奇百怪的社团。

今天，超工业革命的旋风已吹进整个社会。我们周遭的种种社团、小圈子，正如汽车样式般激增。这种非标准化的旋风，不仅增加个人在商品和文化作品方面的选择机会，也使社会结构加速趋于非标准化。因此，嬉皮士之类的新文化团体便在一夜之间突然兴起，我们正经历一种“亚文化的爆炸”。

这种现象的重要性是不容忽视的。因为我们本身和自我认同感都自觉地或不自觉地受我们所选择的亚文化影响、塑造，我们往往借着这种文化来认同自己。嬉皮士或那个借着700多个伤口来追求自我认同感的人虽然可笑，但在另一种意义上，我们全是这种玩绝技的人或嬉皮士；我们不断借着非正式的小团体、组织或其他各种社团寻求自己的认同感。然而，选择的对象越多，探索工作便越难。

科学家与证券经纪人

亚文化种类的增加在工作中最能明显体现出来。许多亚文化都产生于专业人员。因此，当社会分工越来越专业化时，亚文化的种类越来越多。

科学界目前越来越趋于分裂。亚文化往往跟正式的组织及团体纵横交错在一起，专业性期刊不断增多，学术会议也越来越多，但这种“公开”的差别往往远不如“隐秘”的差别那么惊人。癌症研究者与天文学者之间不仅研究的对象不同，他们所使用的语言也完全不同；他们有不同的人格类型，他们的思想、穿着、生活方式也大相径庭。（由于差异如此之大，因此他们的人际关系经常受到影响，有一位女科学家说：“我的丈夫是一个微生物学家，我本人是一个理论物理学家，有时候我真不知道我们彼此之间是否可以共同生活。”）

在科学界，往往有一种“物以类聚”的趋势，他们易形成富有团结力的小集体，然后彼此之间寻求赞同和威望，甚至连服饰、政治观点和生活形态等，他们也都希望能互相借鉴。科学发展、科学家增多、新的专业兴起之后，隐秘性的及非正式的多样性便随之增加。也就是说，专业化必然会造成亚文化的出现。

金融界的分化过程尤为显著，华尔街曾一度是均质化的典型社区。一个在金融界颇具声望的社会观察家指出：“过去，很多人从圣保罗学院毕业来到华尔街，赚了很多钱后便参加球拍俱乐部，在北海岸购置一块地产，而这时他们的儿女开始踏入社会。这些人之所以有今天，主要是因为他们向老同学兜售金融产品。”这段话可能有点儿夸张，但不可否认的，华尔街过去的确是盎格鲁－撒克逊清教徒的聚集之地。他们往往进入同一所学校，加入同一个俱乐部，从事同样的运动（网球、高尔夫球及手球等），参加同一个教堂的聚会，并投票给同一个政党（共和党）。

但是，现在倘若有人对华尔街还持这种观点的话，那么他不是异想天开，就是对变革的事实认识不清。今天的华尔街已经四分五裂了，一个刚踏入华尔街商界的年轻人，有各种各样的亚文化任他选择。在投资银行界，保守的老清教徒集团可能还残存一点儿势力，在金融行业却出现许多新的专业部门，而中国人、犹太人、希腊人的名字都出现在这些新的专业部门中，有些黑种人在重要部门充任要职。这儿的生活方式，各集团的价值观念，往往差距很大。金融界的成员，往往自成团体。

一位一流的金融记者指出：“现在几乎没有人愿意当老清教徒了。”的确，许多年轻的华尔街人即使过去出身于老清教徒，现在已不愿再出入典型的华尔街社会。他们宁愿跟多元化的集团打交道，甚至不惜与曼哈顿的商业巨擘发生摩擦。

当专业化继续推进、各个行业渐渐分化，而继续创造新技术和提供各种服务时，亚文化将加速推进。那些一边痛斥“大众社会”，一边指责“过度专业化”的社会评论家，从现实情况看来，他们只是在浪费舌唇而已。专业化，实际上是一场远离同一性的运动。

尽管许多人大声疾呼需要“全才”，但从现实趋势上看，未来的技术若没有经过高度训练的专业人才来推动的话将无法应用于现实生活，而且我们所需要的人才类型也在不时地变动。我们需要的是“多元化的人才”（也就是那些精通一个专业，但能随时转换到另一个专业的超级人才），而不是严格的“一元性专才”。当社会的技术基础趋向复杂时，我们便需要更专业性的人才解决种种问题。因此，我们可以断言，不管在种类上或在数量上，社会的亚文化都将大为增加。

娱乐专家

即使超级技术使未来千百万人不再需要工作，多样性也会出现在这些自由闲适的人身上。因为“娱乐专家”已经大量出现在我们的社会中；我们不仅在加速增加工作类型，也在增加娱乐的种类。

目前，一般消遣性的活动，例如种种嗜好、游戏、运动和节目，都正在加速增多，而亚文化的兴旺足以说明娱乐节目已不只是普通的消遣活动，它变成了整个生活形态的主要基础。

冲浪运动的亚文化便是指向未来的一个路标。“冲浪运动已发展出一种象征性意义，具有秘密集团或宗教礼法的性质，”雷米·诺多（Remi Nadeau）写道，“他们的标志是身上佩戴的鲨鱼牙齿、圣·克里斯托弗的徽章，或马耳他十字架等……长久以来，大家使用的运输工具一直是老式的福特车。”冲浪者往往故意显露出膝盖大腿上的伤口和肿块，以表示自己加入该团体的荣誉，而经过日晒后的小麦色皮肤也是不可或缺的标志之一。他们的头发永远向后梳，有时候，人们会花上几个钟头讨论圈内英雄人物的技巧，或竞相购买英雄人物使用过的圆领衫、冲浪板和会员证。

冲浪会员只是这种娱乐亚文化的一类而已，其他的还多得很，跳伞协会便是一例。最近跳伞界最热门的话题便是罗德·帕克（Rod Pack）的壮举，他曾不佩戴降落伞地从飞机上跳下，而由他的同伴在空中递一个降落伞给他，他接过伞后，自己在半空中小心地穿上，然后安全降落下来。正如滑翔爱好者、潜水者、枪手和飞车党一样，跳伞者也有自己的小世界，而这都应归因于新技术的影响力，使人们各自加入一种娱乐的亚文化。新技术既然可以促成新的竞赛活动的产生，那么高度技术显然会形成高度多样性的新娱乐团体。

当社会本身由以工作为主导逐渐转移到有更多的余暇时间，闲暇活动将成为人与人之间的主要差别。在20世纪初，一般美国人的工作时间即比以前缩短了1/3。当这种趋势再继续下去时，我们便迈进一个令人兴奋的娱乐专业化时代；在这种情况下，大部分的专业娱乐都将建立在精巧的技术上。

由此可见，太空遨游、笔友会、精神控制术、深海潜水、电脑游戏等，都会形成许多新的亚文化，甚至一些反社会的无业游民组织也日渐兴盛。他们团结起来，破坏社会工作，但他们的目的并不是获得物质上的利益，纯粹只是为了要“打击原有系统”。这些团体可能会去干预政府或大公司的电脑程序、毁坏邮件，切断电视信号或干扰收音机的广播，表演闹剧，扰乱股票市场，撕毁政治广告，甚至计划抢劫及谋杀。科幻小说作家罗伯特·谢克里（Robert Sheckley）在《第七个受害者》（*The Seventh Victim*）一书中，曾指出，未来社会对某些特殊游戏集团的“谋杀事件”可能予以合法化。

这些事情乍听起来也许令人难以置信，但值得注意的是，不同于正式工作的是，闲暇活动很少受现实条件的限制，因此这种事情并非完全不可能。在闲暇活动中，人们的想象力可以自由发挥，善于动脑筋的人可以想出各种各样的新玩法。只要时间、金钱及技术条件够的话，未来将会出现许多意想不到的新玩法。他们会玩出许多奇怪的性爱游戏，他们会跟社会开玩笑，跟自己过不去。在这些千奇百怪的选择机会下，他们会形成许多亚文化集团，进而造成这些亚文化集团各据一隅的局面。

年轻人的街区

亚文化正在加倍激增之中，年龄也成为划分界线的标准。过去，人类被笼统地分成幼儿、青年、老年三个阶段。到了 20 世纪 40 年代以后，少年被一个限制更严的词“青少年”（teenager）所取代，这个词特指 13~19 岁的青少年。（事实上，直到“二战”结束以后，普通的英国人才听说这个词。）

今天，这种粗略的三分法已不能再适应新时代的要求了，我们忙不迭地创造许多更特殊的分类；又出现了“儿童”（pre-teens）及“少年”（sub-teens）的区分。我们接着又在“青少年”（teenager）之后，加上一个“青年”（post-teens）的阶段，之后又接上一个“青年已婚者”（young marrieds）的新阶段。这些都明显意味着，我们已不再将年轻人笼统地混在一起了，而且每个年龄段之间的界限越来越明显，差距也越来越大。难怪密歇根大学的社会学家约翰·罗夫兰（John Lofland）曾预测：“年龄的差距，将如南方人与北方人，资本家与劳工，移民与原住民，女权主义者与大男子主义者，白种人与黑种人一样。”

罗夫兰同时提出“年轻人街区”的兴起，来证明他的论点。年轻人街区几乎全是大学生的群居之所。正如黑种人的街区一样，年轻人街区的特色是居舍简陋，房租起落不定，年轻人具有高度迁移率，经常与警察冲突。许多亚文化团体在这里竞相争取年轻人的拥护。

现代的孩子们所崇拜的对象已不同于他们的父母了。孩子们逐渐投向自己伙伴的怀抱，他们比以前更易于受到同辈的影响。他们的偶像，已不是长辈人物，而是明星或他们生活圈里的模范。由此看来，现在所出现的新团体已不仅是大学生而已，即使青少年、少年也都在形成自己的团体，有各自的独特性质，自身的风格、爱好和英雄崇拜等。

同时，成年人的年龄分界线也在激烈地产生中。有些地方住的是年轻夫妻，有些地方住的是中年夫妻，有些地方住的是老年夫妻。我们甚至还特别为退休人士设计了“退休社区”。“总有一天，”罗夫兰提出警告道，“某些城市一定会发现，各种不同的年龄集团的投票实力，将会强烈影响政治局势，正如种族问题会影响政治一样。”以年龄划分的亚文化出现，可以说是社会变迁的历史性转折点。以时间因素来区分人类的趋势已越来越明显，而以空间来划分的传统方式将日渐消失。

伊利诺伊州立大学的沟通理论家詹姆斯·凯里（James W. Carey）指出：“在原始社会和西方早期社会，空间上极小的断绝现象往往会造成文化的极大差异……相隔不到100英里的两个部族社会系统，往往发展成两种迥异的表达方法、神话及祭拜方式。”而在同一个社会，“往往既成的传统流传很久……在不同的社会中，差别往往很大，但在同一个社会差别却很小”。他接着指出：“今天，空间已不再是决定差异的因素了。多样性的轴心已从空间转向时间或世代的层面了。”由此，代际的裂痕便随之加大。马里奥·萨里奥（Mario Sario）曾对这一点提出革命性的口号：“不要信任30岁以上的人！”过去，这种口号绝对无法流行得这么快。

凯里认为，从空间性差别转向时间性差异的主要原因，是由于交通及运输技术改进所致，这种新技术显然已征服了空间。另外一个常被忽视的因素则是：变革加速化。当外在环境的变革加速时，新一代与旧一代之间的差别势必更为明显。今天的变革的节奏之快，几乎可以使一个人的生活体验在几年内完全改观。有些兄弟姐妹年龄相差不过几岁，但感觉彼此是属于一个完全不同的“世代”，其原因便在于此。由这种趋势看来，哥伦比亚大学的四年级学生对二年级学生说“代沟”，必然也有他们的原因。

结婚族

现在，不仅职业、娱乐及年龄的分界线在加速产生，两性及家庭的分界线也在产生。过去，人们被粗略地分为单身、结婚和寡居三个类别。但在今天的技术社会中，由于离婚率极高，因此产生了新的社会群体，即离婚的人或分居的人。婚姻问题专家莫顿·亨特（Morton Hunt）称这种情形为“仳离世界”。亨特指出：“这是一种亚文化，这些人有交朋友的独立圈子，有适应独居或分居的生活方式，也有获得友谊、社交生活和爱情的独特机会。”当这些人与结过婚的朋友断绝往来，又与未结婚的人没有往来时，便只好同病相怜地形成自己的群体，有自己喜欢的聚会之所，有对时间的特有态度，有明确的性生活的规则和习惯。

由目前的迹象来看，这种特殊的社会群体将在未来兴盛。一旦产生，离异男人的世界将产生更多的亚文化群体。当亚文化群体更加兴盛时，便分裂得更快，形成更多新的亚文化。倘若未来社会组织发展的第一步是亚文化群体的兴起的话，那么第二步将是亚文化群体在规模上的缩小。

一般为“大众社会”感到忧心忡忡的人常忽视这个基本原理。事实上，即使在标准化压力极大的情况下，多样性的潮流仍然会继续冲击下去。现代城市的人口越多，所产生的亚文化群体的数量便越多，也越多样化。同理，亚文化群体越庞大，花样越多时，便越容易分裂，形成多样化。

不自由的野蛮人

社会的亚文化群体越多，个人的潜在自由就越大。生活在工业时代以前的人，拥有许多与现实不符的浪漫梦想，主要因为自己的实际选择机会并不多。

虽然有些感伤主义者在大谈特谈原始人的无限自由，但根据一些人类学家及历史学家的实际研究所得，情形并不美好。约翰·加德纳针对这个问题曾直截了当地说：“原始部族及工业时代以前的社会，往往比现代任何社会都更强烈要求个人对集体屈服。”澳大利亚的一个野人部族曾对一个社会学家说：“部族里的每一个人选择每一件东西时，都必须经过集体同意，这就是我们的合作方式。”而这也是我们所谓的“统一”。

工业时代以前的人之所以要全盘统一，野人部族之所以要服从集体决定，就是因为他们除此之外，别无他法。他们的社会就如磐石一样，并没有分裂成许多解放的小单元，而这种现象正是社会学家所称的“未分化的社会”。

工业主义的来临，正如子弹穿过玻璃一样震动了整个社会，将社会分成几千个特殊化的部门：学校、公司、政府、教会和军队等，而且各个部门又区分成许多更小、更专业的小单位。这种分裂作用更进一步渗透到其他非正式的社会层面，而产生了亚文化群体：斗牛士、摩托车骑士协会、嬉皮士及其他种种千奇百怪的小团体。

这种社会体制的分裂，正如生物的生长过程一样。胚胎开始发育而形成更专门化的器官时，彼此间便逐渐显出分化现象。在生物的整个进化过程中，分化性在不断地提高。由此看来，不管生物或社会集团都有走向分化的现象。

此外，不论在经济、艺术、教育或大众文化上都有这种现象。这些因素聚合在一起，便形成更大的历史过程。可以说，整个超工业革命是人类社会迈向多重分化性的一种进展。

我们社会结构中的衔接部分之所以时常发生断裂现象，其道理在于此；而我们的社会结构之所以越来越复杂，其道理也在于此。

过去我们的社会结构约有 1 000 个组织实体，现在却扩充到 10 000 个组织实体，而彼此之间都由一些短暂性的环节所连接。过去我们的社会结构仅有几个永久性的亚文化群，因此成员易于彼此认同，现在却有几千个亚文化群体丛集而生。

过去，整合工业社会的约束力，如法律规章、共同的价值观、集权化和标准化的教育及文化产物等，目前已在崩溃之中。而这正足以为我们说明，城市为何突然变得“无法治理”，大学为何变得“难以控制”。过去以标准化、简单化和永久化的方式来调整社会的方法已不能适应今天的社会。一种新的、易于分裂的社会体制，也就是超工业化体制，正在出现。这种社会体制是以先前的社会系统为基础，而我们迄今没有找到将社会各部分整合为整体的方法。

那些坚信会出现“大众社会”的理论家所关心的现实问题早已没有讨论价值。盲目反对技术并预言未来的人类将变成蚂蚁集团的人，他们的这种预言只是对工业主义现状的一种错误的直觉反应而已。

废除对劳工的束缚是一种明智之举，但盲目认为这种束缚状况将延伸到未来，并断言工业主义多样性及选择权将消失，却是一种极为危险的、武断的结论。

过去及现在的人类，一直过着选择目标极少的生活。而未来的人类，由于选择目标的增多，他们所面临的不是选择问题，而是选择过多的问题。对他们而言，自由的极度扩展将很可能变成一种负担，而这种自由大部分是源自新技术的发展。

早期的工业技术需要许多机械式的劳工从事重复性的工作，而这些工作在未来都可以由自动化系统操作，而人类所从事的将是需要判断，需要掌握人际交往能力及富于想象力的弹性工作。超工业社会所需要及其所塑造的，不是同性质的“大众人”，而是具有特质的个人。

由此看来，在未来的社会，人类不仅不会变成呆板的同质体，反而会比以往变得更具有多样性。这种超工业社会目前已开始在形成之中，这将使我们的生活形式大为短暂化。

在旧金山，企业高级职员会光顾有袒胸女服务员的餐馆；在纽约，一位怪里怪气的女大提琴手因上身裸露着演奏而遭逮捕；在堪萨斯城内，同性恋的组织集会，掀起一场运动，要求解除国防部颁布军职人员同性恋的禁令。

美国在金钱、财产、法律、种族、宗教、上帝、家庭和个人等问题上，因它们的不确定性而备受困扰。不只美国因价值观的混乱而感到无所适从，几乎一切社会都经历同样的巨大震荡。旧有价值观的崩溃引起了广泛的注意，牧师、政治家、父母都为这种现象而摇头叹息，但大部分有关价值观变化的讨论都因忽略了两个主要重点而无法切中要害。其中，重中之重就是加速化的问题。

现在，价值观的转换比历史上的任何时期都更为迅速。在过去的社会里，一个人可以预期整个社会的公共价值体系在他一生中基本上会保持原状。然而今天，除了未经技术洗礼的孤立社会之外，再也没有一个社会能够保持不变。这正意味着，公共价值体系或私人价值体系的一时性，也意味着，无论以何种价值体系代替工业时代的价值体系，这个新的价值体系都将比过去更为短暂化。不但如此，目前也无任何迹象显示，工业社会的价值体系有可能走向“稳定状态”。在可见的未来，我们仍可断言，价值体系的变动将更为迅速。

在工业社会中，千奇百怪的观点使人心无所适从。家庭、学校、公司、教堂、大众传媒以及成千上万的亚文化群，都各自吹嘘其价值观念。这种“各自为政”的态度，本身也属于另一种价值观念。如《新闻周刊》所宣称的：“我们正处于一个丧失统一性意见的社会……我们所接触到的行为规范、语言和礼仪都缺乏统一性的标准。”

罗得岛医院的社会科学研究员沃尔特·格伦（Walter Gruen）曾证实了统一性意见的丧失。在对“美国核心文化”做了一连串的调查统计之后，格伦惊奇地发现，他的结论与早期调查者的结论完全不同。早期调查者认为，中产阶级通常倾向于坚定的信念体系。他说：“统计结果显示，信念的多样性比其一致性更为显著。”因此，他下结论道：“谈到美国的文化情结时，我们或许早已引人误入歧途。”

格伦特别指出，尤其在富裕的、受过教育的阶层，统一性的观念更是被多重性的价值观念所取代。当亚文化群体的种类和数量继续扩展时，多重性也将日益增多。

未来的人会面对相互抵触的价值体系，他们在面对新的消费品、服务、教育、职业以及娱乐上的选择时，将不得不“消费”新的生活方式来从事选择。正如过去的人，在无法选择的时代中，消费日常用品一样。未来的人将以同样的方式“消费”生活方式。

飞车党与知识分子

在伊丽莎白一世时期，“绅士”一词指的是全面的生活方式，并不仅限于表示一个人的出身而已。要成为一个“绅士”，除了要具备良好的家世之外，还需过着一种特定的生活：他要比一般人接受更好的教育，具备更优雅的礼节，穿着更好的衣服。此外，“绅士”只能参加某些特定的娱乐（不能参加其他的娱乐），住宅必须豪华且壮观，还要与下属维持某种程度的疏远关系。简单地说，他必须谨记其阶级的“优越性”。

商人阶级自有适合他们自己的生活方式，农民阶级也自有其另一套生活方式。和绅士一样，拥有同样生活方式的人聚集在一起，从个人的住宅、职业、着装到时尚的话语、姿态和信仰的宗教等各方面都会祛异求同。

今天，我们仍借着各种“成分”来塑造我们的生活方式，不过大部分情形已有所转变。生活方式不再是阶级地位的表征，阶级本身已分裂成更小的单元，经济因素的重要性已日渐减少。因此今天，与个人阶级基础有关的亚文化，对于个人的生活方式已不再有决定性的影响。劳动阶级出身的嬉皮士和从贵族学校退学出来的嬉皮士，共享相同的生活方式，但他们出自不同的阶级。

既然生活已成为个人对各种亚文化认同的表现，那么，亚文化数量的日益增加，将使生活方式也随之增加。时至今日，聚集在英国、美国、日本和瑞典等国的外国人，并不只是在4~5种与阶级基础有关的生活方式中从事选择，而是可以从数目众多的可能性的生活方式中从事选择。当亚文化的种类日益增多，生活方式的种类也就随之增多。

因此，我们如何选择生活方式以及这些生活方式对我们产生的意义，将成为未来心理学的主要课题之一。生活方式的选择，无论是有意识的还是无意识的选择，都能影响一个人的未来，因为我们在选择时不得不接受选择所带来的秩序、原则及标准。

当我们查看如何做出实际选择时，对这种情况将了解得更为清晰。在一对年轻夫妻着手布置公寓之前，或许已经浏览过成百种不同的灯饰——斯堪的那维亚式、日本式、法国地方式、蒂凡尼式，或美国殖民时代式的。而在选定蒂凡尼式后，又将有十几种不同的尺寸、样式和模型更待细细挑选呢！在品评过所有的式样后，他们就从中挑选出一种。在家具百货店内，他们又在千百种陈列出的式样中，挑选了维多利亚式的饭桌。对于地毯、沙发、饭桌椅等，这种“品评—挑选”的过程将反复地进行。事实上，同样的过程不仅出现在布置家居上，甚至在观念、朋友、语言和价值观念的选择上，这些过程也都不断地重现。

虽然社会陈列着琳琅满目的产品，以供个人选择，但个人的选择并非是走马看花似的随手拈来。任何消费者在决定时，（无论是饭桌或任何价值观念）已被其先入为主的鉴赏力及嗜好所左右，而且没有任何选择的做出是能够完全独立的。每一个决定，已被先前的决定所限制，例如那对夫妻决定购买的餐桌的样式，已被其先前所购买的灯所限制。简单地说，我们每一个行为，不论是否具有自觉性，均包含着牢不可破的个人形式。

穿着黑夹克、戴有金属装饰的手套、全身上下挂着十字形标记的飞车党，脚上穿的不是圆头或飞机头的皮鞋，而是粗布鞋。这样的人走起路来很可能摇摇摆摆，嘴上也很可能叽叽咕咕全是反极权的陈腔滥调。事实上，这也是牢不可破的价值判断。因为他知道，任何表现文雅的举止和清晰的口齿将有损于他这种形式的“门面”。

生活方式的制造者与微小英雄

为什么飞车党要穿黑色夹克而不穿棕色或蓝色的夹克？看来，他们似乎在追随某些模式，试图借此表达某些理想。关于生活方式的起源，我们所知甚少。不过我们却知道，这与大众化的偶像，如“007”等，多少存在某种关系。

马龙·白兰度（Marlon Brando）穿着黑色夹克、骑着摩托车呼啸而过的镜头，或许是飞车党的最初形象，也的确被宣传为一种生活方式。社会学家奥林·克拉普（Orrin Klapp）说：“这类的英雄造成社会方式的具体化”。詹姆斯·迪恩（James Dean）所主演的电影《无因的反叛》（*Rebel Without a Cause*），讲述了一个被社会忽略的少年的所作所为。还有就是猫王树立了弹吉他的摇滚音乐人的形象，之后就是披头士蓬散着头发，穿着奇装异服的粉墨登场。“流行的主要作用之一，”克拉普说，“就是制造一种典型，接下来，新的生活方式和新的爱好也就相继问世。”

然而，生活方式制造者并不完全是大众媒介的偶像。这个人可能在一个特定的亚文化群体外，或许默默无名。哥伦比亚大学英文教授莱昂内尔·特里林（Lionel Trilling），几年来一直是西区知识分子最敬仰的前辈，这是纽约的一个亚文化群体，在美国文学圈和学术圈内极负盛名。玛丽·麦卡锡（Mary McCarthy）在成名以前，她的形象早已成为人们心中最理想的母亲形象。

约翰·斯派克（John Speicher）为一本名为《印度豹》（*Cheetah*）的青年杂志撰写了一篇极具慧识的文章。他在文中指出："一般较为著名的生活方式模式，都是20世纪60年代的年轻人所热衷的对象。从切·格瓦拉到威廉·巴克利（William Buckley），从鲍勃·迪伦及琼·贝兹（Joan Baez）直到罗伯特·肯尼迪。美国年轻的群体里有各式各样的英雄。"斯派克又说道："凡英雄所在之处，便有一批追随者，一群崇拜者。"

正如斯派克所说的，对于亚文化群体的组成分子而言，他们的英雄提供了"心理认同的存在必要性"。自然，这并非是今天才出现的，而真正新出现且值得我们注意的，却是这类英雄和微小英雄的大量增加。在亚文化四分五裂及价值观念多样化之际，我们将发现，如斯派克所预言的"对于国家的认同感，将不可避免地趋于破裂"。对每个人来说，这意味着一个重大的抉择，因为"这里充满着各种英雄和种种亚文化群。你可以比较一下，选择你所喜好的一种"。

生活方式的工厂

神话般的偶像极可能是生活方式的制造者，他们通过亚文化小团体或小群体出现在大众面前。这些小团体或小群体将大众传媒中的原始象征资料拼凑起来，将衣着、观点和语言等碎片聚集在一起，而形成一个连贯整体的生活方式模式。一旦这种特定的模式形成之后，便像一家优秀企业一样，设法推广此模式并为其寻找主顾。

当然并非所有的亚文化都如此具有侵略性及如此善于运用公共关系，但其在社会上所形成的累积力量非常强大。这股力量的形成，基于我们归属感的迫切需要。生活在原始社会的人强烈感觉到自身附属于部族。他深切了解自身的归属，并无法想象与部族分离的状况。而工业社会是如此庞大，任何人都无法全面了解其复杂性。在这种情况下，想维持某种认同感或与整个社会接触，便只有加入一个或多个亚文化群体。当个人无法与这种群体保持认同关系时，他将感到孤独、疏离感及无能感的侵扰。这时，他对自己是谁也将开始感到茫然。

相反，归属感常把我们吸引过去，使我们心甘情愿地放弃自身更好的判断、价值观念、状态及生活方式。尽管如此，我们仍必须为所获得的利益付出代价。因为一旦我们心理上与亚文化发生密切的联系，我们会感到一种压力，我们必须随群体而行动。当我们顺应其生活方式时，便可获得温暖、友情和赞许等回报。一旦背离，亚文化群体便用嘲讽、摒弃或其他方式无情地惩罚我们。

亚文化群体为了传播他们喜好的生活方式，便以种种宣传来吸引我们的注意力。他们利用人心理最脆弱的特性“自我形象”而大行其道。他们以诱人的口吻细语道：“加入我们吧！你将变得更有影响力、更受人尊重，你不会再觉得孤独。”然而，在急剧增加的亚文化中选择，我们虽能模糊地意识到我们的性格将由自我决定来塑造，但我们又强烈需要那些亚文化群体的感召。在这种情况下，亚文化群体的心理战术将使我们举棋不定。

在面对各类亚文化的选择时，一个人就像一个在新奥尔良的波蓬大街上的徘徊者一样。当他徘徊在低级酒吧和低级场所，守门者抓着他的手臂把他绕得团团转，然后打开一扇门使他瞥见了酒吧后面舞台上脱衣女郎的表演。亚文化群体的宣传方式比麦迪逊广场更强烈地吸引我们的注意。

亚文化群体提供的不是一次肉体的表演或一种新的肥皂或清洁剂，而是将一系列超级产品摆在我们面前。亚文化群体给予你温暖、友谊、尊敬及团体归属感。推销啤酒和除臭剂的广告商也极乐意这样做，但亚文化群体能提供其他商贩所无法提供的法宝：我们在选择过剩的压力下，获得短暂的喘息机会。因为这类团体不是提供一个产品或一个观念，而是教我们全部产品和观念的组织方式。它提供整套的指标，这些指标可以帮助我们选择，可以使选择简化到人人都能完全处理的程度。

大部分人都急切地渴望找出一套正确的标准。在各种道德原则的互相冲突中，在选择过剩所造成的矛盾情况下，最有力且最有用的“超级产品”，就是个人生活的组织原则，而生活方式恰能提供我们这一点。

生活方式的力量

当然，并非所有的生活方式都具有这种功能。我们正处于一个争奇斗艳的模式陈列馆内。在这个心理的万花筒中，我们处心积虑地寻求一种适合我们独特气质及周围环境的生活方式。我们致力于寻求可供模仿的英雄和典型人物。生活方式的寻求者，正像一个通过浏览时装杂志想找出一种合适的时装式样的女人一样。她仔细地逐页阅读，最后把目光停留在一件衣服上，于是决定参照那件衣服的样式，开始搜集所需的物件布料、针、线、纽扣等。同样，生活方式的制造者也需要一些必备的道具。他蓄起了长发，买了一大堆艺术画报和格瓦拉的论文集，并且开始和人家讨论马尔库塞、弗朗茨·法农（Frantz Fanon）口中说着“妥当性”“体制”等特殊术语。

然而，这并不是说他的政治行为是毫无意义的，也不是说他的意见是不正确或愚蠢的。他的社会观点可能是（或不是）正确的，但至少他所选择的表现方式是追求个人生活方式的一部分。

上述的那个女人，当她在裁剪衣服时，可能会在小地方按自己的意愿加以修改，使之更适合她个人的体态。最后的产品可能是按她的要求做的，但大体上看来，这件衣服与同一式样的其他衣服仍十分相似。对于生活方式，我们也常以同样的方式使其个性化，但仍类似于亚文化所提供的生活方式。

当我们模仿一种生活方式时，我们通常并不知道。要成为一个行政官，或过激派的一分子，或西区知识分子的一员，这些决定很少是出于纯粹逻辑分析后的结果，也很少是在短时间内果断做出的。由抽雪茄而改抽烟斗的科学研究员，他的理由可能是为了健康着想，然而他绝不会想到，他之所以这样做是因为抽烟斗是他所追求的整个生活方式的一部分。选购蒂凡尼灯的那对夫妻，只会想到正在布置公寓，而并没意识到自己的行为正填补他们的整个生活方式。

实际上，我们很难将生活方式与自己的生活联想在一起，而且很难客观地把自己的生活方式描述出来。要我们去探求自身方式的价值含义，则更是困难重重。因为我们并不是单单选择一种全套的生活方式，而是从多种不同的模式中将吸引我们的因素拿来组合我们的生活。我们可能混合了嬉皮士和冲浪者的生活方式，也可能混合了高级职员和知识分子的生活方式。这种混合形式实际上已被许多公司职员所采用。在这种情况下，要分析其采用了多少类型将十分困难。

当我们选择了一个特定模式后，就会把它确立起来，并尽力使其免受任何打击，因为这种方式与我们休戚相关。这对于未来社会的人更为重要，因为他们对于生活方式的关切已近乎疯狂。然而，这种强烈的关切并非文学评论所说的“形式主义”，也不仅是对外在现象的关切而已。因为生活方式不仅包含行为的外在形式，更注重行为的内在价值观念。因此，任何芝麻小事对未来的人而言都具有重大的意义。即使是生活上的小细节，只要危及生活方式或对生活方式的完整性有所破坏，就将激起极大的反感。埃塞尔（Ethel）婶婶送给我们的结婚礼物令我们不知所措，因为它与我们的生活方式距离太远，使我们觉得懊恼和困惑。虽然明知“埃塞尔婶婶实在想不出送比这更好的礼物”，不过我们还是毫不犹豫地将其束之高阁。

事实上，埃塞尔婶婶送的是烤面包机还是餐巾本身并不重要，但这代表不同的亚文化群体的信息。因此，除非我们对自己的生活方式不喜欢，或者我们正处于各类生活方式的过渡时期，否则这种礼物所包含的意味足以给我们带来强大的威胁。心理学家利昂·费斯廷格（Leon Festinger）创造了一个术语叫“认识的不协调”，他指出，人类对于与自己先入为主的观念不相容的知识往往有排斥或否认的倾向。我们不希望处心积虑建立起来的信念体系遭受到不必要的困扰。同样，埃塞尔婶婶的礼物也可以象征“生活方式上的不协调”，它对我们精心设计出来的生活方式具有巨大的威胁力。

为什么生活方式具有这种自我保护的力量？当我们选择一种生活方式时，我们的主要出发点是什么？生活方式是我们表现自我的主要工具，也是我们表现所属的亚文化群体的主要手段，其重要性是难以估量的。生活方式之所以如此重要，而且当社会越多样化时其重要性便越加强，其主要原因是，选择一种可供模仿的生活方式，是对抗选择过多的庞大压力的最有力策略。

不管我们是否有意模仿巴克利、琼·贝兹或冲浪者穆恩（Moon），至少这些决定可使我们避免从事千万次细小的生活抉择。一旦我们选定一种生活方式之后，便能知道自己应穿什么样的衣服，应采取什么样的行动，以及自己应拥有什么样的观念和态度，并可以舍去不适合我们生活方式的种种选择。

在选定特定的生活方式之后，我们便可以不必考虑一大堆可供选择的事物。选定“飞车党型”的人，便无须再关心开放市场中千百种的手套样式，只需在有限范围内做出选择。自然，这种情形并不仅限于手套而已，即使在思想和社会关系方面也如此。

将自己托付于一种生活方式而舍弃其他生活方式，是一种最高的决定。因为这种决定是一种比日常生活中的任何选择都高出一筹的决定，它能缩小我们未来的选择范围。因此，只要我们限定这个范围，那我们的选择就相对单纯多了。这个决定的指导意义很明显。

但当我们的生活方式发生剧烈变革，或是某些力量迫使我们重新考虑时，我们将被迫再从事最高决定。这时，我们所面临的痛苦是，不仅要改变自己，而且要改变自我形象。

它之所以使我们感到痛苦万分，是因为在我们放弃自己的特殊生活方式而与亚文化割裂时，我们将丧失归属感。更糟的是，我们的基本原则也产生了问题，我们必须单独去重新面对新的生活抉择，而失去一个固定的、明确的指导。简单地说，我们将重新背上选择过多的重担。

过剩的自我

处于“许多方式之间”或是“许多亚文化群之间”，将会造成生活上的混乱。未来的人将比过去的人和现在的人花费更多的时间去追寻生活方式，他们停留在这种“混乱”的时间将更为长久。超工业社会的人必须在种种亚文化群冲突的世界，追求个人的轨道；每换一次亚文化群体，便需要改变自己的身份。这意味着，未来社会的变动性不单纯只是从一个阶级跃向另一个阶级，而是从一个团体转到另一个团体。他将无休止地从一个亚文化转到另一个更短暂的亚文化，并以此构成生命的“轮廓”。

这种无休止的转移是由许多原因造成的，不仅因为个人心理上比过去更需要变革，还因为亚文化本身也在变革之中。由于这些原因，未来10年间，当亚文化群的成员变得更不稳定时，每个人将更加狂热地追求他个人的生活方式。每个人将逐渐对“事情总是这个样子”而感到不满，也深深地感到痛苦、厌烦。也就是说，对目前的方式感到厌烦。到了这个时候，我们将重新开始寻求指导选择的方针。因此，我们又面临了“最高决定”。

这时，若有人密切观察我们的行为，将发现我们所谓的“短暂性指数”正急剧上升。物品、地域、人际关系、组织和资料等的周转率急剧上升。象征我们与过去亚文化群体关系的物品，如绢制衣服或领带，老式的蒂凡尼灯，饰有爪雕刻的维多利亚式桌子都逐渐消失了，代之以新的陈设，希望新物品与我们现在的身份相匹配。同样的过程，也逐渐在社会生活中出现，人与人之间的接触面急速扩大。我们逐渐舍弃过去所持的观念，或以新的方法诠释它，使其合理。我们突然解除了亚文化群或生活方式的束缚。在这种情况下，正当我们获得生活上最大自由的同时，也是我们最迷失的时期。“短暂性指数”成为生活中最敏感的指标。

在这种彷徨的阶段中，我们所表现的行为正如工程师所称的“搜索行为”一样。在充斥市面上的新亚文化信息、各种言论和其反对意见之下，我们颇有应接不暇、手足无措的感觉。在这种情况下，一个影响力很大的新朋友、一种新的流行品、一种新观念、一次新的政治运动或从大众传媒崛起的新人物，都能给我们带来震撼。这时，我们变得更“开放”、更具不确定性，并且随时准备要听从某个人或某个团体的指导，按他们的指示去行动。

任何决定的做出，即便是极微小的决定，都会变得相当困难。当然，这并非是偶发现象。为了应对日常生活的压力，我们需要更多的信息，并且这些信息也比我们处在固定生活方式下所需的信息要更加琐碎、更加繁杂。因此，我们感觉到焦虑、窘困和孤独，而我们的生活仍然在进行。我们不去选择，而是任由自己被新的亚文化所吸收，结果是我们形成了一种新的生活方式。

当我们迈向超工业社会时，一般人对生活方式的更换速度将比以前提高许多。从这种现象看来，生活方式本身已成为用完即弃的东西之一。而这正足以证明，我们这个时代的最大特征是“归属感的丧失”。当一个人从一种亚文化转向另一种亚文化，从一种生活方式转向另一种生活方式时，必须时时防患关系断绝所带来的痛苦。他必须学习如何把自己武装起来，以对抗由分离带来的悲凄。一位极为虔诚的天主教徒，放弃他的宗教信仰而投入新左派的行列，不久又投入其他的主义、运动或亚文化中，他就这样继续下去而无法停留在一个固定点上。借用格雷厄姆·格林（Graham Greene）的说法，他变成一个“燃烧的畸形人”，从过去失望的体验中学习到不要让自己过于相信某种东西。

因此，即使一个人选择一种亚文化或一种生活方式，他仍然会保留自我的某些部分。个人顺应亚文化群体的要求，并且获得这个团体所给予他的归属感。然而，这种归属感跟过去已不大相同。某个人“似乎”很坚定地把自己投入一个团体，而在午夜时分，他却在侧耳倾听敌方传来的短波信息。

从这一点看来，每个团体的成员资格都只是表面性的。实际上，他经常停留在没有归属的状态，而当他对团体的价值观念和生活方式缺乏强烈的认同感时，他便无法获得明确的标准来指导他做出选择。因此，超工业革命将使选择过多的问题变得更为复杂。现在，我们所要选择的不仅是某种式样的灯或灯罩，也不再是生活的某个部分，而是整个生活方式。

选择过多的问题日趋严重之后，将使我们狂热地进行自我审视。而这些问题，正是当代最普遍的病症：自我认证的危机，而过去人类从未面临过如此复杂的选择。现代人对自我认证的狂热追求并非因为他们毫无选择的余地，而是因为我们的选择机会不仅过多，而且太过复杂。

每当我们选择一种生活模式，也就是做出一种最高决定时，必然与某些特定的文化集团产生关系，我们的自我形象也必然有所改变。从某个角度来看，我们将变成另一个人，而我们对自身的看法也会有所不同。我们的老朋友，将因此而皱起眉头，他们越来越难以认清我们。在这种情况下，我们将更难认同过去的自我。

倘若无须经过短暂性的阶段，嬉皮士便可迅速变成耿直的政府官员，而政府官员也可成为一个跳伞者的话，那么他不仅会放弃一切外在形式，同时也会舍弃许多基本观点。但总有一天，有些问题就像一桶冷水浇在他睡眼惺忪的脸上，如“生活还剩下什么”“持续的、连贯的‘自我’与‘人格’到哪里去了”。当然，对个别人而言，这些问题的答案无关紧要。因为他不再以“自我”面对世界，而是以一种所谓的“系列性自我”面对世界。

因此，在超工业革命开展之际，关于“自我”的概念会从根本上有所变革，也会发展新的人格理论。这种理论固然会对人类生活连续性的问题加以研究，而对生活上不连续性的问题也不会忽视。

同样，此时此刻，对于自由的概念也会重新估价。基本上，我们应该了解，自由的极端发展反而会造成不自由。当社会走向新的“分化”阶段时，必然会为许多个性化的产生创造新机会，而新的工业技术及短暂性的组织形式也急需新人才来应对。这正是为什么当“激烈的抗议”现象及短暂性的倒退现象在现实中还存在时，社会发展的方向却使我们具备更为开放的容忍精神，使我们越来越能够接受分化出来的各种不同类型。

“各行其是”的口号随处可见，正可反映这种历史性的变化。当社会更趋向分工化时，生活方式就会出现更多种类，社会更能接受新出现的生活方式，也更接近“各行其是”的状态。

因此，不管埃吕尔、弗洛姆及马尔库塞等人对技术主义做何攻击，使自由范围更为扩展的仍是超工业社会，一个有史以来最进步的技术社会。未来的人将有更多机会获得自我实现。尽管新的社会无法提供持久的社会关系基础，却能提供适合各种人的各类生活方式，给人更多的自由去选择生活方式，并给予人更多的机会去创造他所向往的生活方式，而这些是过去的社会所无法提供的。同时，新社会也使我们能在变革中前进，达到变革的巅峰，或让我们随着变革成长。这是一件令人喜悦的事情。这种过程将比冲浪、斗牛或在快车道上驾车横冲直撞更让我们兴奋。新的社会竞争无处不在，只有具备高度自我控制力和高度智慧的人才能参加竞赛。具备这种竞争能力的人努力去了解即将出现的超工业社会结构，寻求“适当”的生活节奏，找到可供模仿的生活方式模式，他们会取得胜利的成果。

毋庸置疑，上述情况对于大多数人均不适用。因为大多数的人仍停留在不自由的状态，过着自己不喜欢的生活，并且照目前的情况来看，也没有改变的希望。对他们而言，选择的机会更是渺茫。

这种不自由的状态必须解除，而且也必然会解除，但我们不能盲目反对工业技术，也不能高唱着回到消极、神秘主义和非理性的状态，更不能盲目放弃经验的研讨、分析和理性的种种努力，而专靠“感觉”或“直观”预测未来。除了喧嚷反对机器的勒德派之外，倘若真的希望打破过去和现在的奴隶状态的话，那我们必须有控制地、有选择性地朝着明日的工业技术目标前进。为了完成这个目标，单靠直视和神秘的洞察方式绝非良策。因为在社会控制方面，我们必须依靠正确的科学知识，巧妙地运用控制问题上最敏感的部分。

虽然如此，我们却不能以最大的选择机会的方法来解决自由问题。因为选择极可能造成选择过多的情形，而自由也会使我们变得不自由。

自由的社会

无论浪漫主义如何宣扬，自由都不可能是绝对的，要求全面的选择（一个毫无意义的观点）或全然的个体化，正等于反对任何形式的团体和社会。倘若每个人都自行其是，那么他跟其他人将毫无关系。在这种情况下，任何两个人将都没有可以互相沟通的基础。最可笑的是，那些大声抱怨人与人之间无法交流或无法沟通的人，往往就是要求更大个体化的人。社会学家卡尔·曼海姆（Karl Mannheim）早已认识到这种矛盾性，他曾写道："越要求个性化的人，就越难达到个性化。"

除非我们准备回到工业技术发展前的原始时代，并且接受那时的社会状况：短暂的生命、野蛮的生活、疾病、痛苦、饥饿、恐惧、迷信、敌视、偏见等，否则我们应更向前进，走向更分化的社会。然而，这些引起社会一体化的问题。究竟我们要实施何种教育、政治和文化体制来维系超工业社会的秩序，并发挥其整体性的功能？甚至，这些构想能否实现？韦恩州立大学的伯特伦·M. 格罗斯（Bertram M. Gross）教授说："这种一体化必须建立在共同的价值观念或可相互依赖的基础上。"

在价值观念和生活方式急速分裂的社会中，过去的一体化体制已失去效用，需要一个全新的重建基础。目前，我们尚未找到这样的基础。然而，倘若要解决社会一体化问题，那我们将会面临更多恼人的个体化问题。因为，生活方式的千差万别将使我们更难以把握整体的自我。

在许多潜在的自我当中，我们究竟要选择哪一个？在一系列的自我呈现中，我们的形象究竟是什么？总之，在个人成分及情绪成分最重的情况下，我们应如何处置选择过多的问题？在我们急速迈向多样性、选择和自由的路途中，我们尚未真正地去探讨多样性所带来的可怕后果。

在多样性、短暂性及新奇性相汇之际，社会正步入一个历史性的适应危机。我们正在创造一个短暂、陌生而复杂的环境，这种瞬息万变的环境将使千千万万人的适应力为之崩溃，而形成未来的冲击。

第五部分

适应性的限度

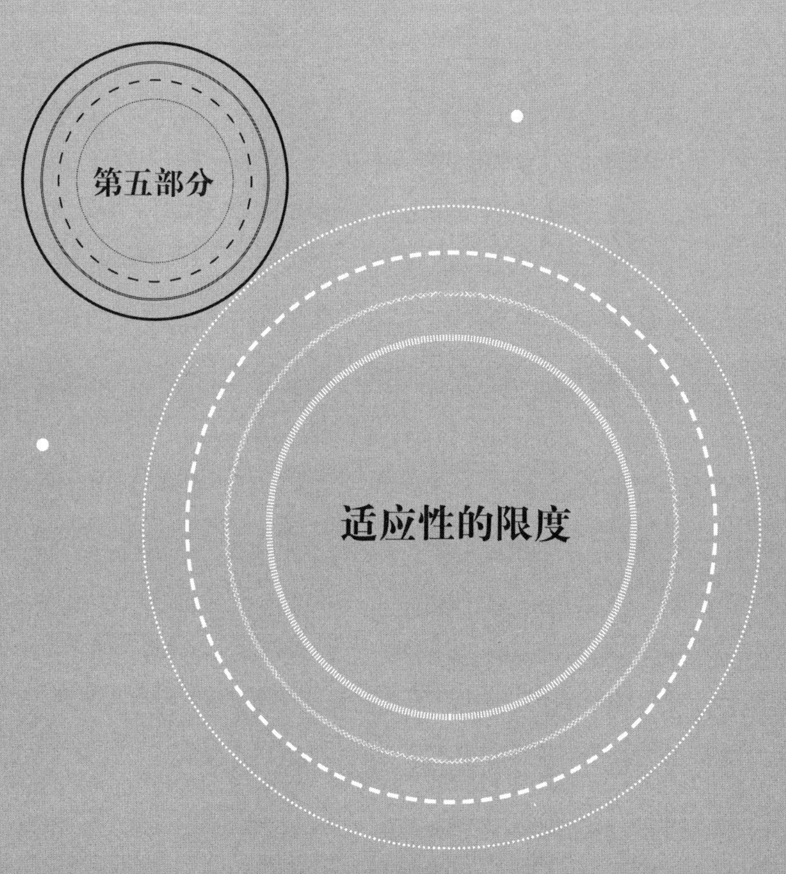

第十四章　未来的冲击对人体的影响

几亿年前，由于海面缩减，迫使数百万计的水栖生物转移到陆面生存。丧失原来习惯的生存环境后，水栖生物或死亡，或在死亡边缘挣扎、苟延残喘，唯有能适应两栖生活的少数生物，在忍受生存环境变化的冲击后还能继续生存。威斯康星大学社会学家劳伦斯·苏姆（Lawrence Suhm）认为，我们这一代人所经历的变革，正如我们的祖先从海生转至陆生所经历的一样，适者生存，不适者淘汰或灭绝。

人类已经成功证实，自己是所有生物中最具有适应力者。人类不怕赤道地区的酷热，可以忍受南极大陆的严寒，现在更能在月球的表面漫步，这些成就都显示人具有"无限的"适应能力。但除了这些豪气和成就之外，人类依然只是一个生物有机体，只是一个"生物系统"而已，而这种系统都只能在一定的界限范围内运作。

气温、压力、热量以及二氧化碳等，对于目前人类的生理构造来说，都有人类不能打破的限度，超出这个限度人类就无法适应。倘若我们将人类发射到太空，他必须生活在精密设计的太空舱中并提供他求生所需的条件。令人大惑不解的是，当我们把人推进未来时，我们却不肯花费一点儿心血，使他免遭未来的冲击，这种情形就好像美国太空总署将阿姆斯特朗跟奥尔德林不加任何保护地发射上太空一样。

人类机体能承受的变革范围有一定的限度，这即是本书所要阐述的主题：如果我们对这个界限缺乏事先的预测和判断，而让人类去忍受无休止的加速变革，那么我们不啻正冒着高度的危险将人类掷进一种特殊的状态。这就是我所说的“未来的冲击”。

未来的冲击，是一种肉体及精神都感受得到的痛苦，这种痛苦源自人类有机体的生理适应作用，以及人们在决定过程中承受的过度负荷。简言之，未来的冲击，是人类对过度刺激的反应。

每个人对未来的冲击的反应方式各不相同，未来的冲击症状往往也根据病情及发病时期而有所不同。这些征候包括各式各样的焦虑感，对善意权威的敌意，无意义的暴乱，生理疾病，沮丧感及冷漠等。结果，使人类从社会性、理智以及情感等方面退却，努力去变成一个“爬进壳里的虫”，他们经常自觉烦恼、痛苦而绝望地渴求着减少在各方面做决定的次数。

人生的变革与疾病的联系

要了解这种变革的并发症，我们必须综合研讨心理学、神经病学、内分泌学、思想沟通理论及一切能够告诉我们有关人类适应力的各种科学。虽然迄今为止，人类还没有系统性地研究适应力，但各方面的研究成果已为适应力理论构建了粗略的框架。再则，虽然这方面的研究人员经常忽略他人的成果，但大体上还能一致地为“未来的冲击”的概念系统提供完整的、稳固的基础。

当人类被迫改变时，会出现什么情况呢？为了找到问题的答案，我们应当从人体，即人的生理构造开始探讨。幸运的是，由于长久以来不断的实验研究，“变革”对人类生理健康的影响这一课题已取得一定的成果。这项研究成果虽未公之于世，但将来势必令人惊讶不已。

这些实验能有目前这样大的成就，应归功于已故的纽约康奈尔医疗中心的哈罗德·G. 沃尔夫（Harold G. Wolff）博士。沃尔夫博士一再强调，个人健康和周围环境对他造成的适应压力之间，有密不可分的关系。沃尔夫的后继者之一，小劳伦斯·E. 欣克尔（Lawrence E. Hinkle Jr.）博士将这一研究领域命名为“人类生态学”，并将此归诸医学性的研究。他肯定地指出，疾病并非绝对是由特殊的细菌或病原体引起的，它是多种因素综合造成的结果，包括我们周围环境中常见的一些事物。欣克尔博士多年来一直提倡将环境因素列入医学治疗需要考虑的范围内。

今天，空气污染、水污染、人口密集及其他类似因素已经严重影响人体的健康。有关当局针对这一事实，已开始听取生态学方面的意见。事实上，个人应被认为是整个自然和社会体系的一部分，而他们的健康依赖于许多外在的微妙因素。

沃尔夫的同事托马斯·霍姆斯（Thomas H. Holmes）提出更新颖的观点，他认为变革本身将是所有环境因素中最重要的。霍姆斯原来任教于康奈尔大学，后执教于华盛顿医学院，他在那里得到心理学家理查德·拉厄（Richard Rahe）的帮助，设计了一种精巧的仪器“生活变革单位程度”。这种仪器可在一定的时间内测出一个人所经历的变革次数，这无疑是一项方法论上的重要突破。这是人类首次能够粗略地计量出个人生活中的变革率。

为了阐述各种不同的生活变革对我们所产生的不同的压力，霍姆斯及拉厄共同从他们所能列举出的多种变革开始着手研究。诸如离婚、结婚、迁居等，这些事件给予我们的影响都不相同。然而，这些变革给我带来的影响的大小是因人、因事而异的。例如休假旅行，或可以调剂平常上班生活的单调气氛，但较之因双亲去世所带来的冲击又显得微不足道。

霍姆斯及拉厄研究的第二步是普查美国和日本各阶层人士上千种生活方式，统计生活变革的一览表。每个人按照表上所列的调查项目，回答所承受冲击的程度，并回答哪些变革有调整或应对的必要，哪些变革所受的冲击显得较弱。

出乎霍姆斯和拉厄的意料，这项调查的结果竟然显示出，关于需要大幅度调整和适应的生活变化以及某些相对显得较不重要的生活变革，这些人的感受居然普遍一致。而且，各种生活事件对人们所产生影响力的大小也不受国别、语言的限制。结果显示，一般人都知道哪种变革的打击最重，而且他们对这方面的看法也颇为一致。

根据这些资料，霍姆斯和拉厄便能够以数字来分类各种生活变革的轻重程度。在他们设计的明细表上，各项条款依照轻重程度排列，并给出相应的得分。假设丧偶被估计为100分，那么迁入新居对大多数人而言，只算上 20 分，休假则仅为 13 分。（丧偶，通常被认为是一个人在正常的生活中所遭遇到的最具打击性的变革或者变动。）

接下来，霍姆斯及拉厄以他们所设计的生活变革单位测量表，着手调查人们生活中实际的变革方式。这个单位测量表能够比较出个人生活中发生变革的程度，也可以和他人进行比较。只是，我们不禁要问：这项对于人们生活变革程度的研究，能否令我们探索到任何变革对人体健康的影响？

针对这一课题，霍姆斯、拉厄及其他的研究者，严格按照几千人提供的事实编纂了“生活变革单位程度”，不嫌麻烦地拿同一个人的变革程度计分和他曾接受的医学诊治及曾患的病症相比较。在这之前，尚未有任何方法能够研究变化与健康间的关联。在此之前，研究个人生活的变革样式也未曾收集过如此详尽的资料。我们甚至可以说，这种严谨的实验是空前的创举。这项研究工作的对象极为广泛，其所得到的最显著的结论是：凡生活变革得分较高者，在下一年得病的可能性比其他人高。也就是说，个人生活的变革程度和他的健康状态有极密切的关系。

“这项研究所获得的成就太令人吃惊了，”霍姆斯说，“开始时，我们犹豫是否要发表，直到这些年，我们才决定将初步的研究成果公之于世。”

从那时起，生活变革程度的测量以及生活变革调查系列问题，已经被广泛用于研究失业中的黑种人、航海中的海军士官等各类人群。而在每种场合，关于变革及疾病之间的关系都使我们的结论一再获得证实。由此，我们更能确定那些需要大幅度调整或应对的变革，与疾病的发生有极其密切的联系。无论个人是否能够直接控制这种变革，或是他对这种变革非常憎恶，这种联系都是存在的。进一步说，生活变革程度较高者也承担了较高的患重病的危险性。

1967 年 8 月，圣迭戈美国海军病理研究所所长、海军中校兰塞姆·阿瑟（Ransom J. Arthur）及理查德·拉厄共同为 3 000 名海军预测疾病，将生活变革程度调查表分发给停泊在圣迭戈港的三艘巡洋舰官兵，这三艘船舰即将起航并将航行近 6 个月的时间。在这段时间内，每一名船员的健康状态都将翔实地记录下来。这项研究工作的目的就是，综合每个人生活变化形态的有关资料，以便测知在未来他可能得的疾病。

这项研究预先要求每个船员说出这次航海出发前一年间他生活中所曾发生过的变化。发给他们的调查表中，包含着极广泛的项目，包括在过去一年中，是否与长官有过摩擦？进食习惯与睡眠习惯，是否发生变化？朋友间的友谊、衣着及娱乐方式是否发生过变化？社交活动、家族聚会、经济状况是否有过变化？夫妻间是否有过不快？是否有孩子？曾否遭遇丧偶之痛或朋友、亲戚死亡？

此外，这张调查表也问到被调查者搬过几次家？是否曾违反交通法或有其他较轻微的违法行为？是否长时期出差在外？是否因夫妻不和而分居过？是否变换过工作？是否得到奖赏或升迁职位？是否曾因自己家或周围环境的变化而使生活状况有所变化？妻子是否开始工作，或停止上班？是否因手头拮据而典当东西或借债？休假多少次？是否因父母的死亡、离婚、再婚而致使亲子关系发生变化？总之，这一系列的问题要探求的无非是正常生活中曾出现过的变化，并不问及变化的后果是好的还是不好的，仅仅是单纯地想得知“是否”曾发生过。

6个月间，这三艘巡洋舰全航行在远海上。就在预定的返航期即将到来之前，阿瑟和拉厄乘飞机来到这组舰队上，仔细详查了船上每个人的医疗记录。最后经过统计，这项研究工作便告完成。这项调研结果使得变革程度及病状之间的关联获得了更加确凿的证据。实验结果证实，生活变革程度在10%以上的人在去年适应了最多变化，比在10%以下的人得病率高出1.5~2倍。实验结果再度证明，生活变革程度得分较高的人得病程度也比较严重。生活变革方式的研究，即对于环境要素的研究，在对人类得病次数及程度的预测上贡献非凡。

阿瑟评价这项研究的成果时说：“我们第一次获得了关于变革的指数。假如短期间内生活发生了许多的变革，那你的体内也将产生许多的变化……然而，如果在一个短时期内发生了极为大量的变革，则将破坏体内的应对机能。”

阿瑟又说：“人体的防御作用和社会施加给人体适应变化的压力之间存在着极明显的关系。而且，这两者保持着一种连续的、动态的平衡状态……各种‘有害的’毒素，无论是外在的或内在的，时时寻找机会要引发疾病。病原体确实存在于我们的身体中，但只有人体自身的防御能力被击溃时，疾病才有滋生的可能。概括地说，人类的神经系统以及内分泌组织，构成人体的防御系统，能够随时分泌适应能量以抗拒变革所产生的压力。”

这对于生活变革的研究具有极重要的意义，它不仅关系到疾病、死亡，更涉及人体内所能适应的压力限度。关于这个论点，阿瑟、拉厄及同事约瑟夫·麦克基恩（Joseph D. McKean）博士共同拟成的报告中引用了萨默塞特·毛姆的文学性自传《总结》（*The Summing Up*）一书中的一段记载：

> 父亲前往巴黎，担任英国大使馆的法务官……母亲去世后，她的女仆成我的保姆……我觉得父亲有一种浪漫主义情怀，他在苏黎世买了一片山丘，建了一栋极精致的避暑别墅……别墅最顶楼的四周全是可以俯眺远景的走廊……房子刻意漆成白色，再配上红色的百叶窗，周围的花园也经过了精巧的设计。遗憾的是，就在房间布置完不久，父亲猝然辞世。

“关于毛姆父亲的逝世，”报告上说，“粗略看来，似乎只是一件猝发的不幸事件罢了。然而，这桩不幸的决定因素与他去世前一两年间的许多变化有关。他的职业、居所、个人习性、经济状况以及家属的离合聚散等都产生了变化。”他们认为这些变革加速造成了这桩不幸的发生。

这一推论拿来和丧偶的人在次年的死亡率高于平常人的研究报告比较，竟然十分吻合。这是以英国人为对象进行普查及研究所得出的结论。此项报告显示，个人寡居期间备受打击，将会减弱疾病的抵抗力，并有加速老化的可能。伦敦社会研究所的科学家在研究了 4 486 个鳏夫后发表结论：男性在丧偶之后的前 6 个月中，确实有高度的死亡率，约增加 40%。

为何会有这种情形？这可能由于悲恸的结果，悲恸往往会造成疾病。当事人或许会说他没有十分悲哀，但配偶的逝去毕竟是一种极强烈的打击。在不幸发生后的短时期内，未亡人一定会被许多剧烈的生活变化刺激。

欣克尔、霍姆斯、拉厄、阿瑟、麦克基恩等人及其他从事这方面研究的人员，致力于研究变革和疾病间的联系，虽然目前研究只处于初步阶段，然而，他们毕竟已获得一个极清晰明确的结论：变化附有生理上的代价；越剧烈的变化，其代价越高昂。

对新奇性的反应

欣克尔博士说："生活是有机体与环境之间长久性的互动作用。"当我们谈到离婚、死亡、工作的变动或休假时，我们谈的都是一桩较大的生活事件。然而，众所周知，生活是由许多琐碎的小事所组成，这些小事在我们的经验中流动着。生活变革之所以较大，是因为它会迫使我们做出许多小变化，而这些小变化也是由许多更细微的变化所组成的。在这不断加速的社会中，想要把握住生活的意义，不仅需要了解这些琐事的究竟，更要了解这些"微变化"的意义。

当周围环境中的某事物改变时，将会引起我们什么样的变化呢？所有人都被环境所发出的信息包围：视觉的、听觉的以及触觉的。这些信息绝大多数都以常规性、反复性的形式发生。然而，当某些事物在我们的感官所能感知的范围内变革时，经由我们的感官而进入神经系统的信号模式都会经过修整。经常的模式如果阻断，我们便以一种特殊的敏锐形式来反应。很明显，每当某一组新事物刺激我们时，我们的人体和头脑便能知道这是一种新鲜的刺激，至于变革或许只不过是偶然瞥见的一种突现的色彩，或许只是我们所爱的人指尖稍稍触碰了我们一下。然而，无论如何，变化和变革会激活很多的身体机能。

狗听见陌生的声响，就会竖起耳朵，立即转过头去。人类的反应也大致如此。这种现象是因为刺激引发了实验心理学家所谓的“定向反应”。这是一种复杂而大规模的生理动作：瞬间使瞳孔扩张，视网膜发生光化学变化，听觉立即变得敏锐。这些现象都使我们无意识地应用肌肉、感知器官来接受这种刺激。这时，全身的肌肉呈现紧张状态，许多的变化在脑波中起伏，手脚因动脉和静脉收缩的关系而变得冰冷，手掌不断地渗出冷汗，血液急促输入脑部，心脏和呼吸的频率加速。

在某些状态之下，我们会以一种极特殊的样子表现这一切，即所谓的“惊愕反应”。每当我们觉察到环境中的新奇性时，这种变化就会随时发生，虽然有时我们并不知道发生了什么。

我们的大脑似乎有一种极特殊的新奇性探知装置。苏联科学家索科洛夫（E. N. Sokolov）对于定向反应的功能作用有最科学、最详尽的解释。他认为，人体的脑神经细胞中，储藏着有关刺激的强度、持续性、性质以及刺激次序的神经模型。每当新的刺激来临时，大脑皮层中的“神经模型”便与之配合。假使这个刺激是属于新奇的样式，既存的神经模型无法与之相配合，此时定向反应便立即发生。在配合的过程中，如果显示其与已存的模型有类似之处，此时大脑皮层即发讯号给网状动作系统，指令他“不采取行动”。

由此可以看到，环境中所存新奇的程度会直接对我们产生生理上的影响。此外，定向反应并非一种无用的反应。由于环境中不断有各种变化发生，因此绝大多数人在一天中确有数千次的定向反应发生，甚至在沉睡中，定向反应仍不停止。

睡眠机构的研究权威、心理学者阿迪·卢宾（Ardie Lubin）曾经说过：“定向反应是一种规模极大的反应，人体的各部分全部包括在内。倘若环境中的新奇性增加，人也随之坐出更多的定向反应。这时，身体将承担更大的负荷。如果一个人负荷过度的新奇性，将得到同量的焦虑神经质；这种人的生理组织，将不停分泌大量的肾上腺素，加速心脏跳动的频率，手掌发冷，肌肉僵硬并且颤抖，而这些都是定向反应所见的特性。”

定向反应并非偶然发生的现象，是人类天生具有的能力，也是人体主要适应结构之一。事实上，定向反应的功用在于使人类能够敏锐地吸取外界更多的信息，例如使视听有更加清晰、明确的效果，使人类的肌肉能够随时准备应对突变的状态。简单地说，定向反应的功用在于使人类随时能有防御的能力。就像卢宾研究所的结论所认为的，由于每一个定向反应的动作都需要有相当的能量来支撑，因此需要人体的能量来保证其功能。

人体中的肌肉以及汗腺等处都贮存了活动所需的能量，定向反应的一项重要功能，即能够将反应所需的能量按照预测供给体内各组织。再者，神经组织对外来新奇性做出反应时，它能激发腺体分泌少量的肾上腺素，而这些荷尔蒙反过来会引发贮存的能量的释放。简言之，定向反应不仅能使能量快速释放，更能够消耗这些荷尔蒙。

定向反应的发生，并不只是对感官输入物做出反应，这一点是必须要加以强调的。当我们觉察到新奇的观念、信息以及情景时，也会迅速发生定向反应。即使是一次有趣的聊天，或发觉相吻合的概念，或一句新的笑话，甚至使用的新词句，都会引起定向反应。

当一个新的事件对个人已确立的世界观发出全面性挑战时，定向反应所受的压力更异乎寻常。当我们接触到一种复杂的意识形态，如天主教教义、马克思主义或其他观念时，我们便迅速地找出其中我们熟悉的因素，以缓和新奇感，使迷惑减轻。事实上，人的意识结构可以比拟为一个部分已塞满，但仍有空抽屉的大橱柜，随时等候接受新的资料。因此，意识结构非常有助于减缓定向反应的强度和次数。

当我们无法适应某一新的事实，即这件事和我们已有的意识发生抗争时，定向反应才会发生。以最常见的例子来说，某种宗教意识强烈者诚挚地信仰上帝的仁慈，然而他又因一个无心的却极严重的错误，忽然遭受极其沉重的打击。除非他能够控制这件事，或者改变价值观，否则他将备感忧虑。

由于定向反应对人产生极大的压力，因此，当困难解除或减轻之后，我们能够享受到很大的愉悦感。当我们最后对困惑的事有所了解时，我们总是以“啊……”的反应来表现这种顿悟。我们对自己的“啊……”反应很少能意识到，但是定向反应和“啊……”反应在我们的意识所未觉察的层面上不断地发生着。

因此，新奇性在我们体内，尤其是在神经系统中，能引发各种爆发性的活动。我们体内所产生定向反应的爆发速度，就像闪光灯一样完全取决于外在的状况。人类与环境经常在相互作用着。

适应性反应

定向反应完全依照环境中新奇性的多少而产生适应性。然而，某些新奇事件要求人们必须具备更强烈的反应能力才行。例如，当我们驾车独自行驶在高速公路上，听着收音机广播，做着白日梦时，突然其他车从后面快速超车，把我们的车逼出原来的车道。这时，我们会自觉地、间不容发地做出反应，而定向反应便在这时准时发生。瞬间，我们可以明显感觉到急骤的心跳，双手颤抖，这种紧张感要持续一阵时间才能慢慢平息。

但是，在其他许多事情上偶尔会产生长久不消的紧张感，会有一种复杂的身体反应和心理反应发生，使我们一直处于受压迫的状态。例如，老板日复一日地对我们发火，或家中有孩子长期受病魔折磨，或我们正企盼某个重要日期来临，或正在争取一笔大生意等都属于这种情况。

这类事件是无法借定向反应中所急速分泌的能量来控制的，只有求助于另一种反应——“适应性反应”，这种反应和定向反应有极密切的关系。事实上，这两种反应程序互相关联。大体上，定向反应可以被视为“适应性反应”的一部分，或是适应性反应的初步阶段。它们的区别在于，定向反应是以神经系统为基础，而适应性反应则依赖内分泌腺及荷尔蒙。神经系统是人体的第一道防御，而荷尔蒙则是人体的第二道防御。

如果人们被迫去反复适应新奇性，尤其是当人们被迫去适应某种不确定的事态时，脑垂体就会分泌出多种化学物质。其中有一种称为“促肾上腺皮质激素”（ACTH），能刺激肾上腺排出适量的化学物质。这些化学物质分泌出来之后，能够加速促进人体内的新陈代谢作用，使血压升高，再借着血液输送抗炎性物质至伤口处，使伤口痊愈。它们还可以将脂肪和蛋白质分解成能量，贮存在人体的能量库中。由此可见，适应性反应比定向反应能生产及供给更有力、更持久的能量。

虽然适应性反应持续作用的时间长，但如定向反应一样，适应性反应也是频频发生、屡见不鲜。一天之内，适应性反应应对人体和社会环境变化所发生的反应次数也难以计数。适应性反应有时被戏剧性地称为“压力”，是由我们心理气候的变化而引起的，诸如忧虑、烦恼、争执、不安，甚至对喜事的期待、享受及愉悦的情绪等，都能促使促肾上腺皮质激素的分泌。再者，希望有所变化的情绪，也能引起适应反应，这种情形包括改变生活方式的需要、改变职业的需要、改变社会地位的需要等。事实上，无论任何情势，只要能使我们面对未知物，都能激发适应反应的产生。

斯德哥尔摩卡罗林斯卡医学院临床研究所所长伦纳特·利瓦伊（Lennart Levi）认为，纵使感情上的极细小的变化，都会对人体的化学作用造成极显著的变化。至于压力的程度，通常我们都是以血液或尿液中所含的皮质硬脂酮及儿茶酚胺的含量来测量的。在一系列的实验中，利瓦伊利用电影使人的感情产生变化，并将化学反应结果制成统计图表。

利瓦伊先让一群医学院男生观看有关杀人、喧哗、拷问、行刑以及虐待动物的影片之后，发现他们尿素中所含的肾上腺素比未观看前平均增加了70%，去甲肾上腺素的含量平均增加了35%。接下去，又让一群女生在连续4个晚上观看4部内容不同的影片。第一晚，观看一部轻松的游记电影，在这个过程中她们均显得安静、镇定，这时她们分泌的儿茶酚胺显著减少。第二天晚上，观看的是斯坦利·库布里克的影片《光荣之路》(*Paths of Glory*)，这个过程中她们显得激动且愤怒，而此时肾上腺素大量分泌。第三晚，她们观看了《查理的姨妈》(*Charley's Aunt*)一片，观看中全场不时爆以哄然大笑，这次显示出，纵使缺乏暴力或格斗的画面，只要有欢愉感，也能使她们体内的儿茶酚胺明显地上升。最后一晚她们观看了恐怖片《恶魔的面具》(*The Devil's Mask*)，这一次她们是惊颤地熬过来的，结果她们体内的儿茶酚胺大幅度地提升。简言之，不论情感反应的内涵如何，总是以肾上腺的活动反映出来。

另外，多次实际针对各类男男女女予以深入的研究也获得了同样的结论，以鼠、狗、鹿等动物为研究对象所得出的结论也是同样的。而在多次的实验中，研究人员发现在进行水中爆破训练的海员、南极观测站的研究人员、宇航员、工厂工人以及企业家等对于外部环境的变化都会发生同样的化学反应。

在这方面虽然没有经过详细的调查，但历年来所获得的证据显示出，适应性反应所累计的刺激对于人类将造成极严重的损害。也就是说，内分泌腺的过度作用会导致功能衰退，甚至达到难以复原的程度。因此，雷内 · 杜波斯博士，即《具适应性的人类》(*Man Adapting*）一书的作者，对人类提出极中肯的警告。他说："在变革的环境中，比如在人口拥挤的场所工作将导致荷尔蒙过度分泌这种现象，我们可对血液或尿液进行检验得知。在这种复杂的情况下，整个内分泌系统将会受到刺激。"

杜波斯宣称："虽然人体可以承担内分泌系统的过度刺激，但会对身体各器官造成长久性的生理影响。"人体适应反应的研究先驱汉斯 · 谢耶（Hans Selye）博士在多年前就曾提出他的研究结论。他认为："在动物体内以各种方法造成种种激烈又长期性的压力，都会让它们陷于性的狂乱之苦。临床研究业已证实，人类面对各种压力所表现出来的反应和动物在实验时所产生的反应可谓极为相似。例如，妇女会有月经周期不规则或停经的情形发生，或在哺乳期，奶水不够婴儿吃；而在男士身上会表现为性欲减退及精液供应量减少的情形。"

经过人口问题专家以及生态学者的深入研究，我们已经得到深刻而有力的证明，凡是压力较大的群体，如鼠、鹿以及人类等，繁殖力常低于压力较小的群体。因为有时会产生人们彼此间的很突出的相互作用，例如拥挤，它会迫使个人经常产生一种极激烈的适应性反应，这种结果造成肾上腺变大而使繁殖力降低。

神经系统和内分泌系统的过度重负，引发定向反应以及适应性反应作用过度，也会导致其他疾病的滋生并造成生理的紊乱。另外，为了适应环境中急剧的变革，人体需消耗巨大的能量，会代谢大量的脂肪，这会给糖尿病患者带来莫大的难题，甚至极普通的伤风也可能是因为环境变化所致。欣克尔以某一位纽约职业妇女为对象进行了研究，并指出此妇女患伤风的频率与“她对周围环境中人事方面的变化的情绪及行动方式”有莫大的关系。

简言之，假使我们能够了解人体为了适应变革及新奇性所发生的种种生理现象，我们就能明白为什么健康和变革之间有脱不开的关系。人类生态学学者霍姆斯、拉厄、阿瑟以及其他研究人员的发现，与内分泌学以及实验心理学钻研的成果是一致的。他们发现，社会变革率及社会新奇性的急速增加对于人类身体化学机能将有重大的影响。这表明，由于科学、技术以及社会变革的加剧，人体内化学机能及生物机能的稳定性必然受到严重干扰。

然而，这种干扰并非完全是病态现象。霍姆斯以诙谐的口吻说：“自然，有比病态更坏的事存在。”而塞莱表示：“一个人多多少少要体验到某种程度的压力。”我们可以说，去除了定向反应及适应性反应，不啻是去除了所有的变化。倘若完全没有变革的话，人体很可能会出现生命的停滞。变革不仅为生命所必需，事实上，变革本身即是生命。以此类推，生命即是适应。

然而，适应能力有其限度。当生活方式产生变革，形成或解除有关人、物品和地域的关系，不停地改变社会组织体的地理场所，吸取新的知识以及新的观念时，我们都需适应，并借此继续生存。我们的适应力，虽然具有伸缩性，但并非绝对无限的。因此，每一次定向反应，每一次适应性反应，或多或少地会消耗我们体内的各种机能，直到我们无法负担为止。

因此，我们目前所处的状态并无异于人类起始之时，我们只是应变能力有限的生物有机体。当这能力溃败之后，我们将面临“未来的冲击”。

第十五章　未来的冲击对心理的影响

假如“未来的冲击”只涉及生理疾病问题，那么预防及治疗自然不会过于棘手，但未来的冲击对心理方面有极大的影响。正如我们的身体在环境过度刺激的压力下会濒于崩溃一样，我们的心灵及做决定的过程在负荷过重的状态下也会显出其行为的乖戾。由于变革引起的混乱不仅伤害生理的健康，还涉及自身理性行动的能力。

假使我们能够认识周围所呈现的种种混乱现象和“未来的冲击”之间的关联，我们将更能了解这些怪异现象。这些社会非理性的形式，正反映出在环境过度刺激的状况下，个人在决定方面的混乱。

心理学家针对变革对各种有机体的影响进行研究之后发现，只有当刺激的程度不过分地偏高或偏低时，人才能产生最好的适应。关于这一点，多伦多大学的伯林教授（Berlyne）曾指出：“高等动物的中枢神经系统，是针对能产生一定程度刺激的环境而设计的。当然，对于一个过度施压或产生负担过重的环境，它自然无法应付。”对于过少刺激的环境，他认为也会产生同样的结果。事实上，在分别对鹿、狗及人类进行实验的结果都表明“适应范围”的存在；如果刺激的程度超过或不及这个界限时，个人的适应能力无法发挥最好的效果。

当人类需要去适应超出适应范围的刺激时，就会产生“未来的冲击”，因此我们可以说，未来的冲击是对过度刺激的反应。变革较少和新奇性不足对人类的行为产生的影响已经引起学者的注意。人们做了大量的研究工作，包括对南极观测站人员的研究，“感觉除去”的实验，对工厂里专心工作的人的调查，都显示出人类对过少刺激的反应将使心理及生理上的能力减退。虽然到目前为止，我们对于过度刺激的影响还缺乏直接的研究资料，但根据有关的实证来看，这样的影响是不容忽视的。

过度刺激下的个人

战争中的军人，经常会发现他们陷在突变、生疏及难以预料的环境中，因而他们受到种种伤害。炮弹随时会像下雨般突然落在四周，子弹杂乱地从身边擦过，战火燃亮了天空，耳中听到的尽是喊叫、呻吟及爆炸的声响，他们所处的环境瞬间会发生始料不及的变化。想在这种过度刺激的环境中继续生存下去，军人就要被迫适应，有时甚至超越自身能力的极限。

“二战”时，缅甸战场的联合作战部队正在日本军队的背后进攻，有一名军士竟然在机关枪扫射的弹雨中感到昏昏欲睡。事后调查研究，发现这名兵士并非身体过分疲劳，也不是睡眠过度不足所致。事实上，是强烈的无感状态在那时支配了他。

从事敌后作战的游击队员常常会发现某种招致死亡的疲乏，对这种症状，英国军医称之为“长期作战过劳症”。他们指出，这种病将人变得“连极简单的动作都不能做，在某些方面心智显得和孩童一样”。然而，这种致命的无力状态并非只是在游击队员中才会出现的。上述事例发生后一年，在诺曼底登陆战中，联军中的大量士兵竟然出现相同的症状。英国研究人员着手研究5 000名美军士兵和英军士兵后，发现这种怪异的无感觉状态是精神衰退的复杂过程中的最后阶段。

精神衰退通常始于疲劳，然后出现错乱以及神经过度敏感，对于周围极轻微的刺激都会显得极度敏感，纵使只是极小的动静都会令士兵按捺不住。有时，甚至连炮声和其他较小的声响都无法分辨清楚。士兵会变得紧张、焦虑以及亢奋，别人也不知何时他将平静下来。

当精神衰退的最后阶段出现之后，士兵似乎失去求生的意志，会放弃自救的奋斗。套用英国调查团负责人R . L. 斯旺克（R. L. Swank）的话说，这时他变得“冷漠而且疲惫……心智衰退，生理反应受到阻碍，并变得心神不定”，而冷漠及无感觉状态有时甚至还会显露在脸部的表情中。这时，为求适应的奋斗完全失败，人们完全缩入自己的保护壳中。

当陷入高度变革及新奇性的状态时，人们的行动将会处于非理性的状态，有时会跟自己作对。甚至那种最稳定以及“最正常”的人，即使未受到肉体的伤害，也会显出不能适应的现象。在这种场合，人们完全陷入狂乱及迟钝的状态，似乎丧失了最基本的理性。

关于这一点，可以用对得克萨斯州龙卷风事例的研究来证明。摩尔曾写道："首先的反应也许是慌乱，有时是不相信，或者至少是拒绝去接受事实。对我们而言，这是韦科居民在1953年龙卷风横扫时反应行动的最基本的解说，这也说明了为什么一个少女从破碎的陈列窗爬进乐器行，平静地拿到她所要的唱片，然后平静地走出，不顾店里四碎的玻璃片，不顾店里的货品在空中四散飞舞。"

另外，对堪萨斯州乌达尔市的龙卷风事例的有关研究，引述了一位家庭主妇的描述："当龙卷风平息之后，我的丈夫和我立即起身，跳出窗户，拔腿就跑。我不知道我要跑去哪里，但我不管，我只是想快些逃跑。"再者，在灾情报告的照片中，其中一张是一位母亲，怀中抱着一个受伤或已死亡的婴儿，她的表情茫然、麻木，她对周围的现实似乎茫然无知。在后来的生活中，她有时站在走廊上，轻轻地摇动手臂，然而她臂中已不是孩子，而是一个洋娃娃。

个人在大灾害中所产生的心理崩溃正如在战斗状态一样，也是由于高度的环境刺激所造成的。灾民突然发现自己处于一个陌生的场合，他所熟稔的事物及亲朋好友都已变样，曾经耸立着房屋的地方现在却成了败墙颓垣。他也许会看见一栋小屋在洪水里漂过，或瞧见一艘游艇竟然自空中掠过。这时的环境充满新奇性的变化，他一再表现出慌乱、焦虑、敏感，最后就逐渐进入无感觉状态。

文化的冲击，是指一个事先没有充分准备的旅客在接触外国文化时所感受的深深的困惑，就是适应失败的第三种例子。在这个方面，我们发现不到任何和战争、灾害有关的因素，人们所遭遇的可能尽是和平或安全的场合。然而，由于新奇的状况需要反复不断地适应，因此遭受文化冲击而产生心理困扰，正如心理学家斯文·伦斯泰兹（Sven Lundstedt）所说，是一种“人格适应不良的类型，是个人对新环境及陌生人暂时无法适应的一种反应”。

遭受文化冲击的人，如同军人和灾民一样被迫去适应生疏且事先未知的事态、关系及对象。过去他所习惯的事物，例如电话亭，这时对他已不再适用。在陌生的社会中，社会的变革或许缓慢，而对个人则是全新的事态。这时，信息、声音及其他心理上的暗示，在他能理解它们的意思之前，对他全然不起作用。这时，整个体验都变成超现实的。每一句话，每一个动作都无法被“确定”。

在这种环境中，疲惫的现象比在普通状态下更频繁地出现了。这时感受异国文化的旅行者，将如同伦斯泰兹教授所形容的那样，时常感到“自我丧失感、孤立感及孤独感”。

新奇性中所衍生的不可预测性将会逐渐扰乱他的现实感，伦斯泰兹教授认为，他将渴望“一种确定的、心理及身体需要可预测的环境”。而在渴望中，他将变得“焦虑、混乱并经常显得冷漠”。

倘若我们不了解上述三种事例的相同点，将无法认清在各种不同压力下人类行为的崩溃。在上述所举的三种事例中虽各有不同之处，然而，三者都面临着急剧的变革或高度的新奇性，或两者都得面临。三者都需要人们快速而反复地去适应不可预知的刺激。此外，三者还有显著的相同点：第一，它们均有混乱、茫然无措或歪曲现实等迹象。第二，它们都显现了疲惫、焦虑、紧张或极端非理性等现象。第三，它们都呈现了冷漠及情感退缩等倾向。

总之，现存的证据都表明，过度刺激将导致怪异和“反适应”的行为。

感觉的袭击

由于我们目前获得的资料非常不足，因此对于过度刺激为什么会使人产生不适应的现象，我们还无法做出十分可信的说明，但我们已经掌握一些重要的线索，即过度刺激至少会在三个方面发生：感知、认识、决定。

这三者中，最容易被我们所了解的是感知。在这方面，我们进行了“感知除去”实验。在实验中，被实验者在切断对他的正常感官刺激之后，由于缺乏正常感官刺激，导致困惑及精神机能障碍等症状出现。若是输入过多纷乱的、不确定的或混杂的感官刺激也有相同的结果。因此，政治性或宗教性的洗脑所用的方法并不只是感知除去，如实施关押等，也有使用感官袭击的方式，如使用忽明忽暗的闪光灯泡、强烈的色彩变化以及杂乱的音响效果等。

宗教徒的狂热和嬉皮士的怪异行为并非只是滥用迷幻药所引起的，同时还包括集体性的感知除去和感官袭击的蛊害。过分注意个人的内心感受，以及从意识上刻意排除肉体上的外在刺激等，都容易引发种种怪异的幻觉。

另一方面，我们可以注意摇滚乐现场那些年轻舞者混沌、呆滞的眼神，麻木、冷漠的面孔。在那儿，怪异、缤纷的灯光闪烁着，画面分离的电影放映着，还夹杂高分贝的尖叫、呻吟声，充斥着色彩怪异的服饰和涂着染料的胴体。这种感觉场合，充满极度不可预测性以及新奇性。

有机体对于感官刺激的处理能力全赖于生理构造，感官及神经系统的传递信号的速度限制它所能吸收的感觉信息的范围。

假如考察有机体内各器官信号传达的速度，我们将发现进化程度越低者，信号传送的速度越慢。例如，海胆卵中由于缺乏神经系统，信号沿着薄膜，大约以每小时一厘米的速度进行传递，这种速度使有机体仅能对环境中极有限的部分做出反应。我们再沿着进化程度往上来看，海蜇类已具有简单的神经系统，它的信号传送比海胆卵高 36 000 倍，即每秒钟 10 厘米。再来看蠕虫，它的信号传递速度达到每秒 100 周。进化较高的昆虫以及甲壳虫，神经波动的速度高达每秒 1 000 周，至于类人猿的速度，更高达 10 000 周，这些事实，都证明了人类是万物中最具有适应力的。

人类神经传播的速度高达每秒 30 000 周，所以神经系统的感应范围极为广阔。（电脑的电讯传播速度更是人类的几十亿倍。）由于感官及神经系统的限制，许多事件发生的速度加快都会使我们无法应对，因此我们便只有尽量减少去感受外在的刺激。倘若信号是规则的，且被反复传送过，那么这种感官感觉便能产生一种一目了然的心理反应。反之，信号若是极度杂乱无章、极新奇和不可预测的，那么我们反映事物的正确性势必减少，这时我们对于事实的印象便是歪曲的。这正是为什么我们在受到过度刺激时，会感到混乱，会分不清现实与幻觉。

信息的超负荷

如果感知上的过度刺激增加我们对现实歪曲的程度，那么认识上的过度刺激将会妨碍我们的思维能力。人们对新奇性的某些反应是非自觉的，而另外某些反应，是人们经过思索而做出的，有赖于我们对于信息的吸收、处理、判断以及存储。

理性的行动更依赖环境中源源不断的信息，即依赖于个人的预测能力、预测成功率以及预测个人行动可能产生的结果的能力。要达到这种效果，他必须能够预测环境将如何对他的行动做出反应。由此看来，一个人的心理是否健全，完全看他是否能根据环境提供的信息来预测他个人的未来。

当个人陷于一种变革急速且不规则的状态时或正陷在极具新奇性的状况时，他预测的正确性必然会直线下落。在此种情况下，他便无法再从事理性的正确判断，也丧失了理性行为的基础。

在这种情形下，若使预测的正确性恢复正常状态，他必须接收并消化比先前更多的信息，而且必须以极高速度进行信息处理。简言之，面临激烈变革及新奇环境，人们若想做出有效且合理的决定，便需要处理更多的信息。

然而，正因为我们能接收的感官刺激有严格的范围限制，我们处理信息的能力也受到更大的约束，洛克菲勒大学心理学家乔治·A. 米勒（George A. Miller）曾指出："我们所能接收、处理和记忆的信息量有极其严格的限制。"虽然我们能够以各种方法将信息予以分类，或将信息抽象化及符号化，以求扩展这个范围，但许多证据已证明，我们的能力是有限的。

心理学家和通信理论家为了探求人类适应外界的限度，便着手试验他们所谓的人类有机体的“通道容量”。他们在实验中将人类视为一条“通道”。信息从外界进入，经过处理，然后以经过判断的行动方式输出。人类对信息处理的速度及正确度，以信息进入的速度和输出的速度及正确度来判断。

信息，在目前已被技术性地下了定义，以“比特”为单位来度量。迄今为止，通过关于阅读、打字、弹琴、打电话或心算等大量实验研究结果显示，我们已能计算出信息处理的速度，虽然不同的研究者所获得的精确数值不相同，而他们却一致同意两个基本原则：第一，人的能力是有限的；第二，过重的负荷会引起行为的失常。

假想某一家儿童积木生产工厂中，装配组工人的任务是每见到一块红色积木从面前的运送带通过，就按一次按钮。他的工作中，只要这个运送带以合理的速度运送的话，那他只稍微留心即可，他的行为准确率可高达100%。假使减缓运送的速度，那么他必定会心不在焉而造成行为准确率下降。反之，如果加快运送带的速度，他将无法胜任，他会失误、混乱以及不协调，会变得极易紧张且敏感。他受到这种挫折时，或许会拆机器来泄愤。最后，他会放弃这种工作。

上述场合所需要的信息较为单纯，只是工作较烦琐而已。如果运送带上通过的积木有多种颜色，他的任务是每当一组色彩的积木出现时按一下按钮。例如，一块黄积木、两块红积木及一块绿积木为一组，此时，在他决定是否按按钮前，他将需要获取并处理较多的信息。而如同上文所述，如果运送带加速，他若想保持进度，那他面对的困难将比单纯处理红色积木时更大。

还有一种更为复杂的生产作业，工人现在不仅决定“是否按按钮”，还涉及“按哪个钮”的问题，我们事先可设定遇到每个组合应按哪个按钮及按的次数，现在他的任务如下：如果是“黄—红—红—绿”的组合，即按 2 号钮一次；“绿—蓝—黄—绿”的组合，即按 6 号钮三次……像这样的生产作业，如果工人希望表现称职的话，他得处理更加大量的信息。倘若运送带的速度加快的话，工作准确率将很难实现。

这种实验的复杂程度显然已增加了许多。此外，有些测验甚至包括闪光、音符、文字、记号、语词及其他种种刺激等。实验的对象则被要求以指尖敲击、机智作答、解决难题及整理烦琐的工作等，在这种测验下，实验的对象往往会显得手忙脚乱。

实验的结果显示，不论哪种作业动作，只要超出固定速度势必难以执行。这并非只因为人类的肌肉未能充分灵活运用，事实上，速度的界限绝大部分是受思维限度所左右的。实验结果也显示出，作业者动作选择的次数越多，其判断及行动所费的时间便越长。

很明显，这些实验结果将有助于我们去了解某种心理混乱的状态。例如，经理因为总是紧急做出无数复杂的决定而困苦不堪；学生总是为一些未知的事实而困惑，并且忍受考试不断的折磨；家庭主妇总是面对爱捣乱的孩子、令人心烦的电话铃声、坏了的洗衣机，还得忍受儿女房中传来的摇滚乐及客厅中电视的嘈杂声。从这些事例中，我们可以明显发现，他们的思考能力和行动能力都已经因大量的信息刺激感官而受到严重的破坏。

此外，我们也可以从那些战争中的士兵、灾害的受难者及受文化冲击的旅行者中，发现信息负荷过重的表征。信息研究的先驱之一，密歇根大学精神卫生研究所所长詹姆斯·G. 米勒（James G. Miller）博士断言道："如果信息的接收量大于一个人所能处理的程度，则他的精神将出现障碍。"他同时指出，信息负荷过重与各种精神类疾病有很大关系。例如，精神分裂症有一种极显著的症状，即"错误的联想反应"。在正常情形下，我们可以将概念和解释概念的词语进行恰当的连接，但精神分裂症患者不可以，他们有武断的及高度自我化的倾向。如果以一套积木来实验，里面有三角形、四边形、圆锥形等，正常人极易将它按几何形态予以归类。然而，如果精神分裂者来做的话，他们会说"他们都是些军士"或"他们使我感到哀伤"。

在《交流障碍》（*Disorders of Communication*）一书中，米勒描述了正常人和精神分裂者之间的连贯语词实验，而后对实验结果进行比较。他将正常人分为两组，要求他们将匹配的词语和概念进行连接，其中一组以正常的速度进行，而另外一组则要求在规定时间内完成。在实验中，第二组的水准接近精神分裂者的水准，正确率竟只有前一组的一半。

此外，心理学家乌斯丹斯基（G. Usdansky）以及查普曼（L. J. Chapman）进行了类似的实验，研究正常人及精神分裂者在接收大量信息的工作场合中所犯的错误形态。这项实验得到比以往更精确的解析。他们认为，在加速反应之下，正常人犯的错误正是精神分裂者的特征。

米勒认为，由于信息系统功能低，以致影响到认识信息的处理能力。结果，精神分裂者面对以标准速度输入的信息所面临的困难，即是正常人在以极快速度输入信息下所面临的困难。也就是说，精神分裂者在标准速度下易犯的错误，是正常人在加速时会犯下的错误。

简言之，米勒认为，人类在信息负荷过重之下所表现的行为错乱与精神病症颇有关系。在这方面，我们仍缺乏深入的探讨。在这种情况下，我们却在盲目加速社会的种种变动率。我们强制人类去适应一种新的生活节奏，去面对种种新奇的状况，并缩短他们的适应时间。我们迫使他们在急速增加的选择机会中从事选择，也就是说，我们正强迫他们以高于慢节奏社会所需的速度去处理大量信息。

毫无疑问，我们已使他们中的一部分人沦为认知性刺激过度的牺牲品。这种结果对技术社会中人们的心理健康将有重大的影响。

决定的压力

除了迫使大多数人陷于信息负荷过重的困境之外，还有第三种过度刺激而影响人们行为的形式——决定的压力。许多处于停滞或变革缓慢环境的人，往往渴望能够拥有那种需要做出紧急且复杂决定的工作，或希望成为总在做决定的人。但对于未来的人类，这个问题已经倒置。未来的人类抱怨他们无时无刻不在工作上做出新的决定，他们之所以觉得忙乱及烦躁，是因为短暂性、新奇性以及多样性不断给予他们矛盾的要求使他们备感苦闷。

加速的推动力以及它对心理的影响使个人加快做出各种决定。同时，新的需要、新奇而紧急的事态和新的危机都要求人们做出快速的反应。环境中，极新奇的事态常使决策的本质产生革命性变化。急剧增加新奇性会破坏组织及私人生活中“计划性决定”及“非计划性决定”之间的平衡状态。

计划性决定是一种常规性的、重复性的、极易做出的决定。例如，一位上班族照常在站台等候 8 点 05 分进站的班车，他登上这班车，就如同过去成年累月的一贯动作一样。8 点 05 分的班车，对他的时刻表而言是最合宜的。这时，上车的动作是计划性的。这个动作与其说是一种决定，倒不如说是一种反射作用。在此，决定的判断基准是极为单纯且清晰的。由于环境缺乏变化，他极少因此而花费心思。他并不需要处理太多信息，在这种情况下，计划性决定的精神负担极小。

反之，如果这位上班族在途中思考许多待决定的事，如 X 公司聘请他去做某项工作，他能否胜任？他是否能购置新房产？他和秘书是否需要加强联系？他的提议能否采用？对这类问题进行回答是非常规性的，迫使他做出一次性决定，或许是这件事的第一个决定，而这些决定的结果往往是建立一种新习惯及新的行动程序。其中有许多因素，需要他加以研究及斟酌。因此，他需要处理大量的信息。像这类决定是非计划性的，精神负担极重。

对每一个人而言，生活皆由计划性决定以及非计划性决定混合而成。假使计划性决定的成分较高，我们便无法受到历练，生活便会使我们感到厌倦，让我们有退缩情绪。在这种情况下，我们便会借着种种方法，甚至在无意识下渴望新奇性来注入生活，而将决定拌成混合状态。但是，倘使混合状态中非计划性决定的成分较高，也就是新奇性太多，而使计划成为不可能时，生活就会变得混乱，人们会感到疲劳及焦虑。由此看来，两种极端状态都会造成人的精神错乱。

组织理论家伯特伦 · M. 格罗斯（Bertram M. Gross）曾说："理性的行动，是常规性及创造性的微妙组合。常规性是最基本的，因为它释放出处理新的困难问题所需要的创造性能量。"

假如生活中的大部分情况都无法事先予以计划，我们势必因此而受苦。威廉 · 詹姆斯（William James）曾写道："（对他而言）每一支烟、每一杯酒、每一件事的开始，都需由他深思熟虑，该没有比他更可悲的人了……"因此，除非我们能够多方面地计划行动，否则必定在琐事上耗费大量的信息处理能力。

人类要将他们的习惯定型也是缘于此。我们以某委员会会员休息之后又进入同一房间的情形即可明了这种事实。会员大部分都在寻找他们先前所占的位置。某些人类学家便曾以"领地"的理论来解释这种习性。他们认为，人类经常在为自己造就一片不可侵犯的领地。简言之，计划性决定能够节省信息处理能力。人们选择同一座位后，便不必再考虑和估计其他可能性。

在熟悉的状况下，我们能够以计划性决定处理许多生活问题，但变动性及新奇性会增加做决定的精神负担。例如我们迁入新居，需要改变旧关系并建立新的常规或习性。在这种情形下，如果不摒弃先前的计划性决定，重新安排首次性、非计划性决定，我们必定无法适应这种状况。事实上，我们不得不再进行计划。

如果我们去剖析那些事先未做准备、骤然置身异国文化的人，及那些被突然推入未来的人，我们将可以精确地发现他们的相同之处。“未来”若以新奇性及变革性的形态来临，一定会使其习惯性行为成为过时之物；而当他以这些习惯性行为去解决目前所面临的问题时，将会惊恐地发现原先的行为不仅不能解决问题，甚至会使问题越搞越糟。简言之，新奇性会破坏决定的混合状态，并打破原先的均衡状态，走向一种更艰苦、负担更重的决定形态。

事实上，某些人的确能够比其他人容忍更多新奇性。每个人最适宜的混合状态各有不同。然而，我们的决定的数量及类型无法由我们自动调节。我们的决定的混合状态及我们做决定的速度完全由社会决定。对现代人而言，生活中有一种潜在的介于加速化和新奇性之间的冲突。在这种情况下，一方面要求我们更快地做出决定，另一方面又要求我们做出最艰难、最费时的决定。

由这种冲突产生的焦虑感将会因冲突更加激烈化而加剧。由种种迹象看来，人的选择对象一增加，他所需要处理的信息量便随之增加。实验室中，对人和动物所做的实验均可证实，选择的对象越多，反应的时间越慢。

上述三种不相容的压力，它们的正面冲突造成了技术社会的决策危机。我们可将这三种压力称为“决定上的过度刺激”。三者可以帮助我们了解，为什么社会上的大多数人会觉得在考虑自己未来的问题时无能为力，而且觉得徒劳无益。因为他们已经相信，自己对各种事情失去控制力。而这种观念，是由于这些相互抵触的压力所造成的必然结果。因为科学性、技术性以及社会性的变革所造成的加速度，已经破坏了人类为自己的命运做出合理、正确的决定的能力。

未来的冲击的牺牲者

倘若将决定的压力和感知上、认识上的过度负荷相联系，我们便可以将个人的不适应状态归结成几种常见的类型。例如，一般人应对快速变革往往是直接拒绝。这个拒绝者的战略是对不受欢迎的事实加以“封锁”。当决定的需求渐渐加强时，他便会全然拒绝吸收新的信息。正如灾民受害时面部表情往往是“全然不相信”一样。这时，“拒绝者”也同样不接受他们的感官所传达的信号。他们使自己坚信一切如故，认为眼前的变革全是表面性的。他以陈词滥调来安慰自己，如“年轻人总是带有反叛性”，或“世上无新事”，或“事物变化得越多，它们越归于同一”。

第二种未来的冲击的牺牲者，是属于专业性的。这方面的专家，如医生或财务专家并不拒绝所有新奇的观念或信息。相反，他们极力试图与变革保持相应的前进速度，只不过他们的努力仅限于生活中极狭小的领域而已。他们能够利用专业领域内已产生的种种新成果，但他们完全不理会任何有关社会、政治或经济的革新现象。学生的反抗越多，暴徒焚街事件越轰动，他们越不想得知相关消息，并且他们关注世界的视野将越来越小。

粗略看来，他们应对得极为得体，却使自己更陷于逆境。也许，他们在某个早晨清醒时，突然发现自己的专长已因外界事物的变化而毫无价值，或早已面目全非。

第三种未来的冲击的牺牲者，是坚持旧观念的人。他们缅怀那些在过去生活中行之有效的的旧常规，但那些旧常规业已不合时宜。这些复古者武断地忠于他们既定的决定和习性。外界越是发生变化，他们越是认真地重复着过去的行为方式。他的社会观往往是逆行的。在面对未来的冲击，他们对旧事物表现出歇斯底里的忠诚，或以这样或那样的借口要求回归往日的荣耀。

巴里·戈德华特（Barry Goldwaters）和乔治·华莱士（George Wallaces）提倡政治复旧主义，他们的崇拜者便染上这种世界性的政治思乡病。在他们的意识中，过去的警察可以有效维护社会秩序。因此，若要想得到良好的治安效果，我们只需要提供更多的警察。过去童工的待遇苛刻，却不见工厂有任何纷乱。因此，我们目前所遭遇的许多麻烦完全是由于过度放任所致。中年右倾复古者渴望小城市式简单、有序的社会，即缓慢进化的社会环境。在这种环境下，旧常规都能有效地适用，这些中年右倾复古者会放弃适应新的现实因素，不断寻求旧的解释。如此一来，他们与现实之间更加分裂。

假如老一辈的复古者梦想回归以往的小城市生活，那么年青一代的左倾复古者则梦想一种更古老的社会体系重新出现。因此，乡村对他们具有莫大的魅力。他们赞美颓废派的画和诗文，他们的理想在深山及丛林，而非现代化都市。他们崇尚前技术社会，鄙视现代科学和技术。纵观他们所有对变革的狂热要求，至少在某些方面，与华莱士及戈德华特怀着相同的激情。

正如同他们的印第安式头巾、爱德华式披肩、鹿皮长靴及复古的金边眼镜一样，他们的观念也要求复古。流血革命主义及可笑的无政府主义，突然再次风行；奉自然为神圣的卢梭主义，也重新风靡。复古竟然被错认为是一种革新。

最后，我们居然产生超级单纯主义者，旧日的权威及传统制度被推翻。罢课、暴动及示威伤害了他们的感情。他们在寻觅一个简单的答案，以解释令自己感到不安的新奇性。他们心神不定地抓住此理念或彼理念，变成一个“短暂性”的真实信徒。这种情形造成流行思想的大变革，改变了流行更替的速度。麦克卢汉，电子时代的先知？李维·施特劳斯，噢，这位空前的流行导师！马尔库塞，我的天呀！这才配称为人类精神的代言人。

超级单纯主义者绝望地摸索着、尾随着每一个他们发现且认为正确无误的观念，而这往往令观念的创造者感到尴尬不已。但是，老天！没有任何观念是万能的。对超级单纯主义者而言，只要这些观念是相互联系的就行。

一般知识分子不仅在观念上寻求单纯的解答，甚至在行动上也采取单纯性的方式。这些彷徨而焦虑的学生一方面要承受父母的压力，另一方面又要忍受过时的教育体系，因此他们往往无法把握自身所处的地位，他们“被迫”决定自己的事业、自身的价值及值得一试的生活方式。在这些压力下，他们便狂野地寻求一种方法，以使他们的存在“单纯化”。他们乞灵于迷幻药、大麻、海洛因，干尽种种违法的勾当，因为这些行为至少可以暂时“统一”自己的悲哀。他们把许多无从解决的困扰“浓缩”成一个“大”问题，而将“存在状态”激烈地“单纯化”（虽然也只是短暂性而已）。

面对日益纷乱的压力而不能应对的妙龄女孩，她们或许会采取另一种超级单纯化且戏剧化的行动：未婚怀孕。如同沉迷于大麻等，怀孕或许会令她日后的生活变得复杂，但能使她目前面对的其他问题都显得不再重要。

再者，暴力是从复杂的、普遍的过度刺激中所选择的一种“单纯”方法。对于老一代人及过去的政府当局而言，警察的棍杖及军队的刺刀似乎是一剂极有力的药方，可以一劳永逸地消除异见。黑种人过激分子及白种人自卫团体都通过使用暴力缩小他们的选择范围，使自己的生活单纯化。对于那些缺乏理智、计划不清晰的人而言，他们根本无法抗拒新奇性以及变革的错综复杂，在这种情况下，暴行便代替了思想。事实上，暴行无法颠覆统治，只是转移疑惑感罢了。

我们大部分人都能指出他人具有这些行动形态，甚至我们自身也具有这些形态，只不过我们对它产生的原因并不了解而已。然而，信息科学家将会为我们指出，拒绝、专业化、复古以及超级单纯化，都是对抗过度负荷的最好方法。

上述各种行动形态者，将会试图逃离现实的错综复杂，他们将对现实产生种种曲解的幻想。对个人而言，越采取拒绝态度，越专注地研究专业领域，越呆板地重复过去的习惯和策略，越绝望地陷入超级单纯化，就越无法适应生活中到处可见的新奇性及各种选择。而且，越借助这些策略，就越使人的行为不稳定、越犹豫不决。

每一位信息科学家都已经承认，在这些战略中，有一些也许是应对过度负荷的情况所必需的。然而，除非个人能够把持相关现实，并且除非他能按明确的价值和次序开始，否则他所依靠的应对策略只会使适应变革更困难而已。

因此，凡是以这些战略应对未来的冲击的牺牲者，将会感受一种深刻的惶恐感及不确定感，个人会被迫做出重要而急速的生活决定。他所感觉的并不只是思想上的混乱，还有个人价值标准的迷失。当变革加速，他的惶恐一定会伴随着自我怀疑、焦虑及恐惧。他将变得紧张而易于疲倦，甚至会病倒。由于压力无限增大，过分紧张势必会罩上暴躁、愤怒的阴影，甚至有时会造成无意义的暴力行为。小宗事件会引发极为强烈的反应，而对于大宗事件反倒反应较小。

巴甫洛夫多年前认为这种现象犹如狗在受阻下的“矛盾性状况”。他随后的研究显示，人类受到刺激时也会经历这样的阶段。我们可以用结论来解释，为什么在没有任何过多煽动的情况之下，还会有许多暴乱发生。而且，为什么许多少年聚会时，竟会无缘无故突然暴跳如雷、捣毁门窗、丢掷石块和酒瓶、破坏车辆。我们可以解释为什么无意义的暴行已成为所有技术社会的棘手问题。对于这类问题，《时代周刊》日本版主编曾说：“今天，我们对于这些神经质的行为所给予的广大宽容，可以说是前所未有的。”虽然有些夸张，却充满感触。

后来，短暂性、新奇性及多样性所造成的惶恐感及不确定性，会导致社会群众严重冷漠，老一辈及年轻人都将如此。而且，这种冷漠态度并非是对问题故意的、暂时的回避，而是对不确定性及选择过多状态下的决定压力彻底地投降。

富裕能使大多数人逃避现实，这种现象在历史上是首次发生。有家庭的男人，晚上可以用几杯马蒂尼酒或电视上的离奇画面来麻痹自己，但在白天，他还会工作，履行他对家庭的责任。所以，对于这种人来说，他只能算是业余性逃避现实。然而，对于某些失落的嬉皮士和许多冲浪者而言，他们的逃避则是终日的、彻底的。娇惯孩子的父母汇来的支票，是他们这社会唯一仅存的联系。

在克里特市马塔拉海滨，阳光普照，那里约有四五十个洞穴，住着来自美国的隐居者，其中绝大部分是年轻男女，他们对于快速变革的复杂生活放弃更进一步的努力去适应。在那里，需要做的决定极少，而且可以用很长的时间来做决定。在那里，选择的范围极其有限，不存在过度刺激的问题，不需要理解甚或不需要感觉某些新奇事件。1968 年，新闻采访员带着肯尼迪被刺的消息前往此地，对这消息他们的反应却是沉默。“没有冲击、没有愤怒、没有烦恼。这是新现象吗？是逃离美国、逃离感情吗？我了解了什么是不介入、不动心，甚至不参与的意义。然而，他们所有的感觉究竟逃往何处了呢？”

假如这位新闻记者能够了解过度刺激的冲击，游击队的冷漠感，灾民茫然的表情及文化冲击的牺牲者在思想上和情感上的退却，他将会了解这些人所有的感觉究竟逃往何处。这些年轻人及其他惶恐的人、残暴的人和冷漠的人，都展现出未来的冲击的征兆。他们是最先受到未来的冲击的牺牲者。

未来的冲击下的社会

在大多数人经历了未来的冲击之后，整个社会的理性势必会动摇。诚如参议院环境公共事务委员会主席丹尼尔·P. 莫伊尼汉（Daniel P. Moynihan）所言："美国人的典型特质是精神崩溃。"不要说神经或内分泌组织的过度负荷会引起的疾病，单是感知、认识或决定方面的过度刺激所累积的冲击，已在我们内心埋下病因。

这种疾病越来越多地反映在我们的文化、哲学及我们对现实的态度上。许多极平常的人每提及这个世界，总会以"疯人院"来形容。有关"疯狂"的主题已经变成文学、艺术、戏剧和电影等方面的主题。

在这个时代，大众已经从日常生活中发觉自己再也无法理性地应对变革了，他们断言这个世界已经疯狂，高喊着"现实是一把拐杖"的口号。他们逐渐倾向于主观主义，攻击科学发展，并且不可理喻地相信理性令人类腐朽。

成千上万的人感觉到这种病态已经弥漫在社会的各个角落，却无法找到病因。这些病因并非存在于或此或彼的政治理论中，也不可能隐伏在人类固有的绝望和孤寂中，也不会根植于科学、技术或主张社会变革的要求里。目前，我们仅能在走向未来的本质中寻些线索，就是我们无法控制并不加选择地向前发展；我们无法运用高度的想象力明确地指引超工业主义的方向。

如今，枉费了美国在艺术、科学、道德及政治等方面的高超成就，在这个国家里，青年人借着麻醉药来逃避现实；父母们沉溺于电视，以酒精麻痹自己来逃避现实；很多老年人孤独、寂寞而死。逃离家庭责任及工作责任，居然变成一种解放。这样的国家（无论它本身是否已觉察到）显然已经遭受到未来的冲击。

“我不愿返回美国，”一个在土耳其自我放逐的年轻人罗纳德·比尔（Ronald Bierl）说，“假若你能让自己处于健全状态，你便无须为他人的健全状态操心。事实上，大多数美国人已经陷于疯狂状态了。”的确，许许多多的美国人目前正处于这种状态。至于欧洲人、日本人或俄罗斯人是否仍神智健全，我们最好去看看他们是否潜伏着同样的病症。也许这种病症不只是美国人的专利，或许他们只是过早地受到未来的冲击，而其他国家迟早也会遭受同样的灾难。

社会的理性是以个人的理性为前提的。这不仅依赖于生理及心理的健全，更依赖于环境的秩序及规律来维系。理性应当以变革的速度、复杂性与人类决定能力之间的某种均衡关系为前提。由于变革的速度、新奇性的种类及选择的项目不断增加，我们便盲目改变理性赖以存在的环境状态。因此，我们已经把无数的人推进“未来的冲击”。

第六部分

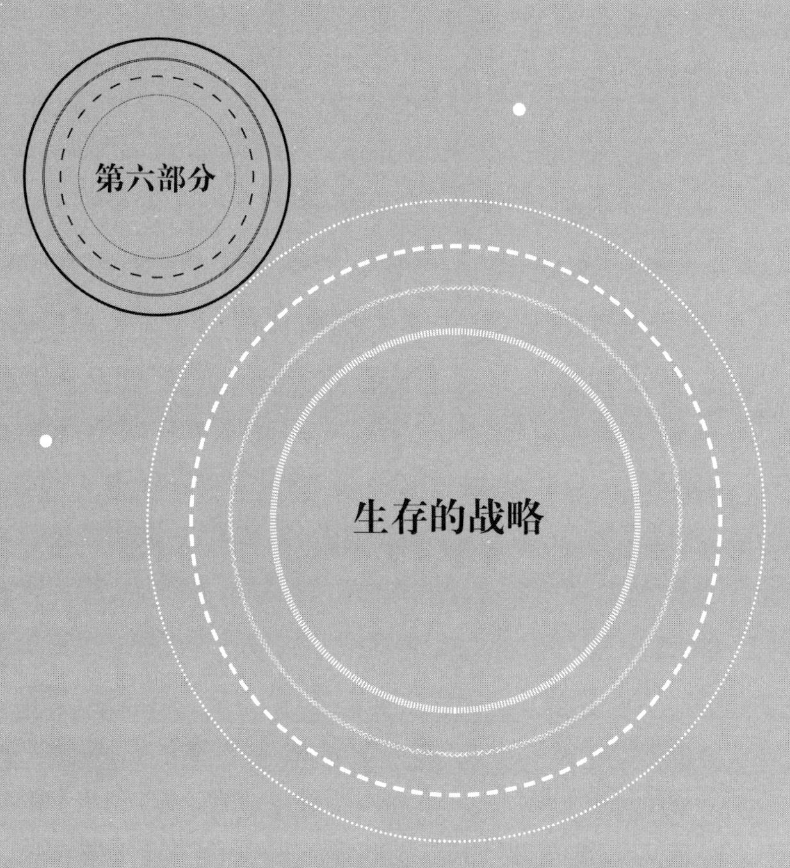

生存的战略

第十六章　应对明天

在新几内亚北部海天一碧的南太平洋上，有个小岛名为马努斯岛，凡是学习人类学的大学一年级学生都知道这个海岛的神奇事迹。当地的原住民仅在一个世代，便由石器时代进入现代生活。玛格丽特·米德（Margaret Mead）在其所著《新生活取代的生活》（*New Lives for Old*）一书中谈到这个文化适应的奇迹。她认为，原始人接受较少的西方技术文明，要比他们立即适应全新的生活方式困难得多。“每一种人类文化如同每一种语言，是整体性的，”她写道，“因此当个人或人类必须面临变革时，最重要的是由一个整体形式转变成另一个整体形式。”

这话说得颇有道理，很明显，当文化的各个要素无法取得协调时，往往会呈现紧张状态，如建造城市却没有下水道设施；推行预防疟疾行动却没有节育计划等。类似的现象都足以分裂文化的整体性，而使人们感到困扰，造成许多难以解决的问题。

然而，这只是我们所要探讨的问题的部分症结而已。因为任何人或任何集体在短期内所能吸收的新颖事物总是有限的，不管这种新颖事物具有多么完整的整体性。因此，不管是马努斯人、马斯克比多人或其他任何人，当他们被迫面对无法适应的变革时，都会感到混乱、困惑。硬把马努斯原住民的经验应用到其他领域，也往往会造成极大的错误。

马努斯人的传奇故事就像一个现代的民间传说般反复流传着，经常被引用来证明高度技术化国家即使一下子跳跃到另一个发展阶段，也不会遇到多大的困难。然而，事实上，在迈向超工业化时代的今天，我们的处境与这些原住民所遭遇的问题已经完全不同。因此，我们根本不能像他们一样，也不能原原本本地将一种在其他地域产生并成长的精巧文化照搬照抄。

当前，我们并非在输入超工业主义，而是在创造超工业主义。在此后三四十年间，我们必须预测的并不只是一次的变革，而是不断侵袭的、接踵而至的、可怕的变革浪潮及震撼。新社会的各部分间不是协调，而是由种种矛盾及裂痕所构成的。我们所接受的并不是“整体形式”。

更值得注意的是，短暂性的高涨使我们陷入一种前所未有的状态。我们目前的处境完全不同于马努斯人，我们不像他们那样仅需适应一种新文化，我们必须适应的是盲目的、接踵而至的、新奇的、短暂性的文化。我们已被逼近适应范围的极限。

目前，技术社会的大部分居民已开始面临大量未来的冲击的潜在危机，但这种说法很可能招致极大的误解。

第一，目前专注社会问题的作者，往往刻意加深笼罩着技术社会的悲观主义色彩。自我沉溺于绝望的文学作品往往获得极佳的销量。事实上，这种绝望不仅是一种逃避责任的行为，也不是解决问题的正当途径。目前，我们所面临的大部分问题，包括未来的冲击在内，并不是由不可避免的自然力引起的，而是由人为因素造成的，而这些因素大部分都可加以控制。

第二，那些珍视现状的人，往往会以“未来的冲击”为借口，主张“延期变革”。其实，任何一种想要阻碍变革的企图都将导致全盘失败，引发前所未有的、更巨大、更残酷且不可收拾的大变革。这种阻碍行为无疑是一种疯狂的举动。就任何人类标准来看，某些激烈的社会变革风潮已经在我们的四周涌现。解决未来冲击的方法不是“以不变应万变”，而是以一种不同类型的变革来疏导。

在超工业化革命中，维持某种均衡状态的唯一方法是以发明应对发明，也就是创造一种能够调节个人及社会变革的新方法。我们既不可盲目接受，也不可盲目拒绝，最重要的是应准备一切创造性的策略，来塑造、转移、加速或减缓种种相继袭来的大变革。个人需要一种能够配合现代化新教育的生活原则来计划和调整自身生活；同时，他需要一种新技能来提高自己的适应能力，而社会急需一种新的组织及机构形式，需要一种新的缓冲器及平衡轮。

很明显，这一切都意味着更进一步的变革，但这种新设计的变革类型旨在控制加速的推动力，调整变革的方向及速度。但这并非易事，当急速变革在我们未曾涉足的社会领域推动时，我们既没有经过长期检验的技术，又没有蓝图可供参考。因此，我们必须一边挺进，一边试验种种调整变革的方法，可用则取，不可用则弃。下文中，我们所提供的各种战术及策略便是本着这种试验精神而进行的。然而，这绝非一试即灵的万能药，仅是应对未来的一些新处方而已，到底是否灵验仍有待试验及判断。这些新处方有些针对个人，有些针对技术，有些则针对社会。若想控制和引导变革，必须兼顾以上三个方面，同时进行、齐头并进。

倘若我们能掌握这些问题的症结，明智地控制主要过程，那我们一定会转危为安，化险为夷。我们不仅能够生存下去，还能安身立命于变革的浪潮，重新掌握未来的命运。

直接应对

首先，我们能从个人的适应层面开展应对未来冲击的防御战。不论是否意识到，我们日常行为往往有许多都是在试图防御未来的冲击。当外界的刺激超出我们的适应范围时，我们往往运用各种战术以降低刺激程度。然而，在大部分的情况下，这些战术的运用是无意识的。因此，倘若我们能够提高自己的自觉性，必能增强应对效果。

例如，为了审视自身的内在环境，我们可以暂时抛开外在环境，来检查自身对变革的生理反应及心理反应，可以实施定期性的自省。这些现象并非沉溺于自我本位，而是冷静评判自身行为。研究压抑行为，而在生物学及精神病理学上闯出新领域的权威学者的汉斯·谢耶（Hans Selye）曾指出，一个人能够自觉地发现极度紧张的征兆。心悸、战栗、失眠或难以言表的疲劳等症状，显然都是过度刺激的征兆，正如困惑、异常焦虑、深度倦怠感及惊慌感，都是心理紧张的征兆一样。我们可以审视自身的行为，回顾最近的各种变化，以断定自身是否能在适应范围内运作自如，或已经超出了自身的适应界限。

简言之，我们可以自觉地估计生活节奏。如能估计自身的生活节奏，我们便能有意识地左右变革，使其加速或减缓。这方面，首先要从小事及小环境开始，逐渐扩展到较大的经验结构形态。由此，我们可以学习如何去审查自身对过度刺激的直觉反应。

例如，当我们冲进十几岁的小孩房间，把吵得震耳欲聋的播放器关掉时，我们是在运用这种缓和刺激的战术。当这些嘈杂的声响静下来之后，我们会感到轻松许多。此外，我们可以用其他方法感知刺激的降低。例如，为了使室内光线减弱而放下百叶窗，到人迹罕至的海滨寻求宁静。再者，我们安装空调与其说是为了使室内温度下降，不如说是为了避免街道上的噪声。如此一来，我们便可以用空调发出的规律的、较稳定的声响来转移我们的注意力。

此外，我们关门、戴墨镜、回避有异味的地方，以及避免接触陌生的事物等，都是在减少新奇的感知输入物。同样，下班回家时，我们不会选择未曾走过的路，而总是按着习惯路线回家，这种行动也是在避免新的刺激输入。简言之，我们是在运用“感知的防御机构”；当我们被迫接近适应的限度时，便会援用“消除”感官刺激等微妙行动来应对它。

在控制认知性刺激方面，我们也运用类似的战术。例如，再优秀的学生有时也会不专心听课，眺望窗外，无心吸收新的知识。又如，痴迷读书的人有时也会不想看任何书。再如，在社交场所，我们常可看到一些人无论别人如何怂恿，他就是不肯学习新的纸牌游戏。造成这些行为有很多原因，比如个人的自尊心、怕被愚弄等。这些影响学习情绪的因素中，有一个常被忽略，就是个人总是有意无意地试图避免过度的刺激。我们常戏谑地说："不要用新的事情来烦我！"事实上，这句戏言意味着，当事者希望避免被新的信息所侵扰。

这种情形可说明我们在娱乐方面的特殊选择，在空闲时可以阅读、看电影、看电视节目等。我们有时候会主动去寻求新奇性极高、内容极丰富的知识信息，但有时又主动排斥认知性刺激，刻意寻求轻松的娱乐方式。以侦探小说为例，这类小说有时高潮迭起，情节复杂得令人捉摸不定，有时又穿插着令人一想便知的轻松情节。如此一来，它既可增加刺激，又可减低刺激，如此反复穿插便不致使我们的适应能力负荷过重。

倘若能更加有意识地运用这些战术，我们便能驾轻就熟地控制小环境。我们能够借着减轻认知性的负担，除去许多不必要的刺激。正如塞莱所说，"想记住太多的事情，的确是造成心理紧张的主要原因之一"。他说："我经常有意识地去忘记一些琐事，并把可能有价值的信息记下来……这种技能可以使任何人在他的生活中，在处理繁杂的问题时，化繁为简。"

此外，我们能调整需要做决定的量。当我们苦于做决定的过度负荷时，可以将决定暂搁一旁，或求教于他人。有时候，我们甚至可以"冻结"决定。我曾看见一名女性社会学家，当她从一个群情激昂的专题讨论会走出，来到一家餐厅时，她几乎完全拒绝去点菜。丈夫问她"吃些什么"时，她答道："你替我决定吧。"丈夫再次叫她从几样菜中挑选时，她仍然直截了当地拒绝并生气地说，她没有“精力”决定。

我们可以借着这些方法，尽可能地调整感知、认知和决定上的种种刺激。我们还有更有力的方法来应对过度刺激的威胁。我们可以从周边环境着手，控制短暂性、新奇性及多样性的程度。

个人的安定领域

生活中的变革可以因为我们有意识的决定而有种种改变，例如我们可以自觉地和物质环境中的各种因素维持一种长期关系，减少变革及刺激。我们可以不买那种用完即弃的商品，可以把旧大衣多穿一季，可以彻底拒绝最新流行的款式。我们更可以不理睬推销员的吹嘘，这样一来，就可以减少自己与周围事物联系的必要性。

对待他人或某些事情，我们也可使用同样的战术。一向善于社交的人，有时候也难免会陷入讨厌社交的情绪，而拒绝社交中必要的宴会或其他招待会等。这时，我们是有意识地在断绝与外界的关系。同样，我们可以把旅行降至最低程度，当教会、慈善团体或社团等做无意义的调整时，我们就会回避。在做重要决定的场合，我们会谨慎地权衡利弊。

然而，这并不意味着变革可以阻止或应该阻止。对这一点，坎布里奇（Cambridge）公爵曾语重心长地说道：“不管何时，不管为何，任何变革总有令人叹惜的事。”其实，这个忠告才是真正的愚蠢。的确，依照适应力的原则，极度变革的确对人类健康有害，但某种程度的变革是维系健康所必要的。

不知基于何种原因，有些人往往比其他人渴望更大的刺激。当其他人要逃避变革时，他们却希望变革。他们总是不断地换新房、新车、去旅行，应对事业上的危机，访问亲朋好友，进行投资；在遭遇生活上的不幸时，他们似乎可以坦然接受这一切，没有创伤。可是，如果深入观察这些人的生活，我们却发现“安定领域”的存在；他们能不顾其他任何的变革，而慎重地维持某种持续关系。

我曾认识一位男士，他在极短的时期经历多次恋爱、结婚和离婚。他不断追求变化，对于旅行、新的食物、新的观念、新的电影、新的戏剧和书本都有兴趣。他的智商极高，但易于“厌旧”。他不能忍受传统，且无止境地渴求新奇性。他的确是追求变革的最佳典范。尽管如此，但经过更深入的观察后，我们发现 10 年来他一直从事同样的工作。他驾着一辆有 7 年历史的旧车，衣服款式比流行款式落后数年，他的密友是多年来的同事，并且至今仍和学生时代的两三个友人保持联系。

还有一位男士，他和上述的男士不同，他一再更换工作，18 年搬了 13 次家，经常旅行，汽车是租来的，喜欢用完即弃的商品，喜欢比邻居优先体验新产品并以此为豪。对他来说，他生活在变化的旋涡中。这个旋涡是由短暂性、新奇性以及多样性汇成的。然而无论如何，他的生活也有着极明显的安定领域存在。在过去的 19 年，他们的夫妻关系一直很好，父子间也极亲密。虽然他交了不少新朋友，但仍然和大学时代的朋友相处得极好。

此外，还有一种与此不同的安定领域形态，这种人不管他到哪儿旅行，或生活中有任何变动，他仍然保持着以往的生活习惯。例如，某位教授10年内搬家7次，经常去美国、南美洲、欧洲以及非洲旅行，并且不断更换工作。然而，他无论到哪里，都遵循着不变的日常生活习惯：早上8~9点读书，午饭前做45分钟的运动，午睡半小时，晚间埋头工作到10点。

由此看来，问题的症结并不在于抑制变革（事实上，变革是无法抑制的），而在于控制变革。假使我们希望在生活的某个方面有快速的变化，我们应刻意在其他方面建立安定领域。例如，在离婚之后，不应该马上更换工作。不应该在小孩子刚出生时，改变家庭外部的人际关系，因为孩子的出生将会改变家庭内部的关系。又如，丧偶之后就变卖房屋，这种行为也不宜采取。倘若我们要设计一种切实、有效的安定领域，以改变大多数生活方式，那我们必须拥有一种更具潜力的工具。我们对未来必须具有一种全新的看法。

为了控制变革，我们得先去预测，一般人常固执地认为未来是绝对不可预测的，大部分人都深信未来是未知的。但事实上，我们对自身所将面临的种种变革，特别是某种巨大的根本性变化，多少可以预测出某些变革的可能性，并且我们可以利用这种认识去设计个人的安定领域。

举例来说，我们可以准确地预测，在有生之年，我们将逐渐变老，而我们的家人、朋友也是一样。当我们超过某个年龄时，便可预知自身的健康状况将走下坡路。这种事实，看似当然，但根据单纯的事实，我们将能预测到1年后、5年后或10年后的生活，并能预测到，这期间将会发生大部分的变革。

仅有极少数的个人或家庭能够系统化地计划未来，而他们的计划也往往偏向财务预算方面。事实上，在时间及情感方面，我们也能够像财务预算方面那样加以预测和改变。由此看来，倘若我们能定期进行“时间及情感的预测”，我们将很有可能观测自身的未来，并预测未来变革的一般情形。我们可以大略估计一下生活中各个重要部分的发生时间及情感投入比例，并预测今后几年的变化。

举例来说，我们可以将自身最重要的生活事项列表如下：健康、职业、婚姻关系、亲子关系等。我们可将各个事项所分配的时间大致推算出来。比如，某人每天从早上 9 点到下午 5 点之间工作，上下班时间约花半个小时，再加上一般假期及年假等，如此折算一下，这个人的工作时间约占他全部时间的 25%。当然，若要计算他在工作上的感情投入的比例将困难得多。不过，他自身能够做出一种主观的推测。当他厌倦或没有特别值得挂心的事时，他的感情投资量自然会很少；分配的时间量和感情投资量之间并没有必然的联系。

倘若他将这种方法应用在生活的每一个重要方面，将自身生活各方面所投入的时间和感情比例记下来（即使粗枝大叶也无妨），然后把各种比例合计起来，结果不要超过 100%，这时，他对未来将可获得惊人的先见之明。事实上，分配时间及感情的方式是探测个人的价值观及性格的直接线索。

倘若个人能慎重地策划未来，诚实而仔细地思考他的工作、婚姻、与子女或父母的关系在今后几年内将会有何种发展，那他必然能够获得很好的预测效果。倘若一位 40 多岁的中年经理，上有两位年迈的双亲，下有两个十几岁的小孩，而他本人却患有十二指肠溃疡时，他可以推测，5 年内，他的孩子将会上大学或自食其力，这时身为父亲的他，负担将可减轻许多。同样，身为父亲的他，在感情上的投入也将减少。另一方面，当他的双亲年事已高时，为人子的他尽孝的责任将会加重。倘若他的双亲身体不好，他便需要花费更多的时间及情感来照顾他们；倘若他双亲将要去世时，他必须面对这个事实。这时，他将可以预知，他承担的责任将会有重大的变化。在不幸的变化频频出现的这段时期内，他自身的健康状况将很难好转。同样，在工作方面，他能够从事某种程度的预测：升迁的机会、公司的改组、更换工作地点及进修的可能性等。

这些推测并不能产生“未来的知识”，但可以帮助我们了解某些关于未来的假设。倘若人能时时预测今年、明年、5 年后或 10 年后的情况，那变革的模式将逐渐明朗。人们将可以预见，某些年份将会比其他年份变革得更厉害，并对预期的调整幅度也比一般年份大。借助这些系统性的假设，人们将决定如何处理目前所面临的重大决策。

明年应该搬家吗？倘若不搬的话会有什么麻烦和变动？应该辞掉现在的工作吗？应该买一辆新车吗？应该好好享受一下假期吗？应该把年迈的岳父送到养老院吗？应该有一段婚外情吗？能够忍受婚外情对婚姻的破坏和对职业的不利影响吗？应该维持这种婚姻关系吗？

这些心理技术是个人计划中最简单的工具。或许心理学家及社会心理学家可为我们设计一种更敏锐、更准确、更精良以及更具洞察力的工具。倘若我们目前只是大概，而不精确探究的话，那这些简单的方法足以调节或引导我们生活中的变革。由于它能够帮助我们认清急速变革的领域，因此无形中能帮助我们认清或发现变革中的安定领域，因而可以提高个人控制变革的可能性。

这绝不是一种纯粹的消极过程，也不是去压制或限制变革。应对急速变革的关键，是如何在适应范围内维护自己。当它超出个人的适应范围时，个人所面临的最大问题便是如何寻求一种最有利的生活条件，从而使个人能够最高效率地生活。缅因州巴哈巴生物医学研究中心杰克逊实验室的高级研究科学家约翰·L. 富勒（John L.Fuller）主持了一项实验，探测体验除去及体验超负荷所造成的影响。他说："某些人即使在混乱中，也能保持一种平静的心态，这不是因为他们缺乏情感，而是他们能在自身的生活中寻求接受适量变革的方法。"这种寻求最有利状况，可以说是追求幸福的最佳途径。

人类进化到今天，神经系统及内分泌系统暂时仍存在一定的限度，因此我们必须精心计划一种新战略来帮助我们调节自身所受的刺激。

按状况分类

目前，我们最大的困难是个人的战略将日渐失去功效。当变革频率提高时，个人将更难建立他们需要的安定领域。在这种情况下，"以不变应万变"的代价将大大增加。

我们可以待在自己的老房子里，但周遭环境已经改变了。我们可以使用老爷车，但修理费不断增加。我们可以拒绝转到新的地方工作，但饭碗可能保不住。尽管我们很想减少变革对个人生活的影响，但外界压力不容许我们这么做。

倘若我们要避免变革的冲击并以此创造充实的个人生活环境，那我们不仅需要借助个人的策略，同时还要借助社会策略。倘若我们希望人类能够顺利度过这个加速发展的时代，则必须在超工业化的社会的结构中开始建立“未来的冲击缓冲器”。因此，我们急需重新考虑生活中的变革性及不变性。我们需要以不同的方法来区分人类。

今天，我们往往不以个人所面临的变革来区分，而以在变革中个人地位及阶级来划分人类。当我们说一个公会成员时，我们是指一个加入某公会而尚未退出的人。例如，接受社会福利救济的人、大学生、公司董事、监事等，都是从处于变革之间的个人状态来说的。

但是，观察别人还有一种完全不同的方法。以迁居为例，美国境内的迁居者每天达 10 万人以上，但他们并不被视为一个集团。其他如“转职者”“入教者”“离婚者”等都属于根据过渡时期的状态来区分的，而不是根据过渡时期的持久性状态来区分。

由此看来，倘若我们能去考虑一个人由当前状态到未来状态之间的突然转变，就会对适应问题有一种新的了解。在这个问题的探讨上，最具成就的当属人力资源研究所的心理学家赫伯特·格乔伊（Herbert Gerjuoy）。他将这种方法称为“按状况分类”。正如其他许多方法一样，这个名称通俗易懂，但并没有被系统地使用过。尽管如此，这个方法在未来仍然极有可能成为主要的社会服务项目之一。

格乔伊主张，我们应该把那些同时经历“过渡性生活”的人组成一个“状况团体”。他说，我们必须建立这种状况团体，服务于那些“即将迁居的家庭、即将离婚的男女、双亲或配偶即将过世的人、即将生孩子的孕妇、即将换工作的人、刚迁到新居的人、即将要为最小的孩子张罗婚事的父母、即将年满退休的人，也就是即将面临生活上重大变动的人”。“当然，这种团体的会员都是短暂性的，只要有助于解决过渡时期的困难即可。有些团体可以连续聚会几个月，有些则仅聚会一次。”

格乔伊认为，将这些同样适应体验或将同样适应体验的人聚集一堂，有助于他们去应对新的状况。“一个必须适应新的生活状况的人，往往会怀疑自己的能力。倘若我们把面对同样经历、遭受相同处境的人聚集起来，使他们互相尊重，那他们的信念及力量便可增强。这个团体的会员便能共有某种认同感，即使为期很短，也多少有所帮助。他们能因此而更客观地看待自己的问题，彼此之间也能交换有益的想法及建议。最重要的是，他们彼此间可以互相提供未来何去何从的建议。”

格乔伊说，重视未来是当今刻不容缓的事。状况团体的聚会不同于集体治疗聚会，不该把过去贬得一文不值，或光发牢骚，或进行自我反省等。他们必须专注地讨论在新生活环境下的个人目标，并计划有助于应对未来的实际策略。状况团体的成员可以观看一些其他类似团体应对同类问题的纪录片，听听前辈的经验之谈。这样，在变革来临之前，他们便有特殊的机会分享个人的经验。

在本质上，这种方法并无任何新奇之处。即使在现在，某些组织也是根据状况原则组成的，如派遣到海外的志愿团就是一种状况集团。目前，美国许多城市都成立了“新迁入居民俱乐部”，专门招待新居民，请他们吃火锅，举行欢迎会，使他们跟其他刚迁入的人聚集一堂，讨论种种问题与计划事项。当然，我们也可以成立一种“即将迁居市民俱乐部”。最令人感到新奇的是，这种“应对变革的教室”目前已大量地、系统性地在社会上成立。

危机顾问室

在大多数场合，被迫面对变革的人在适应危机时，最需要的是面对面的恳谈。危机在精神病理学的专门用语上，是指一切较重要的过渡期。它跟“重大生活变动”在意义上大略相同。

今天，人们在度过危机时，往往求助于各种专家：医生、婚姻顾问、精神病理学家、职业专家及其他各方面的行家等。但是目前，有许多危机还没有相应的专家来指导。例如，个人或家庭在5年之内必须第三次迁往新城市时，有谁能伸出援手呢？当个人因所属的团体或社区改组，而使某个管理者的职位发生变动，又有谁来解决他的困难呢？当一个女秘书被降职为打字员时，谁来帮助她呢？这些人没有生病，无须接受精神病方面的治疗。我们目前并没有任何辅导机构可以帮助他们。

目前，我们对许多类型的过渡期不但无法提供辅导性咨询，反而被新奇性所击倒，面临着未来的潜在危机。当社会迈向多元化时，一切问题将日趋复杂。在一个变革缓慢的社会中，个人所面临的危机类型较为相似，因而辅导性咨询内容也较为类似。过去遭遇困难的人，可以求助于牧师、巫医或当地的首长。但在一个高度技术化的社会中，对个人的辅导性咨询服务早已日趋专业化，因而有些二手顾问专门是指导当事人去何处求得帮助。

这些咨询服务增添了无谓的麻烦，还耽误个人求助的时间。因此，在尚未得到协助之前，这个人自身或许已经做出错误的决定。当只有专家才能进行辅导时，我们将面临更大的困难。倘若我们只注意到一般人的“现在”状态，而忽略他们未来的状态，那我们将忽略许多现实的适应问题。传统的社会服务系统将永远无法赶上变革的速度。

当务之急是创造一种类似状况集团的系统；这种咨询系统不仅负责专业问题的解答，还涉及其他的一般性问题。我们应当了解的是，危机问题专家不一定必须是正规教育所培养出来的，最重要的是，这些专家本身必须亲身体验过同样的危机。

未来，为了帮助普通大众，使其安然解决他们所面临的问题，我们必须聚集当地许多非专业性、非职业性的顾问，如商人、学生、教师、工人及其他人士等，来担任“危机的专门顾问”。未来的危机顾问将不只是传统性的心理学家或健康问题专家而已，还包括迁居、升职、离婚或改变亚文化团体等特殊过渡问题的专家。这些专家将根据自身的经验，抽出一部分时间，义务性或仅收极少费用来聆听人们的倾诉和他们的计划。当然，他们也会因彼此间的恳谈而收到教学相长的效果。这种教学相长的方式并无特殊之处。最令人感到新奇的是，我们可以利用网络系统，在极秘密的情况下，迅速组成状况团体，使遇到困难的人与辅导顾问进行保密的恳谈，使个人与顾问相互配合，绝不透露当事人的个人信息。

“倾听问题”及“辅导问题”的种种服务目前已极为普遍。我们由种种迹象可以看出，这方面的服务将逐渐被推广。在艾奥瓦州的达文波特等地，孤独的人只要一拨电话，即可与一位由志愿者全天轮流值班担任的“聆听者”进行沟通。这种服务最初是由一个基层的老年人委员会创建，进行类似电话服务关心等形式。电话关心服务委员会的成员缴费之后，每天便会定时接到两次探视电话。加入者必须预先填写医生、邻居、公寓管理者及近亲的姓名及住址。当探视电话没有应答时，30 分钟后，便再打一次探视电话，若仍无答应，该服务机构便立即通知医生到该成员的住所探望。目前，美国其他城市也正在计划设立这种保护电话。这两种服务可以说是未来危机咨询系统的先驱。

在这种系统之下，“相互恳谈”并不是以一种官方的、没有人情味的方式进行服务的，而是一种对个人进行高度关怀的过程。它不仅有助于个人控制自身生活上的变革，还有助于社会形成一种“爱的传播网”；它是一种根据“我需要你，正如你需要我”的原则而建立的整合系统。当我们面对未来的不确定性时，分门别类的编组和个人间的危机咨询将成为每个人生活中最重要的组成部分。

中转站

中转站，是一种类型完全不同的“未来的冲击缓冲器”。目前许多先进的监狱管理部门为了协助囚犯返回正常的生活，已经开始实施这种构想。犯罪学专家丹尼尔·格拉塞（Daniel Glaser）认为，未来的改造机构将会采取一种“渐进释放”的构想。

为了避免使刑满出狱的人由一种刺激极少、管制严格的监狱生活，一下子被推入复杂的开放社会，他们将成立一个中转站，使这些即将出狱的人白天在社会工作，晚上再回到中转站休息，直到他能完全适应外界的生活。目前许多精神病院也在研究这种中转站原理。

同样，初次来到城市的乡下人，如果能够援用这种中转站原理，将更容易适应新的生活。根据此原理，一般大城市可设立一种“接待设施”，使新进城的人暂时在一种综合农村社会和都市社会特点的“中间性环境”中生活一段时间。倘若我们对新迁入者不心存轻视或漠视，使他们获得一种宾至如归的感觉，他们将更快地适应城市生活。

目前，技术欠发达国家的城市建设专家在处理违章建筑问题时，也开始援用这种构想。在苏丹的喀土穆市外，数以千计的游牧族曾建造以城市为中心的环形居住区，离城市最远的部落居住在他们以前住的帐篷里，而离城市较近的部落则住在土壁小屋里，小屋以帐篷为顶。当警察要拆除这些违章建筑时，城市规划人员康斯坦丁诺斯·佐克西亚季斯（Constantinos Doxiadis）劝诫道，这些建筑不仅不可拆除，市政府甚至应为当地居民提供某些服务。他认为，急速的变革会给当地居民带来极大的困扰，因此这种措施应该逐步执行，慢慢转变为都市化。

中转站原理不仅可以应用于贫穷住户、精神病患者及囚犯，任何必须应对技术急速变革的社会都不能骤然顺从激烈的改变，必须按部就班地缓慢适应。例如，职业军人即将退伍之时，可分几个阶段逐步退任。出身农村的学生在进入大规模的都市大学之前，可预先在中型的大学学习几周。长期住院的病人在正式出院之前，可试验性地先回家一两趟，以免因变化过大而适应不来。

实际上，我们已经开始在检验这些策略了，当然还有其他可行的策略。例如，退休就是绝对不能一步完成的。目前大部分人往往因一下子进入退休生活而感到大脑一片空白。像这种巨大的变化是应该逐步进行的。又如征兵使青年人与他的家庭分开，也是应该分阶段进行的。而离婚者倘若法律能准许双方先行以中转站的形式暂行分居的话，那于情于理都可减少当事人许多无谓的困扰。同样对于试婚，我们不仅不应加以非议，甚至应该去鼓励。简言之，不管何种变革，在其实行时，我们都应先予考虑是否有逐步进行的可能性。

过去共同社会

倘若不立即成立一个专门的机构控制急速的变革，我们的社会将无法度过今后几十年的大风暴。换句话说，我们必须建立一种“过去共同社会”；在这种社会中，变革速度、新奇性及选择性等都经过计划性的限制。

尽管目前已经有些社区像宾夕法尼亚州的阿米什村般，历史被部分地冻结，有些社会，如弗吉尼亚州的威廉斯堡、康涅狄格州的梅斯蒂克，它们是在刻意地模仿过去。但是，未来的“过去共同社会”并不像威廉斯堡及梅斯蒂克那样访问者络绎不绝；事实上，它是遭受未来冲击的人的避难所。当个人遭受过度刺激时，便可以随意在此隐居几周、几个月，甚至几年。

当个人必须放松一下身心，减少生活压力时，他就可以在慢节奏的社区里悠闲地过着人间天堂般的生活。这种共同社会刻意与周围环境断绝一切联系，而自成一片人间乐土。这种社区限制外界车辆驶入，以防止交通拥挤，而在新闻报道方面，则以周刊代替日报。在可能的范围内，这种社区将减少收音机及电视的播放，以一天播放几小时的方式取代终日的吵闹。只有特殊的紧急服务，如医疗服务，才保持先进技术的最高服务效果。

我们不应该嘲笑这种社区，相反我们必须全力资助，把它作为心理及社会保险的安全措施。在一个变革极快的时代，社会很可能造成某些不可挽回的毁灭性错误。例如，食品添加剂的广泛使用，有时会产生像催眠药似的副作用。某些意外灾害甚至会造成全体居民的绝育或毁灭全体居民。

当我们增设"过去共同社会"时，倘若社会发生不幸的、巨大的灾难，另外一些人来收拾残局、力挽狂澜的机会便可大大增加。这种共同社会也可用来作为一种实验性的教育机构：来自外界的孩子可在一种模拟的封建村落中度过几个月，像几世纪前的孩子一样生活；普通的青少年可在典型的早期工业社区生活、工作一段时间。这种生活教育可以提供书本上学不到的历史知识。希望过着慢节奏生活的普通人，可在这种社区中过着莎士比亚式、富兰克林式或拿破仑式的生活。事实上，无论生活、吃饭，还是衣着，他们都可以充分表现自己喜欢的姿态。这种历史人物的模拟生活将会吸引许多有天赋的演员。

简言之，每一个社会都有必要建立一些亚社会使其所属分子在必要时能够逃避一切时代产物。对于那些不屑使用新产品、不愿享受自动化和最精巧发明的人，我们总应该为他们开辟一处他们的乐园吧？

未来共同社会

正如我们使某些人过着曾经慢节奏的生活一样，我们也可以使某些人提前体验未来的生活。因此，我们应该创立一种“未来共同社会”。

事实上，我们在某些方面已经做到了区分。宇航员、飞行员及其他专业人士，都在某种精心设计出来的模拟环境中接受特殊训练，以便将来在执行实际任务时能够确保胜任。我们先让他们在太空舱或驾驶室内部学习、适应，使他们能逐渐习惯于未来的环境和突发状况。警察、间谍、突击队队员以及其他军事人员，在执行正式任务前，必须先观看电影来熟悉对手，了解即将攻击的工厂或地形。如此，他们在应对未来可能发生的种种情况时，才能事先做好心理准备。

我们可将同样的原理应用到其他方面。当我们要把技术员派遣到新地方时，可让他与家属预先通过观看电影的方式来熟悉他们未来的邻居、子女上学的学校、周边商场或即将打交道的教师、店主等。根据这种预先适应的方式，可以减轻他们对未知情况的担忧，并使他们事先准备，以应对许多未来极可能面临的问题。

这方面的发展，将随着经验模拟技术的进步而达到新的高度。预先适应的个人不仅可以观看及收听有关未来即将涉入的新环境的信息，甚至可以先行摸到、尝到及闻到未来的新环境。他可以和即将接触的人的替身接触，并预先经历精心发明出来的种种体验，以提升自己的适应能力。

未来的“体验制造公司”创造的“预先适应设施”，将会获得大众市场的欢迎。所有家庭将举家参加这种“工作、学习及娱乐”的共同社会。事实上，这种共同社会将来很有可能会形成未来博物馆，可使他们准备充分地应对明日的问题。

壮丽的宇宙事业

“当我们醉心变革的构想时，”加德纳说道，“我们千万不要以为，持续性在人类历史上是一种无足轻重的因素。事实上，它在个人生活、组织及社会中是最重要的因素。”从适应范围的理论上来看，强调经验的持续性未必就是“反动”。同样，力求急速或不连续的变革也未必就是“进步”。在停滞的社会，人们往往渴求新奇性及刺激性，而在加速化的社会，人们则深深渴望保持某种连续性。

过去，仪式是一种重要的变革缓冲器。一位人类学家曾指出，某种经常举行的祭祀仪式，如满月礼、葬礼、成人礼、婚礼等仪式，在原始社会往往能使个人恢复原来的平衡状态。S. T. 金博尔（S. T. Kimball）指出：“即使是宗教气息极淡的城市社会，也无法免除仪式化表现的必要性。”卡尔顿·库恩（Carleton Coon）则宣称：“一切社会，不论其规模大小或复杂性高低，都必须拥有维持平衡的控制力，其中一种形式就是仪式。”他指出，即使在今天，当国家元首公开露面，或在宗教和重要商务场合，也经常举行仪式。

这些不过是众多的仪式中的一小部分而已。例如，在西方社会，寄送圣诞贺卡是一年一度的仪式，不只是代表以往关系的延续，即使对于只有一面之缘的相识者，这种鱼雁往返的方式也颇能助长他们的友谊。此外，生日、婚礼或纪念日等的贺礼也有类似的效果。仅在美国，每年就可销售 22.48 亿张贺卡，从经济角度证明了社会要求使得某些仪式得以延续。

反复性行为，无论其功能为何，往往能说明产生新奇性的背景，进而解释非反复性行为的意义。社会学家詹姆斯·博萨德（James Bossard）及埃利诺·博尔（Eleanor Boll）调查了 100 本的自传，结果发现，其中有 73 本都谈到了“可列为家族仪式”的内容。这些仪式中，“有些是由家族间的反复交流所产生，有些则是在家族成员融洽相处过程中将一些常规固定成某种特定形式而产生”。

随着变革节奏的加速化，许多仪式已经被破坏或改变性质了，但我们仍尽力维持其延续。即使没有宗教信仰的家庭，在晚餐前也会定期祈祷，夫妻间有时也会相互提起“回忆之歌”或定期重游“定情之地”。未来我们将看到，跟家庭生活有关的种种仪式将不断地增加。

当变革节奏也变得极速时，为了保存某些固有的传统，我们有必要保留常规事项，正如我们为了保护森林、历史纪念碑或珍稀鸟类而划出保护区一样。必要时，我们甚至可以制造一些仪式。我们已不像过去一样受制于自然力了，既不必为夜晚的黑暗所阻，也不必为清晨的霜雪所困；我们已不必为不变的自然环境所约束，我们可以按社会的常规，而不是自然的常规来适应时间和空间。

对美国大部分城市的居民而言，春天来临的标志不是周围突然呈现一片绿色，而是新棒球赛季的开始。比赛揭幕时，往往由总统或其他达官显贵开球，接着每天便有成百万的市民观战，就此展开群众仪式。同样，夏季的结束并不是以自然的变化为标志，而以棒球赛季的结束为标志。即使对球赛不感兴趣的人也不由地注意这种大规模的常规性事件。广播及电视节目把棒球赛传播到每一个家庭，报纸上满是体育类新闻。棒球赛的形象，像涌进我们意识中的音乐伴奏一样形成一种背景。不管股票市场发生何种波动，世界政治及家庭生活发生何种变化，棒球比赛仍按照赛程进行。每场比赛互有胜负，每队成绩互有上下，而这种比赛便按此规律而持续进行。

每年 1 月，国会开幕；每年秋季，新的车型推出；各个季节各有其特殊的时装标志；4 月 15 日是缴纳所得税的最后期限；圣诞节来临、除夕夜晚会，固定的法定假日，这些都依照规定的时间清楚地划分，为我们提供一种短暂的规律性背景。这种规律性是维护心理健康所必需的（虽仍嫌不足）。

然而，变革的压力把它们从日历中撕下，人们失去了常规性。这种变革往往基于经济利益。为了补偿这种稳定性的丧失，我们往往在日常生活中增加一些新形式及持续性。我们不仅没有把这些常规除去，有时甚至引进一些过去所没有的常规。（拳击锦标赛并无常规性，何时举行不得而知。但像奥林匹克运动会等重大的仪式，均定期举行。）

休闲时间增加时，我们便有更多的机会将以往没有的稳定点及仪式引进社会中，如新的假日、壮观的游行及种种竞赛等。这些新仪式不仅可作为人们日常生活的连续背景，也可以保持社会的团结一致，抵制超工业主义的分裂影响。例如，我们可以设立纪念伽利略、莫扎特、爱因斯坦或塞尚的特别假日，我们也可设立一个纪念人类征服太空的全球盛会。

即使现在，火箭发射等事件也形成一种万众瞩目的仪式。当火箭准备发射时，千千万万的人无不屏息静听计秒声，大家都在关注发射任务是否可以圆满完成。而当任务圆满完成的那一刻，大家共享人类一体性的实现，并为未来人类征服宇宙的可能性而感到欣喜若狂。

倘若我们把这种事件列入常规的纪念日，借以增加人类的光彩，我们便可以把它们列为新的纪念仪式之一，使其成为维系社会健全的暂时稳定点。宇航员阿姆斯特朗所迈出的“……一小步，却是人类的一大步”。当然，他登上月球的那一天，应该被设立为庆祝人类进步和团结的世界性纪念日。

按照这种方式，我们可以利用新的措施和已经存在的仪式，尽可能地将可预见的事件引入变革的社会。如此一来，即使身处社会的巨变风暴中，我们仍能够找到一些连续性的因素。

马努斯岛居民的社会文化转变，比起我们目前所面临的环境要单纯得多。只要我们能把个人策略提升到社会战略，对疲于变革的人重新伸出援助之手，并为即将出现的未来文明创造连续性及变革缓冲器，我们就可能继续生存下去。

而这一切都在使急速变革带给人类的灾害降低到最低限度。当然，解决这个问题还有其他方法，即增强人类的适应能力，这是超工业革命时期的核心工作。

第十七章　面向未来的教育

人们正加紧把各种机器送往行星，把大量资源用来实现“软着陆”。为了降低登陆所引起的震荡，人们在登陆艇的系统设计上倾注心血。工程师、地质学家、物理学家、冶金学家及其他方面的专家无不致力于这项设计。倘若在火箭发射后，某一副系统发生故障，不仅严重浪费金钱和人们的心血，甚至宇航员的生命也要因此断送。

今天，在技术发达的国家中，数以亿计的人口正步入超工业社会。我们必然能体验到巨大的未来的冲击吗？或者，我们同样能获得“软着陆”？我们正加速朝着未来前进，新社会的轮廓已从未来的迷雾中逐渐显现。尽管新的社会模式日益逼近，但种种迹象已显示出，在最重要的附属系统中，教育环节存在严重的缺陷。

时至今日，即使是最好的学校，其教育理念也已经与时代脱节。父母指望教育能够使他们的孩子适应未来；教师警告学生，学习不足将会阻碍他们在未来世界获得种种机会；政府领导、教会、大众媒体均劝告青少年努力学习。他们都认为，在现在，一个人成功与否，比过去任何一个时代都更要依赖教育。

虽然未来的危机已刻不容缓，我们的学校却转过头来强化一个“垂死”的制度，而不是朝向新社会，全力塑造适应未来社会的人。然而，在学生尚未获得谋生技能时，这种“制度”也要消亡了。

为了应对未来的冲击，我们急需设计一种超工业时代的教育体制。为了达到这种目的，我们必须着眼于未来，而不是从过去寻求目标与方法。

工业时代的学校

每一个社会都以其独特的态度处理过去、现在及未来的问题。不同的态度所形成的时代主见虽很少被人关注，却是社会行为中最有力的决定因素。这种时代主见往往能从社会的青年成长方式中看出来。

在停滞的社会里，现在只是过去的再现，而未来也重复着现在。在这种社会里，给孩子灌输过去的知识不失为一种明智之举，因为这种知识在未来仍是必需的。正如《圣经》所训诫的，“年老的有智慧，寿高的有知识”。

因此，父亲不但将传统的价值观传递给下一代，还要传授种种实用的技能给他们。知识的传递并不通过学校的老师，而是通过家庭、教会组织或学徒制度。因此，社会各角落都遍布学生与老师。然而，这种制度的关键在于一味地遵从传统。在这种情况下，过去的课程将以更为过去的知识为内容。

由于工业社会需要另一种人，所以在工业时代，这种制度已遭淘汰。工业时代所需的技术绝非家庭与教会所能给予的。因此，在价值观上，引起了某种变革，人们也因此必须具备一种新的时间观念。

工业社会为了培养所需的人才，创造出一种聪明的方法——普及教育，要求孩子在未步入社会前，先学习适应方式，适应不断的室内劳作、油烟、噪声、机器、拥挤的生活条件、集体训练等。此外，工业社会还要求他们适应以工厂的笛声和钟表为时间标准，而不以昼夜循环来规定时间。这种解决问题的方法，是以新世界为标准建立一种新的教育制度。这种制度并不是立即出现的，甚至在今天，仍保留着前工业社会的痕迹。在一所学校（工厂）聚集大量学生（原料），再由老师（工人）对其进行教诲，是工业社会的得意之作。整个教育体系的管理方法，也是模仿工业社会等级制度而确立的。之所以能使组织成为永久的学科，也产生于这种工业构想。因此，孩子们上学需要坐在指定的座位上，铃声则代表时间的流逝。

因此，学校内的生活成为进入工业社会的准备阶段，同时反映出社会对学生的期望，但时下的教育体制有几个最为人所诟病的特征：管理严格，学生缺乏个性，对座位、班级、评分等严格的规定，老师拥有权威性角色。这些正说明了为什么普及教育成了人们能够适应工业社会空间与时间观念的有效工具。

年轻人通过教育机器步入成人社会，在这个社会里，工作、社会角色及社会制度都与学校相仿，因此学生不仅学习将来所需的知识，还要学习一种生活方式，这是根据未来他将经营的生活方式而确立的。例如，学校会巧妙地灌输社会所需要的新时代主见。当人类面临前所未有的情况时，他们将花费更多的心血去了解这些状况。因此，一向变革缓慢的教育重心，开始渐渐脱离过去，走向现在。

约翰·杜威（John Dewey）曾与其追随者从事一项历史性的改革，他们企图引用一套“进步”的教育模式，其中有一部分不遗余力地改变古老的时代主见。他抨击传统教育注重过去是不当的，并建议教育应以现存状况为重心。他表示：“我们要摆脱指向过去的教育模式，而应将认识过去作为了解现在的手段。”

虽说如此，但数十年后仍然有些传统主义者，如雅克·马里坦（Jacques Martain）和新亚里士多德学派的罗伯特·哈钦斯（Robert Hutchins）对那些企图侧重现在的主张进行大事抨击。芝加哥大学前任校长、民主制度研究中心主任哈钦斯曾指责某些教育专家正把学生塑造成“现实”文化的一分子。这些先进分子被控以一个罪名：眼前主义（Presentism）。

这种时代偏见的冲突时至今日仍时有耳闻。例如，在雅克·巴赞（Jacques Barzun）的作品中，他指出：“在漫无界限的现代，想要教育指向今天……真是荒诞！”更不幸的是，在我们的教育制度尚未完全与新时代匹配时，超工业革命已猝然发生。正如过去的先进分子被指责为“眼前主义”一样，未来的教育改革者也很可能被斥为“未来主义”。我们即将发现，唯有再次将时代偏见加以改变，才有可能完成真正的超工业时代的教育体制。

新的教育革命

未来的技术系统变化大、运转速度快，自动化的机器将处理大量的物质原料，人们将处理大量的信息和知识。机器要处理更多的常规性工作，人们要执行更多的创造性活动。人与机器不再集中于大工厂和工业城市，而是分布于全球各地，他们以一种极为敏感的沟通方式相互连接。人类的工作由原来的工厂和庞大的办公室转移到社区和家庭之中。

正如目前的某些机器，未来的机器将以亿分之一秒为计时单位。工厂的笛声将要消失，甚至在几十年前，被刘易斯·芒福德（Lewis Mumford）称为“现代工业时代的关键机器”的时钟，对于人类已不再有如此大的威力了。同时，我们用来控制技术学的机构，势必由等级制度转变为特别制度，由持久性转变为短暂性，由关心眼前转变为注视未来。

在这种社会中，一向最被重视的工业时代优越性反而变成障碍物，未来的技术所需要的并非那些略掌握些知识并乐意从事单调的重复性工作的人，也不是为了生计而唯命是从的人，而是那些能够果敢决断，设法应对新奇环境，在稍纵即逝的现实中发现新规律的人。以 C.P. 斯诺（C. P. Snow）的话来说，未来的技术需要“天生即是未来的人”。

最后，除非我们能够有效控制加速推动力，否则未来的人将面临比今天更为激烈的变革。对教育而言，其主要目的是增强个人的应对能力，以适应变革的速度及经济发展动向。而变革越是激烈，我们越需为未来事物的形态投入更多的注意力。

对一般人而言，光了解过去是不够的，光了解现在也是不够的，因为此时此地的环境即将全面地改观。一般人必须学习如何预测变革的速度和方向。从技术角度来说，他必须学习对未来做出一种反复性、偶然性和更为长远性的预测。而一般为人师表者，尤应如此。

倘若要创造一种超工业时代的教育体制，首先我们要构建一种具有连续性及选择性的未来印象。我们必须预先测定未来 20~50 年社会所需职业种类，预测未来流行的家庭形态及人际关系，预测可能产生的伦理道德问题，预测我们将运用的技术及我们必须建立的组织结构。唯有我们做出这种假设，并通过界定和辩论使其系统化，不断将其列入现代发展的目标，我们才能归结出未来的人在应对加速推动力时所需要的认知技术及有效技术的本质。

目前，美国已有两所由联邦政府所资助而成立的“教育政策研究中心”，一所在雪城大学，另一所则在斯坦福研究中心，它们的主要目的是考查上述问题在未来的状况。总部位于巴黎的经济合作与发展组织也成立了一个职责与此类似的部门，学生运动也使一大群人注意到未来。然而，比起改变教育的时代主见所遭遇的困难，这些力量仍微不足道。我们需要的是一种群众集体关心未来的运动。

我们必须在每个学校及社区中创立一种“未来评议会”，其成员要以目前的利益预测未来。由他们来规划“假设未来”，制定未来应有的教育政策，并将种种可能的情形提供给大众，以供他们讨论。这种会议类似于罗伯特·容克（Robert Jungk）所提倡的“预先的细胞”，对未来的教育将有重大影响力。

由于没有任何团体能够独具洞悉未来的能力，因此这个理事会必须是民主的。当然，它们都需由专家指导。倘若未来的理事会全由职业教育专家、计划专家，或不具有代表性的杰出分子组成，则成功的概率将十分微小。因此，学生一开始便应该介入，他们不能老做成年人观念的应声虫。即使发起理事会的工作不是由年轻人来担当，他们也应该从旁协助筹备工作。唯有如此，“假设未来”的工作才能由未来的开路先锋及实际生活在未来的人来担当、探讨。

未来评议会将使我们摆脱学校与学院所面临的死胡同。由于目前的教育制度很可能使学生在未来与时代相脱节，因此教育上这股面向未来及规划未来形态的工作方式，很可能要对青年再进行一次革命。有些教育专家，虽已意识到现存制度即将崩溃，但面对未来仍感到无所适从。此时未来评议会，便能借着与年轻人联合而非仇视，向这些人提供目标和力量。一旦社区、父母、商人、工会会员、科学家及其他人加入未来评议会之后，这种运动将为超工业时代的教育体制改革获得广泛的力量支持。

组织的攻击

倘若有人认为目前的教育体制不会改变的话，那就大错特错了。因为，目前教育体制正在进行一种快速的变革，但大部分变革只不过是对现存机器加以整修，使它更适应过时的目标。还有一些变革是转瞬即逝、缺乏条理、漫无目的的。我们所缺乏的是一致的方向和合理的出发点，而未来评议会将两者兼备，因为它的目标是超工业社会，出发点是未来。

这种理事会所追求的目标有三：改变目前教育体制的组织结构、彻底推翻旧有课程设置、激发大众以未来为重心。而未来评议会必须从现存的根本问题出发。例如，我们已经指出，目前学校的基本制度结构与工厂相同。几十年来，我们一直以为学校是教育的最佳场所，但倘若新的教育制度是模仿未来社会而设立时，教育的职责是否该完全归于学校？

当教育水平提高时，便有更多的父母具备充分的学识，足以承担目前学校的职责。在加利福尼亚州圣莫尼卡城附近的兰德公司总部，马萨诸塞州坎布里奇附近的研究区，或是橡树岭、洛斯阿拉莫斯、亨茨维尔等科学城，许多父母在教育儿女方面，的确比地方学校的老师能更好地提供某些知识。由于我们已经走上以知识为基础的发展道路，又加上闲暇时间增多，因此我们能够期待一种小规模但意义重大的变化趋势：受过高等教育的父母，不必让儿女完全待在学校，可以由他们在家中给孩子教授部分知识。

由于网络教育等技术方面的进步，这种倾向将日趋明朗。届时，父母及学生将与附近的学校签订短期的“学习合约”，由父母教授儿女某些课程。学生仍然上学，但旨在参加社交活动及体育类项目，或者学习某些自学、父母或亲友无法教授的课程。当学校渐渐与时代脱节时，问题将日渐显现，主管教育的政府部门也将因现存义务教育制度而饱受攻击。总之，我们将看到在某种程度上，教育将回到一定程度的家庭教育阶段。

任职于斯坦福大学的教育家弗雷德里克·J. 麦克唐纳（Frederick J. McDonald）提出“流动教育”的理论，他希望学生走出课堂，不只为了观察，更是为了参加有意义的社区活动。

纽约的贝德福–斯泰福森特区有一个混乱、动荡的贫民区，政府计划在此处设立一个实验学院。该学院将其设备分别放在商店、办公室及位于45个不同街区的家庭中，令人无法分辨出学院究竟在何处。学生可从社会中的成年人及正式教师那里学到种种技能，而课程的安排则由学生、社区及教育专家共同拟定。前任美国教育委员哈罗德·豪二世（Harold Howe Ⅱ）对此持另一种相反的看法。他认为，应把社区带入学校中，使地方的商店、美容院、印刷厂能在学校里获得一席之地，而代价是，经营者必须免费传授本行的技术。这种计划是专为都市犹太人聚居区的学校设计的，它将电脑服务机构、建筑事务所、医学实验室、广播站及广告商等性质不同的企业引进学校，使学生获得更多的知识。

此外，还有一些人集中讨论了初中和高中的教育计划，这种计划提议在成年人中挑选“良师”加以善用。“良师”不仅要传授技术，还要教学生把书本上的抽象理论运用于实际生活。会计师、医生、工程师、商人、木匠、建筑师及设计师都可能成为学校聘用的“良师”。这种计划在另一个辩证阶段上，将会走向一种新式的学徒制度。

许多大同小异的变革都将在同一股风暴下发生，都将针对那些早该崩溃的工厂型学校而发生。随着社会空间的疏散，时间也分散了，再加上知识的日新月异、人们寿命的延长，所以少年时期所学的技艺，到了老年便显得毫无用处。这使得超工业时代的教育体制必须以“现学现用”为基础，并实施预先设计好的终生教育。

倘若活到老，便需学到老，那我们便没有理由强迫孩子终日待在学校。对于许多年轻人而言，边读书边从事某种技术含量不高的工作或参加社区服务工作的确能令他们心满意足，同时富有教育意义。这类改革也意味着教学技术的重大改革。截至目前，课堂上大部分仍然采取授课的方式，象征着原来的工厂结构：自上而下，分级管理。考虑到某些特定的教育目标，授课方式不可避免地对种种教学技术加以让步，包括演戏、电脑以及使学生在所谓“设计体验”中浑然忘我等。模仿娱乐、游戏和工业方面得出的体验性方法，再经过未来的心理工厂加以完善，一定会取代我们一向所熟悉的那种令人痛苦的授课方式。借用调配的营养药物来提高智商、增进阅读速度或增强理解能力，可使我们的学习能力达到最高程度。这类变革及其技术上的基础，势必使得组织形态发生根本性变革。

目前的教育行政结构是根据工业社会的等级组织建立的。这种结构势必无法应对上述体制的复杂变化和变革速度，会被迫走向特组织的形式。更重要的是，课堂本身为继续维持其功能，也必然会逐渐采用特组织方式。

工业社会的人们是由学校机器批量生产出来的。在社会及经济阶层中，他们拥有比较长久的职位。然而，超工业时代的教育必须为人们铺路，使他们在短暂性组织中可以继续发挥功能。

今天，刚刚入学的孩子都会发现，他们不过是一成不变的标准组织结构中的一分子。一位成年人带着一群固定数量、有固定座位、面朝前方的年轻人，是工业时代的学校的基本单位。他们虽然一级一级地升上去，却仍然停留在同样的组织架构中。当他们更换其他的组织架构，或由一个组织架构转为另一个组织架构而面临新问题时，他们便无法获得经验，因为他们无法适应角色的转变。

这种现象显然是一种反适应。倘若未来的学校希望学生能适应未来的生活，必须提出更多新策略，如数位老师教授一位学生的课堂；数位老师教授一群学生的课堂；学生组织成一种临时性工作小组或项目小组；学生由集体工作变为独立工作。我们运用一切方法为学生提供一些未来踏入非永久性组织时的先前体验。

由此，未来评议会的组织目标可以一目了然，它们分散、分权并交互穿插于社区及特别组织之间，突破了差异明晰、次序固定的旧有系统。当这些目标达成之后，倘若教育及工业时代的工厂在组织上仍有相似之处，那纯粹是一种巧合。

昔日课程的现状

超工业时代的课程，不再以目前的科目分类为参考标准。未来评议会将从一个相反的前提出发，即必须对未来绝对有用的科目才有可能列为课程。为了达到这种目的，便不惜牺牲现在课程的某些重要部分。

这并非一种有意“反文化”的创新，也不要求对过去的全盘破坏，更不会指出我们可以忽略阅读、写作和数学等基本课程。这说明目前有成千上万名儿童，由于法律规定，必须浪费许多宝贵的时间，学习一些对未来不见得有用的教材（甚至人们也不能说出在现在这些教材有多大用处），他们是否应该浪费这么多时间，来学习法语、德语或西班牙语呢？学习英语的时间，是否最有成效呢？所有小孩是否都有必要学习代数呢？他们从学习概率、逻辑、电脑程序、哲学、美学、大众传播中，不会获得更多益处吗？

未来评议会将邀请认为现在课程仍有意义的人，请他们对一位聪明的 14 岁儿童解释，为什么代数、法语或者其他科目对他们来说是重要的。当然，成年人面对问题的方法总是避重就轻，理由很简单：目前的课程就是由过去传承过来的。

类似的问题还有，为什么教学一定要由某些特定课程组成，如英语、经济学、数学、生物学等？为什么不以人类生活各个阶段，如出生、童年、成年、结婚、事业、退休、死亡等来设置课程？或者课程的设置是否应该结合当前社会存在的问题，在现在及未来社会应掌握的重要技术，或其他与生活有关的内容？

现代课程及其严格性的分类既不是教育专家针对人类需求而精心设计的结果，也不是以未来为基础，更没有告诉学生要在变革风暴中求生存应必备的技能，反而是根据惯例及学校各派系人员争权夺利、钩心斗角所形成的。

这种过时的课程设置往往造成小学及初中的标准化。年轻人对自己想学的东西，很少有选择的余地，各阶段之间的差异也微乎其微。大学的课程在入学时即已严格制定，这些课程只能反映出一种即将消逝的社会在职业上及社会上的要求。

为了反抗当前教育的过时化，探索变革的小组必须率先建立一种“课程审议会”，由当前的教育领导者设法改进物理课，或尽其全力逐渐改进英语或数学的教学方式。当然，我们仍要保留现在的某些课程，然后逐渐加以改革，因为现代化绝不是一蹴而就的。我们必须对整个问题做一个全盘性的探讨。

然而，这些革命性的课程审议会并非着手设计一劳永逸的新课程，而是发明各种临时性课程，必须顺应时代潮流，陆续提供种种评议及改革方针。修改课程设置时，必须采用系统性的方法，以免校内发生不愉快的事件。

为了改变标准化课程及多样化课程之间的比例，我们必须进行另一次斗争。当多样性推至极端时，人与人之间将因缺乏共同标准而无法沟通，这时，“非社会化”的现象将会发生。但是，当社会大体走向多元化时，我们若一味执着于高度均质化的教育系统，仍会无法应对社会解体的危机。社会既需要多样化，又需要有可供参考的共同依据，这个矛盾的解决办法是在教育上仔细地分辨“教材”及“技术”。

教材的多样性

由于社会日渐分化，因此不论我们的预测方法如何精密仍无法准确预测未来的社会状态是什么。既然如此，我们很有理由限制我们所下的教育赌注。正如遗传的多样性有助于物种生存，教育的多样性也会增加社会生存的可能性。

我们不必将中小学课程设置予以标准化，使所有学生使用相同的教材。未来主义者在推进教育改革时，必定考虑如何提供给学生多样的材料。学生会比现在拥有更多的选择。他们可能尝试各式各样的短期课程（时间上，可能只需两三周），直到他们正式选择学习某个长期课程。各所学校都有多种课程设置，而设置这些科目的理由都以未来的需求为基础。

我们必须把课程范围尽量放宽，以使我们除了能够应对超工业化未来的“已知”因素（很有可能发生的问题）之外，还有充分的余地去应对“未知”因素（不可预测，但有可能发生的问题）。我们可设计一种“预备课程”，旨在训练人们处理目前尚不存在且未来也许根本不会发生的问题的能力。

我们可能需要各方面的专家，应对可能发生的意外事故，如其他星球向地球倾倒的废物（逆污染），与地球之外生物的互通信息，应对因生物实验制造出来的怪物……即使在目前，我们也有必要训练一些年轻人，若未来必须在海底生活时，他们可以适应。因为未来有一部分的人将生活在海底。我们必须将一批批学生由潜水艇运送至海底，教他们潜水，介绍建筑海底住宅材料需要的能量，以及人类在海底生活时，将遭遇的危机和继续发展的希望。我们不仅要让研究生获得这方面的知识，连幼童、小学生都有必要知道这些。

同时，我们有必要将太空的奇异景观介绍给另外一些青年，安排他们与宇航员住在一起，学习宇宙的环境。正如现在十来岁的少年，对自家的轿车的熟悉情形一样，他们对太空技术也必须了如指掌。此外，我们必须鼓励一些年轻人去试验未来的共同生活模式及其他的家庭形式。在认真的管理及建设性的引导之下，这种试验将被视为正规教育中的一环，而不会被认为是对学习的干扰和否定。

多样性的原则将使必修课减少，从而增加学生选择发展各种新奇特长的机会。由于人们不断向各个方向发展，我们应该设立了预备课程以解决特殊困难。如此一来，社会便能储存范围更广的技能。在这些技能中，有些可能永远不会有牛刀小试的机会，但为了以防万一，还是有储存的必要。

这种政策实施的结果，必然产生更加个性化的人类，造成人与人之间的更大差异，形成更多样化的观念、政治及社会附属系统，使生活更加多彩多姿。

技术系统

不幸的是，课程设置的多样化将导致生活中选择过多的问题更为严重。因此，我们必须在多样化的计划中，通过技术的统一性，创造一种“共同连接点”。所有的学生虽然不再学习相同的课程，了解相同的知识，记忆相同的信息，但基于人类沟通及社会整合的必要性，学生仍需具备某些共同技能。

在这方面，我们只要了解短暂性、新奇性及多样性的不断升高，这些行为技能的本质便可一目了然。例如，生活在超级技术社会的人将具备以下三方面的新技能：学习、人际关系及选择。

倘若变革日益加速，知识的陈腐化将越来越快。现在的“事实”，在未来极可能成为“错误的信息”。这种错误与事实或教材并不相干。但在每个人的工作、住处、社会关系等都变动频繁的社会，学习效率是最受重视的。因此，未来的学校不仅要传授知识，还要传授学习知识的方法，而学生必须学习如何、何时摒弃那些落后的见解。总之，他们必须学习“如何学习”。

早期的电脑是由一个资料存储系统或资料“银行”附上控制电脑的程序或一组指令构成的。第二代的电脑系统不仅可以储存大量的资料，且能安装多个程序，因此操作者可将各种不同的程序应用于同一资料系统上。这种系统也需要一种主要程序，指挥电脑在何时运用何种程序。程序的增多以及主要程序的增设大大增加了电脑的功能。我们可借用类似的方法增进人类的适应能力在教授学生知识的同时，教会学生如何学习，如何摒弃旧知识以及如何学习新知识。

赫伯特·塞尔乔伊（Herbert Cerjuoy）简要地指出：“新的教育学必须教导每个人精细地区别知识，判断其真实性，必要时改变范畴，由具体转为抽象，由抽象还原为具体，以一种新观点观察问题……总之，这是自我教育的方法。未来的文盲将不再是目不识丁，而是那些从未学习‘如何学习’的人。”

未来，假如生活的节奏仍然不断加速的话，人际关系便更难形成，也更难维系真正的友谊。现在，年轻人的感慨正表示这一点，过去单纯的关系如今已变成一个新的复杂问题。学生埋怨“人们无法沟通”时，不但是指代际之间，也是指学生与学生之间无法沟通。一位广受年轻人欢迎的作曲家、诗人罗德·麦克科恩（Rod McKuen）写道：“我能记得的人，只有 4 天内认识的。”

一旦短暂性因素被视为疏离产生的原因，我们便可理解年轻人表面上一些令人大惑不解的行为。例如，他们把“性”当作“认识某人”的捷径。他们不把“性”视为一种建立长久关系的过程，相反他们将其视为加深彼此了解的唯一捷径。他们对于快速建立友谊的渴望，也能说明他们为何对“感受性训练”“交友集团”“小型实验室”“接触感”或非言语游戏等心理技术如此着迷。他们热衷于团体生活，也表明了他们的寂寞，无法与人坦诚相对。

上述活动的参与者往往没有通过事先的认识，也没有经过长时间的准备便投入一种亲密的心灵接触。这些活动的关系十分短暂，因为年轻人所注重的不是关系的持久，而是强度。

由于生活中人际关系变化得越来越快，我们没有时间发展对他人的信赖，没有时间等待友谊的开花结果。因此，有人便将客气的“公开行为”去掉，直接以一种“亲密感的分享”行为来代替。

我们也许怀疑，这些实验性技术对于破除不信任和冷漠是否有效？但是，除非人际关系的变动率降低，否则必须教育人们适应“缺乏深厚友谊”的事实，接受孤独、不被信任的事实。若不如此，人们势必会寻求种种新方法加速友谊的形成。教育，可利用高度的想象力聚结学生，或将学生组织成新的工作小组，或以上述讨论的种种技术来指导学生建立新的人际关系。

至于选择，人类在进入超工业社会之后，个人要做的决定日趋复杂，决定的种类也日益增多，因此教育必须直接处理选择过多的问题。

适应是指可以做出连续选择。假设有选择机会适中时，个人便可选择适合自身价值观的东西。但当选择过多时，对于自身价值观念缺乏明确认识的人，便将逐渐缺乏适应能力。但是现在，当价值观的问题越严重时，学校却越来越不愿面对。毫无疑问，在适应未来的过程中，千千万万的年轻人将如失控的导弹一样漫无目标地乱闯乱撞。

前工业社会中，价值观较为稳固，老一代强迫年青一代接受他们的价值观并不为过。那时的教育，不但让学生树立道德观念，还要传授他们技术。即使在早期工业主义时代，史宾塞也指出：“教育的目的，是性格的形成。”事实上，这句话真正的含义是诱导或强迫年轻人去接受老一代的价值体系。

由于工业革命带来的惊涛骇浪动摇了旧日的价值观结构，当新的环境要求和新的价值观出现时，普通的教育专家便显得手足无措。当反对浓厚宗教意味的教育大行其道后，教授“知识”并“让学生自行决定”便被视为进步的美德；文化的相对主义及科学的中立观取代了传统的价值观念。教育虽然仍以培养个性为口号，而一般教育专家却在逃避传授价值观的责任，他们自我陶醉地认为，自己与传授价值观毫不相关。

目前，学生所接受的种种价值观，不是通过教科书，便是通过非正式课程获得，如安排座位、打上课铃、按年龄分班、区分社会阶层、树立教师的权威、建立学校行政系统等来塑造。这种安排往往在无形中形成了学生的态度及观念。在这种情形下，一般正式课程仍继续以“自由价值观”的姿态出现，但实际上，它已不具有任何价值含义，完全与道德实体分离。

更糟的是，学生们根本无法分析自身的价值及老师、同学的价值。学生在这种系统下，根本不能探究自身价值体系的矛盾性，不能深入思考自己的生活目标，甚至不能与老师同学一起坦诚讨论这些问题。学生忙不迭地由一级跳上另一级，老师及教授则因事务繁忙而逐渐与学生疏远。甚至“非正式讨论会”（一种有关性、政治或宗教的课外讨论会，与会的学生往往能借着彼此意见的沟通，而认识并认同自身的价值观）也因短暂性兴起而逐渐冷淡下来。

在选择过多的情况下，一般人往往无法确定自己的目标，更无法做出有效的决定。超工业社会的教育专家绝不可把严格的价值观念强加给学生，他们应该有计划地组织正式及非正式的活动，促使学生能够界定、说明且感受自身的价值观。除非我们教导年轻人一种技能来弄清自身价值体系的冲突，否则我们的学校仍将继续塑造工业社会的人。

因此，未来的课程设置必须包含范围极广的“知识学习”，也必须侧重对与未来相关的行为技术的掌握；必须使知识与“生活技能”配合起来；必须在实际环境中发挥教育的功能，也必须借助教育的功能来塑造环境。

依照这种方式，未来评议会可依照未来的有关问题，拟定明确的设想，又可依此设想、设计组织及课程的目标。在这种情况下，我们便可以开始建立一个真正的超工业教育系统。最后，我们尤其不可忽视的是，仅仅将焦点集中于未来系统是不够的，我们必须改变个人的时代主见。

未来主义的策略

在塞万提斯死后 400 多年的今天，他对适应心理学的深刻认识仍为科学家所支持。他说：“事先的警告乃是最佳的准备。”这句话实在是不证自明的。因为在大部分情况下，假设在事前我们能够提供未来事态的变化信息，人们便能更好地适应。

对宇航员、难民及工人的反应研究中，得出了相同的结论。心理学家休·鲍恩（Hugh Bowen）写道："事前的信息，能够导致执行时的巨大变化。"不论是驾车在拥挤的街道、驾驶飞机、解决智力上的难题或是处理人际纠纷，倘若人们知道下一步可能发生的事，那在采取行动时便能有所改进。

思考事前的信息，可以减少实际适应所用的时间和反应时间。弗洛伊德曾说过："思想乃是行动的预习状态。"然而，比事前信息更重要的是预测的习惯。这种预测未来的能力在适应过程中扮演着关键性的角色。实际上，一个人对于未来的感知，是成功处理事物的潜在秘诀。对于将发生的事，能够赶上变革速度或是适应良好的人比那些适应不良的人会有一种丰富的、程度较高的感知。预测未来已成为他们习惯中的一部分了。下棋的人预测对手的下一步，企业人员做着长远性的策划，学生在开始读书前先将目录浏览一下，这一切都能使事情获得更好的结果。

一般人对未来的"思考程度"往往有很大差别。有些人花费更多的心血计划未来，对于未来的各种可能性加以想象、分析及评价。在计划的长远性上，每个人也各不相同。有些人习惯思考"长远的未来"，另有些人则仅思考"眼前的未来"。

因此，"未来"的局面至少有"多少"和"多远"两个方面。很明显，一般的年轻人随着不断成熟便如普林斯顿大学的社会学家斯蒂芬·克兰伯格（Stephen L. Klineberg）所说的，"日益关心长远的未来”。这一点正说明年纪不同的人，对未来的“思考程度”往往不同。他们关注的时间范围也可能大有不同。但是，年龄并非影响我们关注未来的唯一因素，文化条件也会有所影响。在文化的影响力中，最重要的是环境的变革。

这说明了个人对未来的感觉，在他应对事物的能力中，为何能扮演如此重要的角色。生活节奏越快，眼前环境越是转瞬即逝，未来可能发生的事则越快出现。当环境日趋加速时，我们不仅要花费更多的精力思考未来，还要扩大我们关注的时间幅度，以探测更远的未来。当一个驾驶员以每小时 20 公里的速度在公路上行驶时，即使指示岔路的路标突然出现，他也可以安全转弯。但当车子速度加快时，路标便需在更远处才能有充分的时间看清并做出反应。由此可知，一般生活中的加速化都会迫使我们延长时间幅度，否则便有被事件控制，以致被压制的危险。环境的变革越快，我们对于未来预测的需求量越大。

当然，有些人过分好高骛远，结果预测过远，因而变成“逃避主义者的空想”。然而，大部分人所预测的都是浅显且为期较短的未来，因此他们常常为变革感到惊慌失措。

善于适应的人，往往能将自身投射到未来的某一适当距离，以便在做最后决定之前能够检验、评价可供他选择的行动方向，并能预先做出实验性的决定。例如，美国的劳埃德·沃纳（Lloyd Warner）、英国的埃利奥特·雅克斯（Elliott Jaques）等社会科学家在研究报告中指出：“时间是一个极重要的决定因素。装配线的工人，只需管好分内之事即可。但是，管理层的人为了想步步高升，便需时时关心未来可能发生的事情。”

专门研究社会心理学的本杰明 · D. 辛格（Benjamin D. Singer），进一步指出，在当前的行为中，未来扮演了一个巨大却蹩脚的角色。他指出：“儿童的自我目标，某种程度上是他们内心敬佩的人物形象的反射，是他们想在未来成为的角色，是对未来某一阶段所向往成为的人。”

辛格写道：“这种未来角色的形象决定他所期待的生活并赋予这种生活一定的意义。但是，倘若未来角色模糊不清或完全缺乏现实性，那么这种行为便毫无社会意义可言，学校的工作将变得毫无意义，中产阶级的社会规范或父母的管教也变得没有意义了。”

简言之，辛格强调，每个人在其内心中不但拥有一个现在的自我形象，还拥有对未来所向往的形象。“未来的人将提供给孩子们一个焦点，像吸铁石般地把他们吸往未来。”因此，我们可以说：“目前的架构，是由未来塑造的。”

教育既然与个人的发展及适应能力有关，那么理应尽力去协助儿童发展他们对未来的适应性，但事实并非如此。倘若我们将当前学校对空间问题、时间问题的处理方式稍加对照，便可看出各个学校都在细心教导学生认识自身所处的空间地理位置。学生除了要学习地理之外，邮票、地图及地球仪也可帮助他们确定自己的空间位置。我们不但教导他们城市、地区或国家的位置，还努力给他们解释地球与太阳系，甚至整个宇宙之间的空间关系。

在时间问题的处理上，我们却和学生开了一个残忍的玩笑。我们尽可能地使他们沉浸在自己的国家历史及世界历史中。他们必须学习古希腊、古罗马的历史，封建制度的产生和发展，法国大革命的始末等。我们一再给学生讲述《圣经》故事及英雄传奇，也掺杂着历史上层出不穷的战争、革命、大变革等事件，而每个事件都会附上其发生的年代。在某些地方，学生还要学点儿“现代事务”。老师可能要他们剪报，而有些老师甚至要他们收看晚间新闻。总之，有关现在的事，学生被灌输得很少。

到此，时间便告中止。学校对于“未来”总是三缄其口。奥西普·弗莱西特海姆（Ossip Flechtheim）教授曾写道：“不只是我们的历史课终止于教材著成的那一年，其他的学科如政治学、经济学、心理学、生物学等也有同样的情形。”时间一到现在，就似乎突然中止。学生的注意力被引回过去，而非指向未来。未来既然从未进入教室，自然也无法进入学生意识，就好像人类根本没有“未来”似的。

康奈尔大学的心理学家约翰·康德里（John Condry）曾经做了一个实验，检测时间的感觉是如何被人歪曲的。他分别在康奈尔大学及加利福尼亚大学洛杉矶分校进行这个试验。首先他在某个故事中截取中间一段，发给参加试验的学生。这段故事描写了一个虚构的霍夫曼教授和他的太太，以及他们所领养的韩国女孩。那个小女孩正在哭泣，衣服被撕裂了，有一群孩子正注视着她。康德里教授要求在座的学生为这个故事编写结尾。学生事先并不知道自己已被分为两组。其中一组的故事是属于过去式，学生必须指出“霍夫曼夫妇做过什么以及小孩子们说过什么”。另一组的故事则以未来式出现，他们要“指出霍夫曼夫妇将做什么，以及孩子们将说什么”。

除了在时态上的差异外，其余的完全相同。试验结果被严格记录下来。有一组写出较为充实且有趣的故事结尾，不但附加了许多角色，还创造出新的情境及对白。另一组则草草结束，内容贫乏且不真实，显得做作。时态是过去式的那组，所写的故事补充内容十分充实；时态为将来时的那一组，内容则显得空洞。康德里教授对此评论道："这种现象正如我们已发现的那样，谈论过去要比谈论现在还容易。"

倘若我们的下一代想要成功适应更为剧烈的变革，那我们必须立即终止对时间的曲解。我们必须使他们对未来的可能性具有敏锐的感知，我们必须增加他们的未来感。

许多深植于社会的时间媒介可帮助我们连接上一代和下一代。我们对于过去的感觉是通过与上一代的接触，通过了解历史知识，了解前人积累的艺术、音乐、文学和科学等文化遗产而形成的，但这种感觉因我们与周围事物的直接接触而更加强烈。我们周围的事物都有其历史渊源，可使我们认识过去。但是，这种时间媒介并不足以增强我们对未来的感知能力。因为，我们并没有"源自未来"的物证，亲友、艺术作品、音乐或文学等都不是。也就是说，我们没有未来的"遗产"。

虽然如此，我们仍有方法使人类"展望"未来，正如能"回首"过去一样。首先，我们必须使公众产生一股强烈的未来意识。倘若将人类 1 000 年的变革浓缩在现代人的"有生之年"内，那么现代人必须应对的变革一定比前人增加许多。在这种情况下，现代人的脑中便必须存着一个合理而正确的未来蓝图。中世纪的人将这样的蓝图建立在“来世”上，他们心目中确有天堂与地狱等栩栩如生的心理图像，而现在的我们必须宣传未来的种种动态图像（而非超自然的图像）。

为了构建这类的图像并借此缓和“未来的冲击”所带来的影响，我们必须开始探测未来的客观形象，我们不应该嘲笑“水晶球预言家”，而应该从小就鼓励人们自由地（甚至幻想地）预测未来。预测范围不仅包括下周可能发生的事，还包括下一代可能发生的事。我们既然可以给上“历史”课，为何不上“未来”课呢？我们可以在这种课程中系统性地探测未来的“可能性”及“概率”，正如我们目前研究罗马社会制度，或封建领土的兴起一样。

在欧洲的未来学家中，占主导地位的罗伯特·容克曾说过：“目前，学生都会被迫学习有关过去所发生或所完成的事。在未来，至少应有 1/3 的课程及实习必须涉及科学、美术、哲学等方面正在进行的工作。此外，我们也可以进一步去探测种种可能发生的危机及解决这些危机的方法。”

我们虽无法创造一个“未来文学”，却可以开设一个有关“未来文学”的课程。这种课程不仅包括伟大的乌托邦，还包括当代科幻小说。科幻小说在文学领域中评价一向不高，或许它本该如此。倘若我们将科幻小说视为一种未来社会学，而不把它看成文学，那么它在预测习惯的训练上便具有很高的价值。如此，我们的下一代就必须学习阿瑟·克拉克、威廉·坦恩、罗伯特·海因莱兰（Robert Heinlein）、雷·布雷德伯里（Ray Bradbury）以及罗伯特·谢克里等人的科幻小说，并非因为这些作家能够给我们讲述火箭船和时光机器的知识。更重要的是，他们能通过对政治、社会、心理及道德问题进行想象性探测启发年轻人的思想。科幻小说将是未来学的第一课。

除了阅读这些小说以外，学生还可以从事各种游戏，这些游戏的设计必须具有一个目的：教导学生及成年人认识未来的可能性和或然性。凯泽制铝化学公司在公司周年纪念活动中，曾设计一种名为“未来”的游戏。参加此项游戏的人可以目睹未来的技术及社会状况，并可以从中选择自己喜欢的一种。这项游戏显示出技术与社会事件的关联性，并使参加者从多角度思考未来的或然性，从而使他们懂得价值在决策过程中的重要作用。康奈尔大学若泽·维莱加斯教授（José Villegas）与一群学生合作发明了许多与未来的住宅及社区活动有关的游戏。在他指导之下，还发明了一种游戏，用来说明未来世界的技术与价值的互相影响方式。

此外，还有许多方法可行。为了使个人更明确自己的未来角色，我们可要求学生写出他们自己的“未来自传”，借此勾画未来5年、10年甚至20年后的自己。然后，拿到课堂中加以讨论，比较各种不同的设想，并指出孩子们在计划中所暴露的矛盾性，加以检讨。在“完整自我”分解为“连续自我”的这一代，这种方法可用来维持个人的连续性。例如，倘若15岁的孩子看到自己在12岁时所写的自传，他们便能知道过去所向往的角色随着他们不断地成熟会有什么变化。这样，他们便能了解价值观、才能、技能及知识如何造成他们的可能性。

学生想象几年后的自己时，就会联想到自己的兄弟、父母及朋友在那时也将更为年长。我们甚至可以进一步要求他们想象，在那时他们心目中的重要人物又是谁。这种方法与个人生活的简单预测方法和可能性的研究配合进行运用，便能描述及修正个人对未来的看法（包括个人及社会两方面），也可创造一种新式的“个人时代主见”：一种未来将有助于个人应对紧急情况的敏感度。

具有高度适应能力的人，是能真正生活于自身所处的时代且能对它做出反应的人。这种人对未来往往怀有一种渴望。并不是说他们不加任何批判便贸然接受未来的恐怖祸根，也不是说他们对变革本身盲目崇拜，而是他们具有一种难以抗拒的好奇心，使他们迫切想知道即将发生什么。

这股强烈的好奇心曾做出许多令人无法想象的壮举。一个冬天的夜晚，我正在讲授未来社会学，下面坐着一位白发苍苍的老人。课堂里的学生包括大公司的长期计划负责人，大财团、出版社以及研究中心的职员，每个人轮流诉说自己听讲座的理由。最后轮到这位坐在角落、身材矮小的老人，他以一种沙哑的声音说出了自己的理由。这时，我感到这个房间弥漫着肃静的氛围。

他说：“我叫查尔斯·斯坦。我当了一辈子裁缝，今年 77 岁了。但我还有一个愿望，是我年轻时未曾实现的，我要知道“未来”，我要以一个受过教育的人的身份死去！”这段简短有力的话引起一阵缄默，房间内的人至今记忆犹新。在这段话背后，博士文凭、公司头衔及显赫的地位均失去了意义。我希望斯坦先生仍然健在，享受着他的“未来”，如那晚教导我们那样去教导他人。

假如成千上万的人都能拥有这种对未来的热忱，我们便会有一个准备周全以应对未来变革的社会。培养好奇心及警觉性，是当前教育的根本任务。而创立一种可能培养这种好奇心的教育体系，是学校在超工业革命中的第三个（也许是最重要的）任务。

教育必须转变为面向未来。

第十八章　征服技术

未来，社会必须采取严厉的行动，甚至是政治行动来防止未来的冲击。否则，无论个人如何调整生活节奏，无论我们提供多少的精神支援，无论我们如何改革教育方式，社会的整体仍然会像脱轨的列车，除非我们能控制这种加速推动力。

我们可以找出很多引起高速的变革的原因。人口增加、都市化、老龄化都在推动这种趋势。然而，工业技术的发展是在各种因素中最具决定性的，也是促发由各种因素构成一个整体进行活动的环节。为了避免规模巨大的未来的冲击，我们必须采取强有力的策略，以明智的方法控制技术的发展。

我们不能也不应该因噎废食地停止工业技术的发展。只有持着浪漫式幻想的傻瓜，才会不厌其烦地强调返回“自然状态”。所谓自然状态，包括婴儿由于缺乏基本的医疗保护以致虚弱甚至死亡，包括人们由于营养不良致使脑部得不到充分补给等情况。霍布斯（Hobbes）提醒我们，在那种情况下，典型的生活是“贫穷、污秽、粗鄙、短命”。与工业技术的发展背道而驰，是愚蠢且不道德的行为。

当大多数的人仍过着12世纪的困苦生活时，我们却想着丢弃促进经济成长的钥匙吗？那些借着“人性价值”名义，无意义地空谈反对工业技术的人，到底是何居心？他们所谓的“人性”到底又是什么？在历史的发展上，当人类的自由逐渐变得可能时，盲目地返回过去，将迫使亿万人重陷惨境。我们迫切需要的是更多的工业技术。

不可否认，我们往往愚昧又自私地应用新技术。为了眼前的经济利益，我们往往迫不及待地榨取工业技术的成果，而使我们的环境变成物质及社会的火药库。普遍生产率的提高，技术的进一步加速，技术和社会组织的关联性，这些都造成了心理污染种类的增多和生活节奏的加速。

除了心理污染之外，工业排泄物污染了空气及海洋，杀虫剂和农药渗入我们的食物，铝制罐头、纸杯、合成塑料制品堆满厨房。我们现在甚至还不知道如何处理放射性废弃物，到底是埋在土里，还是投射到太空，或是倾倒在海洋里？

工业技术的力量虽然强大，但产生的副作用及潜在危机也随之升高。核武器在海里试爆，造成海水热污染，摧毁不计其数的海底生物，甚至溶解了极地冰川。在陆地上，人口聚集在狭小的工业都市地带，吸收空气中的氧，其速度之快甚于氧的补充。在这种情况下，人们所居住的现代城市极可能形成新的撒哈拉沙漠。

这种对自然环境的破坏，正如生物学家巴里·康芒纳（Barry Commoner）所说，“摧毁了最适宜居住的星球”。

工业技术的反动

毫不负责地应用工业技术所造成的后果，引起政治上的反动。一次近海的钻井事故污染了800平方英里的太平洋，激起全美的公愤。住在内华达州的亿万富豪霍华德·休斯（Howard Hughes），为了阻止地下核爆而控诉原子能协会。在西雅图，群众声讨波音公司制造超音速喷气运输机。麻省理工学院、威斯康星大学和康奈尔大学的科学家，在研究期间纷纷放下试管和计算尺，集体讨论他们的工作对社会的影响。学生组织的“环境督导委员会”也呼吁人们要意识到美国正饱受生态不平衡的威胁。此外，英国、法国及其他国家也逐渐关切技术发展的方向。

此后10年内，我们将可预见，国际性反抗热潮的兴起将震撼各国的国会及议会。这种对技术过度发展的反抗，很可能会转变成一种病态形式：未来恐惧症的“法西斯主义”。也许会像过去法西斯主义者处置犹太人一样处置科学家。病态社会永远需要一些代罪羔羊来顶替罪名。当变革的压力不断加重个人的负担，而未来的冲击更加弥漫时，这种梦魇式的暴行往往会被合理化。巴黎一群暴动的学生，恶狠狠地在墙上写着“去死吧，拥护工业发展的政治”的标语，其愤慨之情是可想而知的。

因此，控制技术发展的全球性运动不应被技术恐慌者、虚无主义者和卢梭式浪漫主义者掌控。不顾一切阻挡工业技术发展，或不顾一切发展工业技术，所产生的结果会对社会造成破坏性影响。

介于这两种危机，我们迫切需要的是一种负责任的工业发展。

由一个广泛性的政治集团站在选择性的立场上，合理制定出更进步的科学研究和工业发展规划。它应该为将来制定一套切实可行的目标，而不要白白浪费精力去谴责机器，或对太空计划做无尽的批评。

这种包罗万象的整体目标，如果加以实行，便可造就一个井然有序的社会。意大利经济学家、工业家奥雷利奥·佩切伊（Aurelio Peccei）曾推测，未来美国和欧洲的研究和发展计划费用，每年将支出 730 亿美元。这种程度的花费，每 10 年将增加 7 500 亿美元。如此庞大的数据与国家的经济休戚相关，因此政府必须考虑多方面的社会目标，审慎计划工业技术的发展，否则人类的未来将不堪设想。

由科学家改行当作家的拉尔夫·拉普（Ralph Lapp）说："即使是如今仍活着的杰出科学家，也不知道科学将带我们走向何方。我们正搭着一辆加速行进的火车，下面的铁轨潜藏着无数的转折器，不知要把我们引向何处。火车司机室没有一个科学家，每个转折处又可能隐藏着危险，而社会上的大部分人却在车厢中往后看。"在国际经济合作与发展组织发表有关科学发展的长篇报告中，比利时前首相坦承道："我们获得了一个结论，即我们在寻找一个永远得不到的东西——科学的政策。"

激进分子经常指控统治阶级、制度或以违反公众利益的方式控制社会的"那些人"。这些控诉可能有其时代意义，而如今我们面临的是一个更危险的事实：许多社会病症的产生，与其说是强迫控制的结果，不如说是缺乏强迫控制的结果。而令人震惊的真实情况是，当发展工业技术受到全面关注时，却没有人起来支撑大局。

选择文化方式

工业化进程中的贫穷国家，往往会不假思索地欢迎能促进经济发展及增加财富的一切技术改革。事实上，这是一个被大家认可的技术政策，因为技术改革能造成极为迅速的经济增长，却缺乏高瞻远瞩，只重视各式各样新机器及新方法的推广，忽视这些东西在未来所带来的不利影响。

当进入超工业社会的起点时，这种放任政策便会现出危机。除了技术动力的增进及技术范围的拓展之外，人类的选择机会也将日益增加。先进的工业技术足以造成商品、文化产品、服务产业、亚文化团体和生活方式选择过多的困扰。工业改良产品琳琅满目、推陈出新，将这类选择问题变得日趋严重。根据短期经济利益而做出选择的简单方式已逐渐暴露其危险性、混乱性及不稳定性。

今天，在技术选择方面，我们需要一种更精练的标准。这种标准不仅可以帮助我们避免可预知的灾祸，还可协助我们寻求未来的应对方针。面临历史上首次技术选择过多的问题，必须在种类繁杂的工业中选择必备的机器、方法、技术和系统。这是以个人决定自己生活方式的方法来选择社会所需要的工业技术。因此，我们必须为未来做一种“最高决定”。

正如个人可从不同的生活方式中进行自觉性选择一样，今天的社会也能从各种不同的文化形态中做出自觉性选择。这是历史上前所未有的现象。在过去，文化的出现都没有经过人们计划性安排，而在今天，我们能够计划文化的出现。由于自觉地应用工业政策，再加上其他种种方法，我们能勾画出一个明日文化的轮廓。

赫尔曼·卡恩（Herman Kahn）和安东尼·威纳（Anthony Wiener）曾在著作中列出100种工业改良产品，这些产品在20世纪最后30年出现，包括有关激光的更复杂应用、新原料、新能源、海陆空三用的汽车、三维摄影术和医疗用的“人类冬眠器”等。其他类似的新产品在其他地方也有很多。在交通、运输及任何感觉得到的领域内以及一些感官意识不到的范围内，工业改良产品处处存在。这一切将使选择的复杂性日趋严重。

这方面的问题，我们最好用与人类适应性有关的新发明来解释。最恰当的例子是一种叫Oliver的电脑，是某些专家为了帮助人类解决烦冗复杂的决定问题而设计出来的一种新型电脑。Oliver电脑旨在为个人提供种种信息，并为其做出小型决定。在这方面，电脑能为个人存储有关他的朋友到底喜欢曼哈顿酒或马蒂尼酒的资料，也能存储有关交通路线、天气状况、商品价格等信息。这种新的机器能提醒他太太的生日到了，并能自动订购鲜花，还能帮他续订杂志、按时付房租、订购剃须刀等。这种电脑化的信息系统能利用储存在图书馆、公司档案、医院、零售商店、银行、政府机构及大学等机构中的资料。如此一来，Oliver电脑便成为个人万事通。

有些科学家甚至更进一步拓广这种功能。从理论上而言，Oliver电脑可以分析其所有者说话的含义，审查他的选择，归纳出他的价值观体系，并能根据自身的程序反映出他在价值观上的变化。此外，还能为他处理更多的决定。Oliver电脑甚至知道其所有者在委员会中对各式提议将做何反应。（会议由一群 Oliver 电脑各自代表其所有者参加，而不需要其所有者到场。确实，有些实验者已经在某些关于“电脑媒介”的研讨会中做到了这一点。）

Oliver 电脑也能够知道，它的主人是否将投票给候选人 X，是否将捐钱给 Y 慈善机构以及是否接受 Z 的宴请。一位接受过电脑培训的心理学家（他是 Oliver 电脑的热爱者）会说：“如果你是一位不懂礼节的粗汉，Oliver 电脑可以使你变成彬彬有礼的绅士。如果你是个婚姻骗子，Oliver 电脑也会助你一臂之力，它将是你机械化的‘他我’。更极端的情形是，当我们将胸针大小的 Oliver 电脑移植到婴儿的大脑中之后，就能创造活生生的‘自我’，而非机械性的‘他我’。”

另一种能扩大个人适应范围的技术进展是在人类的智商方面。美国、瑞典及其他国家的许多实验报告均明显地显示，在可预见的未来，我们能够增进人类的智力及处理信息的能力。生物化学和营养学的研究证明，蛋白质、RNA（核糖核酸）以及其他化学物质与人类的智力及学习能力颇有关系，人类智力界限的突破将可神奇地增进人类的适应力。

或许，这是使人性扩增、使人类迈向新超人的适当历史性时刻。然而，这种转变的后果将会如何呢？我们愿意“电脑人”（Oliver 电脑）充斥于世吗？即使愿意，将在何时来临？我们究竟要和它们保持哪种关系？生化医疗是用来使心智不健全的人提高至正常水平，还是用来提高一般人的智力，抑或集中全力培育超级天才呢？

在其他方面，我们也遭遇了类似的复杂选择问题。仅为了获得廉价的核能而将地下资源毁于一旦，值得吗？花费亿万美元制造超音速喷气运输机，值得吗？利用这些钱来研究制造人工心脏，值得吗？我们应该疲于奔命研究人类的遗传基因吗？或者，像某些人提出的，是否应该在巴西内陆贯注海水，建造一个与德国同等面积的内陆海？毫无疑问，我们即将制造“超级迷幻药”、反暴力药物或一些赫胥黎所云的“索玛”，并将这些掺入早餐中。我们即将有能力移民到其他行星，并能将“欢乐探针”植入初生婴儿的大脑中。然而，值得这么做吗？由谁来决定这件事？我们在采取这种决策时到底依据何种尺度？

显而易见，一个盲目推动 Oliver 电脑、核能、超音速运输机、在大陆上建造的巨型工程、迷幻药和“欢乐探针”的社会所发展出来的文化类型，与一个以明智的眼光来选择工业技术、推广反暴力药剂和制造廉价人工心脏的社会是完全不同的。

具有选择性地进行工业技术发展的社会与盲目发展技术的工业社会，两者之间将会很快地显现出差异。此外，一个能控制技术发展节奏又能尽力避免未来冲击的社会，与一个无法从事理性决策的社会，两者之间的差别也十分明显。前者政治上的民主和群众广泛的参与极易实现；后者拥有的强大压力使得工业的少数经营者可以指挥政治。总之，工业技术的选择将决定未来文化形态的建构。

因此，工业技术所产生的问题不能仅从工业技术角度寻求解决。这是政治上的问题，它对我们的影响，比造成今天表面政治问题的影响更为深刻。由此看来，我们再也不能以旧有方式来处理技术决策的问题。

我们不能再对这些息息相关的问题置之不理，不能貌合神离地做出决定。我们不能仅仅考虑到短期的经济利益，不能在政策真空的状态下决定，更不能把决策权委托给那些对自身行动的深远后果不了解的商人、科学家、工程师或行政人员去处理。

晶体管与性

倘若要控制技术，并以此影响一般加速推动力的话，我们必须在新技术开始推广以前进行严格检验。任何改良产品在市场上销售以前，我们必须先进行全面性的检查。

首先，过去的惨痛经历使我们必须详细检查任何新技术可能带来的副作用。不管在开发新的动力、新的物品，或新的工业化学原料，我们应该慎重考虑它们是否会改变我们赖以生存的生态平衡。此外，我们还得考虑，它们从长远角度可能产生的间接影响。投入河底的工业废弃物，很可能在几百英里甚至几千英里外的海面上浮现出来；DDT[①] 用后几年，或许才会显现其副作用。其他类似情形很多，我们在此毋庸赘述。

其次，更复杂的问题是，我们必须考虑技术改革对社会、文化及心理环境的长远影响。一般人认为，汽车的问世不但改变了城市形态，改变了家庭所有制及中小型企业经营模式，也改变了两性关

① DDT，又称滴滴涕，是一种杀虫剂，也是一种农药。由于 DDT 在环境中非常难降解，并可在动物脂肪内蓄积，对环境污染过于严重，因此很多国家和地区已经禁止使用。——编者注

系习惯，冲淡了家庭关系。避孕药、电脑、太空飞行及系统分析等“软”技术的发明与推广，在全盛时期都会造成社会的重大改变。

我们不能再任由这种社会及文化的副作用继续产生。我们必须事事考虑，估计这些产品的性质、性能及其可能后果。当我们断定这些后果可能具有严重的破坏性时，必须立即封锁这种对人类有害的新技术，绝不能任其猖獗。

的确，我们无法预测行动（不管是技术或其他方面）的全部后果，但不可否认，我们在某种程度上，可以预测“可能的后果”。例如，我们可以在某些新技术推广以前，在有限范围内进行检验，判定其日后影响。我们可以设计一种“栩栩如生的实验”，或成立一种“自愿团体”来实验，以此来指导我们的技术决策。正如我们可以创造一种变革较慢的“过去共同社会”及未来冲击严重的“未来共同社会”。我们也可以设计一种特殊的“高度新奇性社区”，使该社区的人试验性地使用种种先进的药品、动力资源、车辆、化妆品、日用器具及其他改良产品等，以此来调查这些产品的副作用。

今天，一般公司会对其产品做定期的区域性检验，以便确定产品是否能发挥效用；企业对自身的产品也经常从事市场检验，以探测产品能否顺利销售。但是，除了极少的例外情形，几乎没有一家公司会对顾客或社区从事“售后检验”，以测定其产品对人类的副作用。事实上，是否采取这种检验方式，很可能会影响人类未来的生存问题。

即使这些检验不易实行，至少我们可能系统性地去预测各种技术的长远影响。目前，一般行为科学家正在大力发展新工具，使我们对自身行动的后果拥有更多信息，以做出适当的判断，可把我们对技术从事社会性评价所需的概念集合起来，作为预测未来后果的评价方法。

第三，一个更困难却更重要的问题是，除了对社会结构的实际影响之外，新技术对社会的价值体系将会有什么影响。我们并不十分了解价值结构及其如何变革，但我们有理由相信，它们同样会受到技术的深刻影响。

过去，我会指出，我们应该发展一种新职业，即价值影响的预测者，一群受过特别训练的人运用最先进的行为科学评估某种新技术对价值观的影响。

1967 年，在匹兹堡大学，一群卓越的经济学家、科学家、建筑师、设计家、作家和哲学家聚集一堂，共同商讨如何发展一项名叫“价值预测”的技术。哈佛大学技术与社会规划中心也开始涉及这方面的研究。康奈尔大学及哥伦比亚大学的科学和人类事务研究协会正在筹备建立一个工业技术与价值的相互关系模型，并采用一套有用的策略，以便分析双方的相互影响。这些新的创见虽然幼稚，却能使我们比过去更敏锐地评估新技术。

最后，倘若我们要避免未来的冲击，就必须认识到一个过去一直被忽视的问题，即我们对每一个重大的技术改革必须提出质问：技术改革加速化究竟意味着什么？

目前适应性的问题已不再是应对此项发明或彼项技术的问题。我们面临的已不是改革问题，而是改革的“连锁性问题”；不是超音速运输机、核反应堆或其他产生副作用的机器的问题，而是这类技术成果及其涌入社会所造成的新奇性、两者之间的连锁性问题。

一个有计划性的工业技术，是否能帮助我们控制连续发展的速度和方向？或者，它反而会导致发展过程更为加速，而使我们失去对它的控制力？此外，它对短暂性的程度、新奇性的比例及选择的多样性将会有何种影响？除非系统地控制这些问题，否则我们将无法控制技术以达到社会目标。

这些问题正亟待社会科学及自然科学去解决。我们已经知道如何创造及配合最有力的技术，却没从它们的副作用中吸取惨痛的教训。今天，这些后果已在严重威胁我们的生存。我们必须学习，尽快学习。

科学技术监察机构

科学技术监察不仅是知识上的考验，也是政治上的考验。除了设计新的研究工具，认识环境的新方法之外，我们必须策划具有创造性的、新的政治机构，以保证这些问题得到检验。我们还要提倡或劝阻（甚至禁止）某些计划性的工业技术。事实上，我们急需一种监察机构。

未来 10 年的主要政治任务便是建立这种监察机构。我们应该果断地运用系统性的社会控制，以牵制技术发展。而这种工作应该由生产工业改良产品的公共机构、公司及工厂共同担任。

任何控制工业技术的提议都会使科学界皱眉，这种政治性的干涉势必遭到反对。但事实上，工业技术的控制并不是限制研究工作的自由。因为问题的关键并不在于发现，而在于推广；并不在于发明，而在于广泛应用。社会学家艾米泰·埃茨奥尼（Amitai Etzioni）指出："许多自由主义者虽然完全接受凯恩斯的经济控制政策，对工业技术却持放任的看法。他们的论调，正是过去拥护放任经济者的翻版，任何控制技术的企图将会遏制改革与创新。"

对于过度控制技术所提出的警告，我们虽然不能轻易忽视，但缺乏控制的后果可能更糟。事实上，科学及技术的发展并不是绝对自由的，技术改革及其应用推广率受社会的价值观及制度影响。事实上，早在技术改革推广应用之前，社会已对它实行了预先的甄别工作。虽然如此，如今这种混乱的控制方法以及控制标准等仍然需要改进。因为它们无法处理超工业社会的复杂性，它们只注意到技术最直接、最明显的结果，但我们目前面临的问题不是最直接、最明显的影响。"社会必须号召最具才干及想象力的科学家，使它们不断注意技术的长远性影响，"加拿大国家科学院主席索兰德（O. M. Soland）写道，"目前，我们依赖个人的警觉性以预测危机，或由组成团体来改正错误的方法将不能应用于未来。"

为了解决这个问题，我们必须建立一种科学技术监察机构，这是专门受理及解决技术的不负责应用而导致困境的公共机构。然而，矫正技术所造成的"逆作用"应该由谁来负责呢？家庭洗衣机及洗碗机所用的清洁剂的迅速推广，加剧了世界"水净化"的问题。将清洁剂投入社会虽是私人的决定行为，但其副作用是由大部分的纳税者及消费者来担当。

空气污染方面也有同样的情形。虽然污染产生于私人公司、工厂或政府机构，实际受害者却是纳税人及社区居民。或许处理污染的费用，应以社会一般开支的形式由公众来负担，这比让特定的工业界单独来负担更合理。其实我们可以采取许多方式分担这笔费用，但不论选择哪一种方式，将责任划分明确是最重要的。事实上，没有一个组织、团体或机构应负完全的责任。

科学技术监察机构可作为官方接受群众诉苦的平台，它可提醒群众注意，公司及政府机构是否毫不负责或没有事先改进就应用了新技术。这样便能使一般工业界更明智地运用新技术，在必要时，还可提出损害控诉，因此它可能会很有效地阻止技术不负责地发展。

环境监察机构

当然，仅在事后调查及追责是不够的，我们必须建立一个环境的监察机构，使我们免受危机的侵害。同时，我们必须成立一个“公共诱导系统”，以鼓励发展安全的、社会需要的技术。而这意味着，在技术改革尚未进行推广应用前，政府及私人有关机构必须先进行自我检查。

公司可自行设立“后果分析团队”，研究自己的改良产品的潜在影响。在某些情况下，它们不仅在“技术实验范围”内必须测验新技术，还需在改良产品进入社会以前，就其可能带来的影响向社会公众进行告知。事实上，大部分的责任仍应由工业界本身来承担。就一般情形而论，控制越分权化，效果往往越好。“自我拯救”如果可行的话，我们宁愿舍弃外部的及政治性的控制。

可是，若自我检查失败的话（事实上，这种情形经常会发生），公共干预便有其必要性。在这种情况下，我们应义不容辞地承担这个责任。美国众议院科学委员会主席、国会议员埃米利奥·达达里奥（Emilio Q. Daddario）提议，在联邦政府内建立一个“工业技术估价理事会”。此外，国家科学院、国家工程学院、国会图书法律咨询处以及华盛顿大学的科学计划所等，均针对这种机构的性质从事研究。这种机构的形式问题或许有待进一步商议，但其必要性无可争议。

同时，社会应为技术发展设定一般原则。例如，当某个技术改革被采用之后，有关机构便要准备专款，一旦日后出现不良影响，可以用来补救。我们还需创立一个“技术保险联营机构”，由改革推广机构支付保险费。

至于大规模的生态破坏是要延缓执行还是禁止，要看对大自然的破坏程度而定。有人认为，阿斯旺水坝不仅对埃及的农业毫无帮助，甚至导致尼罗河两岸的土地盐碱化，将会造成重大的灾害。但是，这种过程并不会在一夜之间发生，因此通过仔细的调查，是可能避免的。相反，巴西内陆贯注海水的计划具有急速的、不可预测的生态影响，因此除非已经通过严密的监察并已妥善预备了意外的应变措施，否则这种计划是不能贸然执行的。

在社会影响方面，新技术必须交由行为科学家、心理学家、社会学家、经济学家及政治科学家来批准，他们可以尽全力预测它在未来各种不同阶段的社会性影响力；他们可以从社会利益的角度来权衡这种改革是否会导致不良后果，是否会产生不可遏制的加速化压力。在某些具有高度影响力的改革情况下，我们必须授权给“技术估价机构”，使它们可以获得限制立法及强制延期命令，直到这些问题得到公开讨论及研究，并得出结论。在另一种情况下，当这些改革的副作用可事先加以防范，我们便允许它们在社会上推广，社会便不会因技术问题而招致危机。倘若我们能深入考虑特定的技术问题、它们彼此间的关系、新技术间的时间差、计划的推广速度及其他类似的因素，我们便很有可能控制变革的节奏及方向。

这些计划本身潜藏着巨大的社会影响力，因此我们应当审慎估量其后果。我们或许还有更好的方法来实现这些理想目标，但目前的处境已不容我们细细斟酌。目前，我们最重要的事是，不要再盲目地冲向超工业社会。在不久的将来，技术控制的政策将会触发激烈的冲突。但是，不管这种冲突将来是否发生，倘若我们要控制加速推动力，就必须控制技术的发展；倘若我们要避免未来的冲击，更有必要控制加速的推动力。

第十九章　社会未来学派的战略

能否在一个全然失去控制的社会生存下去，是我们在未来的冲击概念中所要探讨的核心问题，也是我们目前所处的状况。即使失去控制的仅是技术问题，但情况已经十分严重，更何况失去控制的还有其他许多社会过程。这些因素摇摆不定、难以预料，使我们难以采取适当的方法加以控制。都市化问题、种族冲突、移民问题、人口问题、犯罪问题等成千上万个事件冲击而来，几乎使我们无法应对。

这些困扰之中，有些事件跟技术的脱轨有很大关系，有些仅有部分关系。这种不平衡的变革在速度及方向上的偏颇，使我们不得不自问，技术社会是否已经复杂得难以控制，是否已经加速得难以驾驭？当政府在这种情况下显得无能为力时，我们将如何缓和这种变革的节奏，降低刺激的程度，以避免未来的冲击呢？美国一个一流的城市学家曾毫无保留地表示其憎恶：“城市重建要花费三亿美元以上的代价，才勉强改善城市的低级住宅。”其他许多方面也有类似的情形。

为什么今天的福利措施经常弄巧成拙呢？大学生在过去一向被视为天之骄子，为什么今天却突然起来暴动、反抗呢？为什么快车道反而出现交通的拥挤现象呢？为什么许多善意的便利措施很快就变质而产生副作用呢？类似情形层出不穷，难怪前英国国会议员雷蒙德·弗莱彻（Raymond Fletcher）要心灰意冷地说："社会已变得一片混乱了！"

如果混乱是指缺乏典型的话，他或许有点儿夸张，但如果混乱是指社会政策变得反常且难以捉摸时，他便一言中的，而这正是未来的冲击的政治意义。当个人无法与变革速度保持平衡时，他将会遭到未来的冲击，政府也会遭到集体性未来的冲击，也就是决策过程的崩溃。杰出的英国社会科学家杰弗里·维克斯（Geoffrey Vickers）爵士清楚地陈述道："当变革加速推进，而缺乏应对时，我们对社会的控制力将完全丧失。"

技术中心主义的死亡

目前，工业主义已经开始没落，而技术计划体制也随之走向末途。我所指的技术计划，并不是集权式国家计划，而是泛指一切高度技术化国家的系统变革管理体制。社会评论家迈克尔·哈林顿（Michael Harrington）认为，我们的组织体制缺乏计划，所以这个时代应称为"非计划性的世纪"。但是，加尔布雷思（Galbraith）认为，即使在资本经济社会的体制下，大公司也不遗余力地在促进生产及分配的合理化，也竭尽所能地计划未来，而政府方面同样热衷于计划性的企业。凯恩斯经济理论对战后的经济或许不适用，但这些理论并非偶然产生。在法国，“计划经济”变成国家的正式经济手段，而瑞典、意大利、德国及日本等国的政府，经常主动干预民营企业，以保护某些企业，限定某些公司资本额，或推动某些企业的发展。有些国家早就成立了计划部门。

虽然我们在这方面花了不少心血，但整个系统为什么还会失去控制呢？这个问题并不因为我们计划得太少，而是因为计划得太差。今天，我们所遭遇到的困难，可以追溯到当初计划时的失策。

第一，技术计划本身是工业主义的产物，它所反映的是即将“过去”的时代价值。过去，不管是在资本主义社会或共产主义社会，工业主义的主要目标都在于物质福利的最大化。不管是对底特律的技术专家还是对基辅的技术专家而言，经济成长都是首要目标，而技术则是达到这个目标的主要工具。因此，不管这种成长是为了私人利益还是大众福利，它们的基本主张并无不同。技术计划都以经济本位为原则。

第二，技术计划所反映的是工业社会的“时代主见”。工业社会为了摆脱先前社会的“过去指向”的牵制，便将重点全部集中于现在。因此它们所谓的计划，也仅考虑到眼前的未来而已。苏联在 20 世纪 20 年代所提出的 5 年计划，在当时曾被视为疯狂的“未来主义”。即使到了今天，5 年内计划仍被视为“长期计划”。虽然目前已有一些公司及政府机构开始考虑到 10 年、20 年甚或 50 年以后的情形，但大多数机构仍然盲目关注眼前的利益。技术计划仍然是短期性的。

第三，技术计划主要以等级组织为前提，这正反映出了工业主义的等级组织。世界往往严格区分管理者及劳工、计划者及执行者，而一切决策都由上级指定。这种系统尚能配合一般工业的变革节奏，但当一般工业踏进超工业时，便会崩溃下来。

在这种日渐不稳的环境下，为数越来越多的非计划性决策都必须由下级直接决定：这种即时性的决策往往会消除劳工与管理者之间的明确界限，等级组织便显得摇摇欲坠了。上级计划者由于距离下级太远，无法熟悉局部情况，因此无法做出适当的应对措施。“由上而下”的控制系统既然无法在今天加以运用，许多计划执行者便开始要求参与决策的制定，但上级策划者并没有同意这种建议。由此看来，技术计划正如等级组织一样，在本质上是非民主的。

然而，这些濒于破产的工业时代的方法无法抵挡超工业主义的旋风。它们在变革较少的工业界，或许可以勉强维持一时，发达的工业界、大学，或城市等变革迅速的地区却不能适用，反而加重其不稳定性，造成更大、更广的动乱与不安。此外，还可能加重政治、文化及心理等方面的危机。

这种控制力的丧失往往会造成人们对科学的反感。科学，首先使人类认识到可以通过控制环境来控制未来。但在这种情况下，人们认识到未来是可以改变的，这样就破坏了宗教的稳定及神秘的气息。今天，社会的失去控制已使人类对科学失去信心，导致了神秘主义的复活。占星术很快风行起来，禅道、瑜伽、降神会、巫术等成为大众的消遣。大家一窝蜂地追求狂欢，追求非语言化、非符号化的心电感应。大家开始看重感受，轻视思考，好像这是两种完全相矛盾的东西。存在主义预言家汇合了天主教的神秘主义者、荣格派的心理学家及印度的宗教师等，以情感及神秘的经验来对抗科学及理性思维。

在这种反科学的气焰下，社会上又刮起一股强烈的思古之风。复古的家具、旧式的招牌、昔日时兴的娱乐活动、古代艺术品、爱德华式的旧时尚以及昔时的流行品等都竞相出炉，而这些都可以反映人们渴求重返过去的单纯及静谧。流行市场又开始趁机制造大量古玩，以满足一般人的思古心理，而复古也变成一个热门的行业。

技术计划的失败及控制感的消失，又激起一种“把握现在”的哲学。歌曲及广告都群起欢呼“现在一代”的出现。有学识的心理医生警告我们，不可压制自己的欲望，“应该做自己想做的事或对自身有益的事”。一个少女在摇滚乐演唱会上接受访问时说：“你现在想做什么就做什么。倘若你在一个地方待太久的话，你便会处于有计划的生活中，所以你最好不停地流浪。”不假考虑的行动，被视为个人的最大福音。

在这种风气之下，左翼及右翼握起手来，对未来采取一种“慢条斯理”的态度。于是，所谓“反计划”“无计划”及“有机性成长”等口号，又开始被呐喊起来。而一些激进分子甚至把这些口号加上无政府主义的色彩。他们认为，替一个早晚要被推翻的社会拟订长期性的计划，不仅没有必要，更不是明智之举。他们甚至认为，计划下一场会议也是件扫兴的事，他们歌颂一切无计划的事物。

反计划者口口声声地喊着，计划会为未来塑造一种价值，他们却忽略了“无计划”也有同样甚至更坏的结果。他们为技术计划的、狭窄的、经济本位的性质所激怒，因此他们痛贬一切系统分析、成本利润统计及其他类似系统。但他们不明白，倘若我们能够善用这些工具，很有可能建造一种人性化的未来社会。

批评者认为，技术计划是反人性的，因为它一味追求经济利润而忽视社会、文化及心理价值。批评者又说，技术计划本身目光短浅、缺乏民主。他们指责技术计划不合时宜，这是对的。倘若他们因不满现状就盲目反对科学，走入非理性主义，沉溺于病态的怀旧情绪，或一味享受“现在”，那么他们不仅态度错误，还会造成极大的危险后果。这种人对技术的态度，正如他们对工业社会的态度一样，他们不是走向未来，而是回到过去。

世界上最严重的危机莫过于“失调现象”。不可否认的是，人类对自身所处的世界已逐渐丧失控制力。无论在人口控制、空气净化、裁军或避免未来的冲击上，我们再也不能坐视这种生死攸关的决策在毫无计划的情况下盲目进行。“以不变应万变”只会造成集体性自杀而已。

我们既不能返回过去的非理性主义，也不能消极地顺其自然，更不能陷入绝望或虚无主义。我们所迫切需要的，是一种强有力的新策略。在此，我将这种策略称为“社会未来主义”。我个人深信，倘若善加运用这种策略，一定可以应对未来的变革。我们可以创造一种比目前更合乎人性、更具远见且更民主的计划形式。简言之，我们可以超越技术主义。

计划者的人性化

一般技术专家都沉迷于经济发展之中。他们似乎认为，除了战争及灾害之外，一切非经济性的问题都可以用经济方法来解决。但是，社会未来主义对这种思想提出挑战。过去，人类都曾单向地追求物质开发，在超工业推动力的多方面目标却开始与其分庭抗礼，甚至有全面取代的趋势。在个人方面，自我完善、社会责任、美感追求、享乐性的个人主义及其他许多目标，都开始与纯粹的物质利益展开角逐。经济的富裕逐渐使人类有余力追求非经济的多样目标。

在超工业主义笼罩之下的社会，经济的可变方向如工资、支付平衡及生产等，也开始朝着非经济方向前进。经济问题的范围虽然包罗万象，但是目前不少经济次位的问题（非经济本位的问题），已逐渐居于上风。种族问题、代沟、犯罪问题、文化自治及暴乱等，虽然多少带有经济因素，但不能完全以经济手段来衡量。

由批量生产转向服务性生产，产品与服务的心理化，最终转变为体验性生产等都与经济条件有关。顾客的爱好往往随着生活方式的变化而改变，因此亚文化的产生正可以显示经济的混乱。超工业化生产要求工人必须善于操作数字化设备，因此脑力将比体力更为重要，而其生产也比以往更依赖于文化因素。

金融制度目前已逐渐感受到社会及心理方面的压力了。在迈向超工业化的富裕社会，新的投资渠道已逐渐被非经济因素所影响或限制。资金雄厚的基金会将投资于重大工业的大量资金悉数撤回，而将其部分资金投资于向不发达国家提供食物和减缓人口压力的事业上。有些基金则将其主要资金投资于改善住宅上。这种非营利性机构的发展，迄今为止，虽然为数不多，却足以显示新的变革方向。

在这种新的方向之下，许多投资于城市中心的美国大公司都被卷入这种社会变革的大风暴中。几百家大公司开始为失业者提供就业机会，举办就业训练及其他许多过去所没有的福利措施。世界最大公司中的一家最近还特别成立了一个环境问题部门。这个划时代的创举旨在研究如何处理空气污染及水污染，改善公司货车及各种设备的外观，在城市社区举办学童学前训练。这并不意味着大公司已经开始走向利他主义，只是经济因素已开始与声势逐渐浩大的文化、心理及社会力量等存在更为密切的关系了。

虽然这些压力越来越大，但大部分的策划人员及经理人员似乎熟视无睹。他们仍认为经济因素与社会、心理、文化等方面的影响力毫不相关。经济本位的观念都已根深蒂固，因此往往忽略了变革的事实，而无法在经营方面做应变的策划。例如，一切现代国家都以极精密的机械方法来衡量经济发展情况。我们每天都以生产量、价格、投资额及类似因素测定变革的方向。借着这种经济指标，我们便可精确地计算经济的全面情况，它的变革速度及变革方向。

倘若没有这些测定标准，我们将无法对整个经济状况进行有效的控制。但是，我们并没有类似的社会指标来说明我们社会是否健全。我们没有“生活品质”的测定标准，也没有系统性指标说明人与人之间的隔离程度究竟有多大。教育是否具有成效，艺术、音乐及文学是否在繁荣发展，我们待人处世的礼貌、友好、和善是否有所进步等，这些都缺乏适当的衡量准则。美国前任内政部部长斯图尔特·尤德尔（Stewart Udall）指出："国家生产总量是我们的圣杯，但我们没有环境的指标，缺乏人口调查统计，因此无法衡量这个国家是否一年比一年好。"

表面看来，这似乎纯粹是一种技术问题，是统计学家应该关心的问题。但是，它对政治极具重要性。倘若缺乏这种测定标准，我们便无法以适当的长期社会目标来联系中央与地方的政策，往往会使技术盲目发展。

斯图尔特·尤德尔所说的话在华盛顿曾引起一场温和而鲜为外界所知的争论。技术计划者及经济专家都认为，社会指标有碍于经济发展。而一些杰出的社会科学家，像罗素基金会的埃里诺·谢尔顿（Eleanor Sheldon）及威尔伯特·穆尔（Wibert Moore），哈佛大学的丹尼尔·贝尔（Daniel Bell）教授及雷蒙德·保尔（Raymond Bauer）教授等人都极力推介社会指标，认为它是我们当前急需的行动方针。

这个反抗运动曾得到少数政界人士及一些政府官员的强烈支持，包括白宫的首席顾问丹尼尔·莫伊尼罕（Daniel P. Moynihan）、明尼苏达州参议员瓦尔特·蒙戴尔（Walter Mondale）、俄克拉何马州参议员弗雷德·哈利斯（Fred Harris）及几位国会官员。在不久的将来，其他国家的首都也将会掀起这种反抗运动，技术专家与新技术专家将会产生激烈的冲突。

我们迫切需要一种新的社会测定标准以应对未来的冲击所带来的危机。例如，我们需要一种新的技术来测量不同社区、不同职业的人以及个人生活经验上的短暂性程度。在原理上，我们可以设计一种“短暂性指标”揭露我们与环境中的物品、地域、人际关系、组织及非正式结构等形成及切断关系的速度。

这种短暂性指标将可显示，社会上不同阶层的人在经历上的千差万别，有些人过着慢吞吞的生活，有些人却过着高速的生活。倘若政府的政策无视这种差别，仍以同样的方式处理两种不同的情况的话，它很可能会招致一方甚或双方的激烈反对。

同样，在环境方面，我们也需要新奇性的指标。社区、组织或个人究竟面对了几次新状况？一般家庭的物品，在外形及功能上究竟哪些是新的，哪些是旧的？在物品、人际关系或其他重要事物上，新奇性究竟要达到何种程度才合乎适当刺激的原则，而且不会造成过度刺激？儿童是否比其父母更能适应新奇性的东西？倘若是的话，他能适应多少？年事越高的人是否越难于忍受新奇性？而这种差别跟政治或政治代表间的冲突是否有关？借着这些新奇性的测定与研究，我们或许可以控制穿梭于社会结构及个人生活的变革之流。

至于选择及选择过多的问题，我们是否可以建立一种标准以衡量人类生活中的重要选择的程度？一个自称民主的政府，对选择过多的问题难道视若无睹吗？一般空谈选择自由的论调都认为，这种问题无从测定。他们的基本假设是收入越多或越富裕，意味着更多的选择，而更多的选择意味着自由。我们现在不能再固守这些陈词滥调了，我们不能再无视政治制度的盲目发展了。倘若要避免未来的冲击，建立一个人性的超工业社会，我们必须针对这些问题来研究应对之道。

在未来环境技术的发展中，经济指标必须与社会及文化指标配合运用。这种配合运用可以说是新技术计划与变革的先决条件。同时，计划者的人性化必须应用到政治结构上。要使超工业社会的信息系统与社会的决策中心保持密切的联系，必须成立特别机构，以对生活品质的关注制度化。这种新机构将按特殊目标定期提出有关生活品质及社会进展（或退步）的报告。这种报告将补充或平衡经济委员会的年度经济报告。这种委员会在对社会情况提供可靠而有用的信息后，必能影响一般计划，使其更能适合社会发展方向及大众福利的要求，从而避免走向技术主义及经济本位主义。

这种委员会不仅必须在联邦政府设立，还必须在州政府及市政府成立。但这并不意味着，委员会一成立之后便可解决一切问题，免除一切冲突，保证社会指标的顺利执行。简言之，它仍无法使我们的政治生活免除一切政治困扰，但它能使大众注意力及政治力投向经济发展之外的另一个目标。检查生活品质变化的新机构的成立将能使我们逐步地迈向计划者人性化的道路，而这正是社会未来主义策略极为重要的第一个阶段。

时间范围

现代的一般技术专家都“患了近视”，他们只想到眼前的利益、眼前的成果。他们是现代社会的不成熟分子。倘若一个地方需要电力，他们便建立一个发电厂，却完全没有考虑这个发电厂可能改变劳动方式而在10年内很可能使大批人失业，造成大规模的劳工重新去接受培训，增加邻区社会福利措施的负担。这种后果可能为期较远，无法引起他们的注意。这个发电厂可能在一代人以后引发严重的生态问题，但这个问题不在他们所考虑的时间范围之内。

在一个加速变革的社会中，明年与我们的距离，可能比变革缓慢社会中的下个月与我们的距离还要近。今天企业界及政府的决策人员必须了解激烈变革的生活事实，将其化于我们的体验中。他们的时间范围必须扩大。

制订更长远的计划，并不意味将自身限定于死板的工作方式中。计划必须具有流动性、伸缩性，从而可以进行持续性的修正，但这并不意味着目光短浅。为了超越技术主义，我们必须把社会的时间范围延长10年，甚至一代。因此，仅仅延长我们现在的计划是不够的，而是整个社会由上至下都必须加强未来的社会意识，提高警觉，才能上下一心制订和实施这种计划。

最近几年来，最令人心喜的现象之一是未来研究的组织骤然增多。最近的这种发展本身是对变动加速化的一种静态社会反应。在最近几年内，我们曾目睹了许多未来指向的研究机构的成立，像未来研究社、公元2000年委员会、哈佛技术及社会计划中心等。同时，在英国、法国、意大利、德国及美国等地都有未来主义学报的出现，大学也开始设立未来学课程。此外，奥斯陆、柏林及京都等地都曾举行过国际性未来研究会议。此外，柏林、布拉格、伦敦、莫斯科、罗马、华盛顿，甚至远至巴西的丛林地带的贝利姆等地也都设有未来研究中心。一般技术计划者仅将时间范围向后延伸几年而已，而这些研究中心往往将时间延长了 15 年、25 年甚至 50 年。

每个社会面临的不仅是“或然的未来”的连续，而且有许多“可能的未来”的集合，以及因对未来怀着不同的向往所引起的冲突。控制未来，意味着将或然的未来转变成可能的未来，并谋求一致的向往目标。确定这种可能性便需要未来主义的科学，描述这种可能性需要未来主义的艺术，界定这种共同的向往目标则需要未来主义的政治学。

世界各地的未来主义运动并未将上述各种功能划分清楚，而仅侧重对概率的估计和评价。因此，这些中心的许多经济学家、社会学家、数学家、生物学家、物理学家及工程研究员都只在探寻种种方法来预测未来的或然性。他们只考虑到，水产养殖何时可满足世界的半数人口的需求？电力汽车在未来 15 年内是否可能全面取代燃油汽车？未来业余生活方式、政府的功能及种族关系是否可能转变？

而科学的未来主义者则强调不同事件与趋势之间的相互关系，他们将注意力集中在技术对社会的影响上。未来研究中心的主要职务之一，是调查先进的通信技术所可能产生的对社会及文化的影响，哈佛大学在研究生物医药进展可能引起的社会问题，而巴西的未来学家在研究各种经济发展政策的可能结果。

考虑未来的或然性本身是一种极其自然的行为。一个人在一天之中绝不可能不去想未来的事。乘客说“我将在 6 点左右回家”，是指他预测火车会准时到站；母亲送孩子上学时，也必定会估计一下时间；航行者驾驶船舶航行前必先预计航程。同样，在我们开始个人生活时，也必须时时做这种计划。

社会同样必须为明天进行许多设想。企业界、政界及其他许多社会阶层在发挥效能时都必须事先设想。在变革混乱期间，未来的社会形象可能将十分不准确。因此，今天社会控制力的丧失，很可能是因为我们没有对未来进行充分设想造成的。

当然，没有一个人能百分之百地预测未来。因此，我们只能使自己的假设不断被系统化和深化，而使未来显示出其可能性。虽然这种工作绝非易事，但预计工作多少可以改变未来。倘若这种预见工作传播开来，很可能会造成大众的恐慌（调查并不意味着传播）。预测工作必须独立自主，否则将导致自我毁灭。当时间范围扩展到更远的未来时，这种预测工作很可能变成一个依赖信息的预感或推测。

虽然有上述种种困难，但我们不能因此而盲目附和未来不可知的论调。我们必须勇敢面对困难，迎接挑战，绝不能因此而屈服、退却。著名的社会变革权威学者威廉·奥格本曾指出："我们必须承认，未来的预测仅可能是粗略性的，正确与否，事先很难预料。"但是，有所"预测"终归比"没有"好得多。他接着指出，事实上，在许多方面，我们并不要求预测得绝对准确。

由此看来，我们对未来的把握能力并非完全没有。英国社会科学家唐纳德·麦克雷（Donald G. MacRae）曾指出："现代的社会学家可正确地从事许多短期的、有限的预测。"目前除了援用社会科学的标准之外，还可运用许多极具潜力的新工具来探测未来，包括以复杂的推理方法探测现在的趋势，构造高度精密的未来模型来比较、模拟，制订详尽的探测方案，对历史的有关事实做系统性的研究，从事形态学研究，进行相关系数的分析及绘制未来的结构图等。经济合作与发展组织的前任顾问、麻省理工学院的研究员埃里克·詹斯奇（Erich Jantsch）曾举例正在实验或已经开始运用的新技术来证实这种可能性。

康涅狄格州的米德尔顿城的未来研究中心所设立的未来思索模型可以说是目前最先进的新的预测工具，其中一个是“德尔菲模型”。这种方法大部分由数理哲学家、“敌我识别系统”的研制人之一奥拉夫·赫尔默博士设计。德尔菲模型系统运用许多专家的预测报告以处理未来的信息。“德尔菲计划”可调整变革的节奏，避免未来的冲击。“敌我识别系统”的另一位研制人西奥多·戈登创立了一种方法，称为“相互影响的矩阵分析”，它追踪各个改革的影响，并首次对社会、技术及其他现象进行预测和分析。

总之，我们对未来可能性的科学估计工作正在激烈地展开，这种工作本身对未来将有很大影响。在未来复杂事件的预测上，过分看重科学力量的作用是不明智的。然而，今天我们所面临的危机并不是我们高估了科学的力量，而是我们低估了它的力量。即使试验性的科学预测略有偏颇，至少可帮助我们辨别变革的主要差异，澄清目标，并使我们对政策的选择进行审慎的估计。按照这些方法，我们现在即可对未来进行预测。

倘若要转变计划的时间范围，加强整个社会的未来感，我们不仅要尽力预测可能的未来，还要大大扩展对可能的未来的定义。除了严格的科学训练之外，我们还需要更为丰富多彩的想象艺术。

今天，我们迫切需要许多未来的潜在形象，我们可以对未来进行憧憬、想象和预测。在尚未运用理性决定选择哪一条路，追求何种文化形态之前，我们必须事先辨明，什么是可能的。我们迫切需要推断、探查及幻想未来，正如早先的现实主义需要“脚踏实地”一样。

一些世界上最庞大且最顽固的公司目前已不得不放弃它们的“现在主义”，而开始聘用一些未来主义者、科学小说家及理想主义者为顾问。一个规模庞大的欧洲化学公司还特别聘用具有科学素养的神学家。一个美国的交通公司也聘任具有未来眼光的社会评论家。此外，一家玻璃制造厂正在物色科幻小说作家以预测未来公司的可能形式。公司已不再从事或然性的科学预测，而是从事可能性的思想探测。

此外，地方政府、学校及各种自发团体，都必须借助其想象力致力于未来的探测。我们可以分区成立种种“想象中心”，集思广益地使技术在正确的领域发挥作用。我们将在此借用创造性的想象力，验证目前的危机，预期未来可能发生的危机，并灵活地探测未来的可能性。

例如，我们将探讨未来的都市运输、交通涉及的空间，城市将如何通过空间来处理人与物的移动？想象中心在探讨这些问题时，将聘请一些对空间具有想象力的艺术家、雕塑家、舞蹈家、家具设计专家、停车场设计专家来参与设计。这些人共同设计之后所获得的观念，一定让一般城市技术策划者、公路工程师及运输当局出乎意料。音乐家、住在机场附近的人、机械工人以及地铁司机将聚集在一起，共同研究如何防止噪声。年轻人也将被邀请来共同探讨如何解决都市卫生问题、拥挤问题、种族冲突、老年人看护问题以及其他许多有关现在及未来的困扰。

在这个过程中，我们可能会发现先前许多观念是荒谬的、可笑的，或至少在技术上是行不通的。但是，创造本身就是一种吃力不讨好的工作，是将许多观念概括成一种粗略的判断而已。因此，我们必须提供一种特殊环境来允许对未来的想象出现错误。在这种环境中，即使犯错也并无大碍，而种种新奇性的观念在付诸实现之前，也可在这里被自由地陈述发表出来。一言以蔽之，我们急需建立一种“社会想象力的避难所”。

一切具有创造力的人，除了参加有关可能性的未来的预测工作之外，还需时时与技术专家保持联络，以便发觉技术上行不通时随时联络（即使这种行不通往往也是短暂性的）。

在整个想象过程中，技术专家并不会失去以往具有的重要性。熟练的专家可建造模型帮助想象者检查特定关系的一切可能变化。这种模型可代表真正的生活情况。例如，一个粗略的模型可以帮助一群想象者预测教育经费发生波动如何影响一个城市，如何影响交通系统、电影院、职业机构及公共卫生等。反之，我们也可以预测其他因素对教育的影响。

在社会想象力的避难所产生的许多非正统的、惊人的、古怪的或其他种种五花八门的观念，经过探讨之后必须保密，仅有少部分可以发表出来。因为发表出来的内容在引起注意后，很可能提供许多我们对变革忽视的线索。当我们的社会由贫穷转向富裕时，政治也随之由数学家所谓的“零和游戏”转向“非零和游戏”。过去，一方胜利意味着另一方失败，而今，两方均可获胜。倘若我们要运用“非零和”的方法来解决社会问题，便须援用一切想象力来正视未来。而这种想象力系统，正足以帮助我们开拓非零和的无限领域。

想象中心仅将重点集中于未来的部分形象，提示工业的未来可能发展，一个组织、城市或卫星城的可能情况，因此我们还需要谋求未来社会的概括形象。我们一方面必须增加未来可能性形象，另一方面还得将这些形象组织起来，使其表现为一种结构形式。过去，乌托邦式的理想文学做了这件事。它在组织人类对未来的梦想过程中，担任一个实际又至关重要的角色。今天，我们却没有这种乌托邦式的理念将这些“可能未来”的相互匹配的形象组织起来。

大部分传统性乌托邦所描述的都是单纯而静态的社会，而这种社会与超工业化社会完全不同。斯金纳（B. F. Skinner）所著的《沃尔登第二》（*Walden Two*）描述的是工业时代以前的生活方式，与现在的关系不大。即使是赫胥黎的《美丽新世界》及奥威尔的《1984》两本反乌托邦的经典作品，在现在看来似乎也过分简单了。这两本书所描述的都是高技术性、低复杂性的社会；在这种社会，机器虽然精巧，社会与文化的关系却固定又单纯。

今天，我们迫切需要的是迈向超工业主义的新乌托邦概念和反乌托邦概念，而非后退的古乌托邦概念。我们需要的概念绝不能用古老的方法产生。首先，现在没有一本书能以震撼人心的笔调准确描写超工业化的未来状况。超工业的乌托邦或反乌托邦理想的每一个概念，必须由许多形式来表现。这些形式包括电影、戏剧、小说及艺术工作等，而无法单单由一本小说来表现。任何一个作家，不管才气多大，都无法独立地描写复杂的未来状况。我们在乌托邦的制作上，必须进行一次革命，成立一种分工合作的乌托邦主义。我们需要建立一个“乌托邦工厂”。

此外，我们必须召集一切最优秀的社会科学家，让他们生活在一起、工作在一起。各方专家聚集一堂，拟定一种最为完善的价值观来作为真正超工业化社会的根据。之后，各个小组的工作人员便根据这个价值观，以散文形式将自己范围内的想象社会描写出来。诸如，它的家庭结构将如何？它的经济、法律、宗教、习俗、青年文化、音乐、艺术、时间感、差异度以及心理问题等又将如何？大家群策群力、紧密合作，在可能范围之内，谋求意见的一致，那么超工业主义分裂形式及短暂性现象将被描绘成一幅一目了然且井然有序的结构图。

至此，详尽的分析及设计工作将可转为虚构阶段。小说家、电影制作者、科幻小说作家在心理学家的配合之下，便可以开始从事描写想象社会中的个人生活特质的创作。其他小组也可以从事反乌托邦式的工作。乌托邦 A 可侧重物质及成果指向的价值观，乌托邦 B 侧重感性及享乐性的价值观，乌托邦 C 侧重美感价值观，乌托邦 D 则侧重个人主义的价值观，乌托邦 E 侧重集体主义的价值观等。

最后，在艺术、社会科学及未来主义的合作之下，有关这种讨论的书籍、剧本、电影及电视节目等将大量涌现，可以使大多数人能就这些不同的乌托邦的设想提出意见，认识利弊。

倘若生成社会想象力的信息不足，许多人将反对系统性地试验乌托邦理念。越来越多的青年人在对工业主义怀有不满情绪后，会自行试验自己的未来生活，形成自己的乌托邦社团，试行新的社会制度（如集体婚姻、生活学习公社等）。今天试图实施计划或游说计划的先知先觉者，正如过去一样，必须背负革除旧社会制度的重担。但我们绝不能因此就摒弃乌托邦式的理想，我们必须以更大的资金及耐性来鼓励这种计划工作。

今天，大部分的“计划社区”或乌托邦移民都十分向往人类的过去。这种团体或许对个人是有价值的，但对整个社会而言，超工业形式的乌托邦比之前的工业时期形式的乌托邦更切实际。要成立公社农场，为什么不建立一个电脑制造公司？既然肯花心血去栽种葡萄，编织草鞋，为什么不去从事海底资源的探测？为什么不利用最新的医院技术，成立临床实验机构，并将盈利所得成立一个最新型的医学院？为什么不充实现在的团体，使各种乌托邦工厂的计划都付诸实现？

简言之，倘若我们能以明日的技术及社会为基础从事实验，而不以过去为基础的话，我们将能使乌托邦主义成为达到理想的工具，而不致成为一种逃避手段。此外，我们还必须对它的可能结果，进行一种最严格的科学分析，不仅可使我们避免犯许多错误，还可以使我们向着未来的工业、教育、家庭生活或政治的有效组织形式前进。对“可能的未来”的想象探测将加深并加强我们对“或然的未来”的科学研究。它们可为社会实践范围的拓展奠定基础，可帮助我们将社会想象力应用到未来主义自身的未来。

将上面所述种种作为背景后，我们便可以增加许多具有科学未来意识的社会机构。科学未来主义机构必须像网状组织的交叉点般分散在技术社会的整个政府结构中，以便地方或中央的每一个部门都有专业人才系统地审视自身工作范围内的长期性问题。

未来主义的专家必须被分派到每个政党、大学、公司、职业团体、商会及学生组织中。我们必须把科学未来主义的技术及观点传授给成千上万的年轻人，邀请他们参与策划“可能的未来”的探险工作。同时，国家机构必须给地方社区提供技术辅导，辅助它们创建自己的未来主义集团。美国及欧洲的未来主义基金会也应该拨款辅助亚洲、非洲及拉丁美洲等地刚成立的未来主义研究中心。

由于变革加速，我们不幸地身处一个不稳定性日益增加的世界，我们迫切需要正确的“可能的未来”形象。因此，“未来最大可能性”的可靠形象就成为国家甚至国际上最迫切的探测目标。

当全球都布满未来的感知机构时，我们便可以考虑建立一个庞大的国际性组织：世界未来信息银行。这一机构的从业人员都是从各自然科学界及社会科学界征调而来的优秀人才。他们将世界各地知识界的学者及想象思想家所研究出来的预测报告聚集在一起，并将工作进行系统性的整合，进而提供给大众社会。

当然，在这种机构做事的人都知道，他们永远无法创造一个单一性、静态的未来图像。相反，他们的成品是一种经常在变化的未来地形图，他们时时根据最完善的预测成果，去进行持续性的创造工作。所有的工作人员都明白，没有一件事情是确定不变的；他们都明白，自己手上的资料并不一定正确，但他们在未来未知领域的探测工作上任劳任怨。迄今为止，人类对未来所知的，比以任何系统及科学方法所整合过的还要多许多。因此，这种知识的整合定会成为学术界有史以来最伟大的壮举，也是目前最值得做的工作。

唯有决策者具有更高远见以及我们对未来的预测能力增强时，控制变革的能力才有可能日渐提高。唯有我们能对未来做出合理的、正确的假设时，我们才能了解自身行动的潜在结果，倘若没有这种了解，我们将无法控制变动。

倘若计划者的人性化是社会未来主义策略的第一阶段的话，那么时间幅度的扩展便是第二阶段。为了超越技术主义，我们不仅需要排除经济的投机主义，同时要将我们的思想面向更远的“可能的未来”及“或然的未来”。

预想中的民主制度

社会未来主义有必要做进一步探讨。因为现代的技术主义者不仅患了经济妄想症和近视症，还患了专才迷信症。为了加强我们对变革的控制力，必须极力排除技术主义的传统：我们必须重新界定社会目标。

新奇性的增加使主要机构如政府、教会、公司、军队、大学等的传统目标各自独立。加速化造成目标的加速运转，使我们的“目的”更具有一时性。多样性或分歧性又使我们的目标分歧更多。在这种目标混乱的环境，我们往往为种种互相冲突或自相矛盾的目标而感到头晕目眩，无所适从。

这种现象在我们处理城市问题上最为明显。纽约市民在短短一段时间内曾经历一连串的困扰：缺水、地铁罢工、种族暴乱、哥伦比亚大学学生暴动、垃圾处理问题、住房短缺、加油站工人罢工、电话服务中断、教师罢教、学生罢课……而这些仅是一小部分而已。纽约市政厅正像世界所有技术发达国家的市政厅一样，经常出现技术问题的争执；他们往往各执一词，莫衷一是，似乎很难在都市的未来发展问题上获得一致的计划或决策。

这种混乱现象的产生并不在于他们缺乏计划。相反，他们脑中所酝酿的社会计划，包括种种技术计划、分类计划、补充计划等，可以说是应有尽有。他们要求建设新的公路、新的道路、新的发电厂、新的学校。他们拟定建立更好的医院、住宅、心理健康中心及其他福利事业等。但是，这些计划往往意外触礁，不是自相矛盾，便是互相冲突，很少能够协调一致，更别想提出一个未来城市计划图像。在这种情况下，我们几乎无法为我们的工作提供一幅未来的远景图，我们几乎无法找到理性的整合目标。而在国家和国家间，这种政策一致的缺乏尤其明显，潜藏的危险性更大。

事实上，这种危机的出现不仅在于它们不知道追求哪个目标，更严重的是，由于变革加速的结果，过去我们所能达成社会目标的方法早已过时。但是，一般技术策划者并不了解这一点，他们仍以过去的旧方法来对付未来的新问题。

为了解决这个难题，有些为变革感到惶恐不安的政府便不得不将拟定的目标公布出来。1960 年，艾森豪威尔总统曾紧急召集一个委员会，成员包括一位将军、一位法官、两位工业巨子、几位大学校长及一位劳工领袖，旨在协商如何“谋求国家政策及计划的协同一致”，并且决定“对国事的不同领域，拟定一整套的目标”。

之后，约翰逊总统曾率先推行“计划项目预算制”（PPBS），目的是为组织目标提供更严谨、更合理的施行方针。例如，健康、教育及福利部门在应用这个系统之后，便可权衡根据某种特殊目标而拟订的多个计划的利弊。但是之后，谁将它扩大或提高其重要性呢？“计划项目预算制”的推行是政府的一大成就，在处理庞大组织的业务上贡献巨大，但对如何确定社会或政府的全面目标等重大政治问题只字未提。

到了尼克松总统当政时，目标危机的问题仍未见改善，因此他提出第三个策略。他宣称，“现在，我们已可以具体而系统地提出一个问题：美国要成为一个怎样的国家……”就此而言，他一言中的，但他之后所提出的解答不见得正确。“我计划在白宫成立一个‘国家目标研究参谋小组’，它将是一个小型的而具有高度技术性的参谋部，由各种专家组合而成，旨在整理有关社会需要资料，并预测社会趋势。”

由于这一小组直接由总统领导，因此可以有效整理相关目标的建议，调和各机构间的冲突（至少在草案上显示如此），并建议哪个目标应先执行。这一小组由优秀的社会科学家及未来主义者所组成，即使在其他方面的成效不大，至少可以提醒高级官员，使他们能时时以自己的首要目标为重。

但是，即使这个措施可以采取，与艾森豪威尔、约翰逊两位总统的认识相同，它在本质上仍仅仅是技术主义心态的复本而已。因为，尼克松的作法仍然没有触及这个问题的政治核心。我们将如何拟定一个大家都满意的未来草图？由谁来拟定？谁来为未来拟定目标？

或许有人会提议，未来社会的全国性目标（及地方性目标）应由高层领导来确定。这种决策方式与过去等级组织形式的决定方式在本质上并无区别。在过去的等级组织中，管理层与基层截然分开，领导者与被领导者、劳心者与劳力者、计划者与执行者之间也有极严格、明确的阶级性划分。但是，毋庸讳言，在迈向超工业社会，一切关系都太复杂、太短暂、太息息相关了，因此一切决策都不得不邀请被管理者来共同参与目标的拟定，一切决策都不可能是一目了然或一蹴而就的。我们不可能再指望将一切工作均交予“高级技术参谋”，由这些万能的元老集团来控制已经脱轨的变革力量。在目标的拟定上，我们急需开辟一条革命性的新途径。

值得注意的是，我们千万不能把这份工作交给那些持着玩笑态度的人。有些激进分子认为，这些问题不过是“追求大多数利益”的表现而已，因此他们的目标仍像技术主义者那样侧重经济本位主义；有些人则对未来唯恐避之不及，要把我们拖回不发达工业时期的旧梦；还有些人纯粹以主观及心理学的立场来注视这场革命。这些人都无法给我们带来超越技术统治未来社会的目标。

由于今天的一些青年激进分子声讨工业社会的目标及手段，导致技术病态现象与日俱增，已逐渐引起大多数人的注意。就此而言，这些青年激进分子的功劳的确不小。对于目标危机的问题，他们却像一般技术主义者一样“没办法”。正如艾森豪威尔、约翰逊及尼克松一样，他们无法提出一个值得为之奋斗的未来蓝图。

前任美国民主党的学生领袖托德·吉特林（Todd Gitlin）曾指出：“未来指向是每一个革命的本质象征，过去150年来的‘自由运动’便是一个例子。”但是，现在的新左翼分子“对未来丧失了信仰”。在谈到我们为什么无法为未来提供一种一致性的愿景时，他曾举出许多表面上似乎言之有理的原因，最后他却不得不坦白地承认：“我们发现，我们也无法为未来拟定一个方针。”

其他左派理论家在争论这个问题时，便鼓动追随者过着未来的生活方式，希望未来在“现在”显现出来，但这种主张只会产生“自由社会”、合作社、前工业社区等一些可怜的字眼，与未来却毫无关系，跟过去的关系倒还比较浓厚。

这种反调现象跟时下一些青年激进分子盲目地走向技术主义者的“特权病”旧辙，正好相互呼应。他们一方面声讨等级组织，要求“参与性的民主制度”，另一方面却要把一切权力垄断在劳工、黑种人或学生集团手中。处于高度技术社会的劳工群众，对这种财产所有权转换的政治革命却毫无兴趣。因为对大多数人而言，生活水平的提高并不是一种坏现象，他们并不认为自己的“郊区中产阶级生活”是一种不体面的事，相反这种生活使他们感到十分惬意。

新左派分子对这种冥顽不灵的现实感到束手无策之余，便越发钦佩马尔库塞先知的高明：群众太资产主义化、太败坏、太麦迪逊大道化了，他们不知道什么对他们真正有益。因此，优秀的革命分子应该起来建立一个更人道、更民主的未来，即使这种革命会扼住那些笨蛋的喉咙也在所不惜。简单地说，社会的目标必须由优秀分子来设计。技术主义者及转向特权主义的反技术主义者，在这一点上，便成为志同道合的亲密战友。然而，以优秀分子为本位的目标设定系统已不能在今天继续发挥作用。在控制变革力的奋斗过程中，它们只会造成相反的效果而已。因为在超工业化的环境下，民主已不是政治上的奢侈品，而是最主要的必需品。

西方民主政治形式的兴起，并不是少数天才所“决定”的，也不是人类“不可磨灭的自由本能”所造成的，而是由社会分化及加速的体系所形成的社会压力要求更敏感的社会反应性所造成的。在一个复杂且分化性极高的社会，正式组织与亚文化群体之间、主要结构与附属结构之间往往有大量的知识信息，以日渐加快的速度在其间交流。民主政治在越来越多的社会决策出现后，便完成了这种反应性，是控制社会加速变革的关键。要控制加速的变革，我们便需要更进步、更民主的反应机构。

一般技术主义者既然陶醉于等级系统，因此他们在拟订计划时，一定不会援用正确而快速的反应形式。如此一来，技术主义者将无从知晓计划到底进行得如何。他们的主要目标及反应所需的信息仍以经济为主要对象，而其他社会、心理及文化因素则完全被忽略。更糟糕的是，技术主义者在拟订计划时，往往不会考虑“未能参与者”的愿望和急速变革的需要。他们不是独断独行地设立了社会目标，便是盲目地服从上级的指示。

技术主义者不明白变革的节奏要求创造一种环形的信息联络系统，而非阶梯式的联络系统。一切信息都按照这种环形联络系统加速推动，某一集团的“输出物”常变成其他许多集团的“输入物”，因此不管在任何政治体制下，没有任何集团可为全体独立设定目标。

当社会的组成部分增加、变革的加速搅动了整个系统之后，社会附属系统对整体的破坏力便大大增大。一个专门研究以机械及电子系统取代人体控制功能的专家罗斯·阿什比（W. Ross Ashby）曾指出：“当整个系统由许多附属系统组合而成时，最具有控制力的系统将是最不稳定的系统。”

另一种说法是，当社会的组成部分增加而变革使得整个系统变得更不稳定时，我们将无法把政治上少数分子如嬉皮士、下层阶级、教师的要求置之不理。在过去变革较慢时的工业时代，美国可以不顾少数黑种人的死活；而在一个新的、加速变革的社会里，少数人借着破坏行动、罢工或其他几千种方法，可以颠覆整个社会制度。当各个集团的互相依赖性增加时，社会上的少数集团权力便增大。当社会的变革加速时，被借故拖延的满足少数集团的要求的“时间”便越来越短。最后，当他们忍无可忍时，便会索要他们的“自由”，现在就要的自由。

由此看来，对付愤怒的或受挫的少数人的最好方法是敞开大门，邀请他们参与社会目标的制定工作，不要排斥或孤立他们。一旦年轻群体被剥夺参与社会决策的权利之后，将会显得更不稳定，最后势必威胁整个社会系统。总之，不管在政治、工业或教育上，独断独行地拟定目标将会增加执行的困难。倘若我们继续实行等级系统的目标拟定程序的话，社会的不稳定现象将愈演愈烈，而我们将越来越无法控制变革，最后将会引起更激烈的危机，造成自我毁灭。

为了加强对变革的控制力，我们一方面要强调长期性的社会目标，另一方面要使达到目标的手段尽可能民主。这正意味着技术社会的下一场政治革命：对广泛性民主的惊人肯定。目前，对变革方向进行“再估”已成为必要，这种“再估”工作不是由少数政治家、社会学家、牧师、优秀的革命家、技术人员或大学校长来实行，而是全体人民共同参与。我们必须实地接触群众，必须询问他们：“你希望10年、20年或30年以后的世界，是一个怎样的世界？”总之，我们必须在有关未来的问题上进行持续性的公民投票。

目前，每一个高度技术化的国家，正针对社会及经济展开如火如荼的自我调整及自我审查运动，而此刻正是形成“进步”目标的最好时刻。在人类发展刚要跨入新阶段之前，我们却盲目地往未来奔驰。我们到底要冲向何处呢？这个问题果真要我们回答的话，我们将如何作答？

想想，倘若每一个高度技术化国家皆能把未来5年当成全国人民自我评估期的话，那这种历史性的壮举、这种力量及其所带来的革命性影响力将会有多大！倘若5年之后，还能为未来提出试验性的议程，不仅包括计划经济目标，还计划一切社会目标；倘若每个国家都能公布未来25年将为其人民及全体人类做些什么事情的话，那么人类的未来将会是怎样的？

让我们号召每个国家、每个城市、每个社区来共襄这一盛举，使每个人都能担当社会未来工作的重任，并为特殊社会目标划分轻重缓急，以决定哪个目标该先予执行。这种“社会未来评议会”所代表的，不仅是地理上的各种不同区域而已，也代表各个社会单位。目前虽然没有万无一失的方法可以保证各阶层的绝对平等，或完全符合贫穷的人、不善表达的人或被孤立的人的愿望。但只要能了解他们的真正需要，我们将可寻求种种方法来解决这些问题。事实上，未来的问题并不只是贫穷的人、不善表达的人或被孤立的人的问题，高级行政人员、专家、口齿伶俐的知识分子以及学生等对变革的方向、节奏也曾感到手足无措。我们今后最重要的政治工作是邀请他们加入这个大系统，使他们成为社会环形机构的一部分。

由于短暂性加速化的影响，社会未来评议会不可能静止不动，也不可能成为永久性的机构。它们可以采用特别集团的形式，定期由各种不同阶层的代表共商社会目标，今天一般公民在必要时都可自愿参加陪审团。由于人们渐渐明白陪审制度是民主政治最有力的保证之一，因此即使这种服务性工作对个人有所不便，大多数人仍踊跃参加。社会未来评议会可用同样的方式来组织，可定期由各种不同的人轮流来参加会议，提供有关未来的意见，与会的每一个人便都成为社会未来的顾问。

这种基层式的有机体在实现使大多数人可以表达自己的意愿之

后，极可能成为未来的市政厅，而未来上百万的人都可通过这个新式市政厅来参与远期目标的设计工作。有些人或许认为，这种新式的民粹主义形式过分天真，但最天真的事莫过于盲目地继续沿用现行方式来处理未来的社会事务。有些人或许认为这种新措施不切实际，但最不切实际的事莫过于将人类未来的决策均交给上级处置。在工业时代看来天真的事，在超工业时代看来可能十分实际的；而前者所认为实际的事，在后者看来或许会变成荒谬的事。

目前最令人鼓舞的事实是，倘若我们善加利用新技术，极可能在民主式的决策上大大迈进一步。利用电子通信系统，社会未来评议会的参与者已不必聚集一堂，他们可以通过遍布全球的通信系统展开舌战。科学家在讨论未来的研究目标或环境品质目标时，可以进行异地研讨。钢铁工人及行政人员在讨论自动化目标或工作的改进时，也可以将许多工厂、办公室及仓房的参与者联络在一起，不管距离多远，分散多广。纽约或巴黎的文化团体会议都利用传真电视及其他新技术来讨论该地文化发展的长期性目标，而且可利用该电视图像展示他们所讨论的艺术作品及新建筑式样。此外，他们可以借此讨论未来大城市该享受何种文化生活，欲达到某种特定目标该采用何种素材等。

一切社会未来评议会都可借助技术人员所提供的数据来权衡各种目标的社会及经济价值，比较利弊得失。由此，与会者便可就着种种“可能的未来”做一个合理的知识性选择。按这种方法，每一个会议最后得到的结论将不是一种模糊的形象、短暂的希望，而是有关未来的一种具体陈述。这种目标在与其他集团所拟定的目标比较之后，便可划分轻重缓急，决定何为首要目标。

然而，社会未来评议会也绝不是什么“聊天会”。目前，我们正在发展一种游戏及模拟训练，这种训练旨在帮助练习者认清自己的价值。伊利诺伊大学的柏拉图设计中心主任查尔斯·奥斯古德（Charles Osgood）目前正在进行一种电脑及教学机的实验，他想利用这些东西使大多数人能通过“游戏方式”来设计想象中的未来。

康奈尔大学的设计及环境分析系教授若泽·威莱加斯曾设立了一种“街区游戏”，由白种人学生和黑种人学生共同参与，这种参加游戏的人提供各种提议的必然结果，以此帮助他们认清目标。它可能显示出，这些建议在获得执行之后对街区将会有何种巨大的影响。它可帮助参加游戏的黑种人学生和白种人学生，使他们认清共同目标及未解的冲突。

在纽约市曼哈顿的“下东区”这个游戏中，威力格斯希望游戏者不是学生，而是该区的真正居民：贫苦的工人、中产阶级白种人、波多黎各的小商人、青年、失业的黑种人、警察、房东及城市官员等。

1969 年春，波士顿、费城及纽约的高中学生参加了模拟爆发战争的游戏。电视播放出各国在讨论外交问题及政策，而电视前的学生及教师可一边观看、一边讨论，并可通过电话与演员交换意见。

类似的游戏可让给无数人来参加，使他们共同参与未来目标的设计工作。用这种方式处理实际事务一定可收到类似的效果，例如当环境问题发生危机时，商会、妇女团体、教会、学生组织及其他选民都可聚集一堂共商解决之道，而大多数人可通过电视，在旁观看，对种种选择做一个集体性的判断，然后再将这个判断反映给主要负责人。特殊的设备及电脑可搜集整理群众意见表及赞成或反对票，并将结果交给“决策者”。大多数人只要待在家里便可参与会议，因此包容力可大大地扩展。倘若这种设备建成的话，大多数群众将可实际参与未来目标的决策。

虽然这种技术在目前尚未成熟，但过几年之后，一定可以得到极大的完善，一旦这种技术成熟，将可为我们提供一种系统性方法，使我们能收集对未来期望的形式与调和未来的许多冲突形象，从而获得一致性的未来理想形象。

但要是认为未来市政厅所处理的事务都是干净利落、和谐无间，或没有任何矛盾的话，那又未免太乐观了。在某些方面，社会未来评议会必须由社区组织、计划会议或政府机构来组成。另外一些地方则由商会、青年团体、个人或未来指向的政治领袖所组成。其他地方则由教会、基金会或具有号召力的自愿组织来组织。另外还有其他一些地方，社会未来评议会并不是由正式号召而成立的，是基于对危机的一种临时性自发反应而成立的。

这些会议所设定的目标也不是永久性的、柏拉图式的理想，因为那只是漂浮在一个形而上学的梦幻状态而已。它们是一种短暂性的方向指示器，仅能适用于某一特定时间，或只能作为某一团体或国家推选出来的政策代表的参考而已。然而，这种“未来指向”“未来形式”的事件却具有极大的政治影响力，甚至可以扭转代议政治的整个系统。目前，大多数选民跟他们所推选出来的代表几乎没有任何接触，由于目前政策上所处理的问题都具有很强的专业性，因此即使一些受过良好教育的中产阶级公民都感到自身被排挤于目标制定的过程之外。

由于生活都已有加速化的倾向，在两个选举期之间的时间也不例外，因此很多政客越来越不必向支持自己的选民负责。在理论上，倘若一个选民不满意他的代表的话，下次选举便可不投他的票，但实际上，上百万的人都认为这种事情不可能办到。人口大量流动的现象使他们不能长期在一个地方居住，一般他们走后，马上又有新人搬进来，政客在演讲时经常发现新面孔。在这种情况下，他几乎无须对政见或承诺负责。

更严重的问题是政策的“时代主见”。一般政客存在的时间跨度通常不会超过他的任期。国会、议会、议院或地方议会均没有规划适当的时间、做好相应的准备或设立相应的组织来制订长期性的未来计划。

选民或许可以在特殊问题上投下自己的一票，但他们无从过问未来的计划。事实上，迄今为止，我们并没有一种政治制度可使一般人表达他们对未来的意见。他们从来没有机会表达自己的意愿，即使偶尔有一两次机会，也没有一种制度化的方法将自己的意见正式纳入政治领域，因为他与未来的关系完全被切断。

基于上述理由，整个代议政治系统面临着崩溃的危机。倘若立法机关要存续下去，便需要与选民建立一种新的关系，并与未来建立一种新的联系。而社会未来评议会正可提供一种方法，使未来与现在、立法者与群众基础保持一定的联系。这种评议会定期召开之后，便可作为我们了解民意的更灵活手段。而评议会的召开势必吸引过去许多对政治不关心的人来参加。当大多数人都能正视未来，关心自身的未来目标及大众目标时，人类的道德问题将更能获得关注。

未来评议会将有助于我们认清急速分裂社会所造成的分歧性，在这种情况下，一般人都可以认清共同的社会需求，即短暂、统一的潜在根基。因此，他们将把各种不同的政治主张汇合在一起，建立一个新的政治制度，而这种新的政治制度将包括许多新的政治机构。最重要的是，社会未来评议会将使我们的文化转向一种更为超工业化的“时代主见”。由于它可使公众的注意力集中于长期性的目标，而不昧于眼前的利益，并能提供许多未来的选择机会，以供一般人选择他们所喜欢的未来，因此它就能够生动表现未来人性化的可能性。目前，许多人心灰意冷地放弃了这种可能性。因此，社会未来评议会将可发挥强大的建设性力量。

如今，人类引发的加速推动力已经成为整个进化过程的关键。其他方面进化的速度与方向，它们的生死存亡有赖于人类的决定。在这种进化过程中，我们却无法保证自身的存亡。在过去社会的进化过程中，人类的自觉意识往往随着事态而发展，并没有先于事态的警觉性。由于当时社会的变革十分缓慢，因此他可以无意识地、“有机地”适应。但是今天，这种不自觉的适应已不适宜。在可以改变基因、创造新种族、自由控制人口的时代，人类必须能够自觉地控制进化。为了驾驭变革以避免未来的冲击，人类必须控制进化，塑造未来，使其适合于需要。人类不应该盲目起来反抗，相反，在这样历史性的时刻，更应该冷静、沉着地去预见和设计未来。这才是社会未来主义的最高目标：不仅要求超越技术中心主义，还要以符合人性的、更具远见的、更民主的计划来取代，更要求将一切进化过程置于人类自觉的控制之下。因为此刻，人类不是征服变革的过程，便是被变革的过程所吞没；不是成为进化的牺牲品，便是成为它的主人，这是人类历史性的转折点。

为了应对这种挑战，我们必须以一种更新的、更理性的反应来面对变革。要节制及控制这种变革，我们必须进行另一种革命性的变革。这句话并无任何矛盾之处。变革是人类所必要的，它在人类第 800 个世代的今天的必要性，正如它在第一个世代一样。变革就是生活的本身，但没有目标、没有节制、猖獗无度的变革不仅会侵害人类的生理防线，还会破坏人类的决策过程。

在我们尚未控制进化过程，尚未建立一个人性化的未来之前，我们最迫切的需要是去阻止加速化的无限发展，因为这种无限的加速化将会使我们遭到“未来的冲击”的威胁，我们还要深入面对周围的一切问题：战争、生态破坏、种族问题、贫富差距悬殊、暴乱以及潜在的公众非理性化。遏制这种病态的蔓延是不可能一蹴而就的。治疗这种方兴未艾、前所未有的疾病，我们也没有任何神奇的万灵丹。

我曾给一些为变革所压迫的人开了一些缓和性的药方，也为整个社会提供一些治疗措施，如新的社会服务、面向未来的教育制度、控制技术的新方法及控制变革的新策略等，但本书最基本的目的是“诊断”。诊断先于治疗，除非我们敏感地意识到问题所在，否则无法从事救治工作。

倘若本书能够激起人们对控制变革及进化的自觉意识，那么我的心血便没有白费。倘若我们能够以高度的想象力来引导变革，那我们不仅可以避免“未来的冲击”的伤害，甚至可以借此建立一个理想的人性化未来。